JN002204

最短コース
でわかる

赤石雅典
Masanori Akaishi

Python

身近なデータが
宝の山に！

プログラミングと
データ分析

日経BP

本書の
サポートサイト

まえがき

　「学問に王道なし」とよく言われます。その昔、当時の超一流の学者であるユークリッドが、プトレマイオス王から「簡単に幾何学を学ぶ方法はないのか」と質問されたのに対して、「王様。幾何学に王道はありません。誰でも一歩一歩学ぶしかないのです」と答えたところから出た故事成句といわれています。

　Python プログラミングから出発し、データ分析を学ぼうとするときにもやはり「データ分析に王道はなし」なのでしょうか。僭越ながら筆者はこの問いに対して、「王道はないが、一般道よりはるかに効率の良い高速道路ならある」と考えます。

最短コースでデータ分析ができるようになる 3 つのポイントとその先のツボ

　では、効率良く「最短コース」で学ぶためのポイントは、どこにあるのでしょうか。筆者が考えるのは次の 3 点です。

- **学習内容を最低限に抑える**：学習対象の知識項目を必要最小限に抑え、相互の関連性に基づき体系的に学ぶ
- **演習問題でプログラミングの実地訓練を積む**：抽象的な「要件」を具体的な「実装」に落とし込む訓練を繰り返す
- **開発環境（Google Colab）上の試行錯誤で体得**：関数の細かい挙動はトライアンドエラーを繰り返して体験・実験により理解する

　本書が、この 3 点をどう実現しているか説明します。

　1 つめの「**学習対象の知識項目を必要最小限に抑え、相互の関連性に基づき体系的に学ぶ**」ことはまさに、本書全体の中心的なテーマです。Python を使ったデータ分析を学習するときの最大のハードルは、必要な学習量の多さにあります。今までプログラミングの経験のない人にとって、Python を学ぶことだけでも相当ハードルが高いのに、データ分析を勉強したい場合、Python をマスターした後で、4 つも 5 つもあるライブラリの使い方も学ぶ必要があります。それ

ぞれのライブラリを解説した書籍は数多くありますが、いずれも分厚いものばかりです。これでは意欲がなくなってしまうのも、もっともです。

　筆者は、自身も日々の業務で Python を使っていますし、大学院などで人に指導した経験も持っています。その経験を通じて、Python の文法もライブラリも、機能は多いが、データ分析で本当に必要なものは意外と少ないと思っています。それぞれの領域で**本当に必要な機能のみに絞り込んだ上**[1]で、**機能間の関係性を整理し体系化して、1 冊の本にまとめあげれば、それだけで価値がある**だろうと考えたのです[2]。

　そして、せっかくこの企画を書籍化するなら、プログラミングの経験がない人でも読み始められる形にしようと考えました。これまでの著書でも付録にPython の簡単な入門ガイドを含めたことはあったのですが、今回は初めて**本格的に Python プログラミングの入門編を執筆**し、これを 1 章としました。2 章はデータ分析で必須の 3 つのライブラリの解説をまとめました。3 章・4 章ではデータ分析の本丸の pandas 解説と、総まとめの応用分析事例を記載しました。対象範囲を欲張って、本来なら 3 冊分にもなるような内容を 1 冊にまとめたため、全体で約 400 ページと厚い本になってしまいました。しかし、「この本 1 冊でPython プログラミングからデータ分析の基礎まで一通りカバーする」という当初の目的は達成できたかと思っています。

　2 つめのポイントは、**実際の演習で「抽象的な『要件』を具体的な『実装』に落とし込む訓練を繰り返す」**ことです。こういう訓練をすることは、データ分析に限らずプログラミング系のスキルの習得に必要不可欠ですが、書籍という形態でこの訓練を実現するのは難しいです。そこで自身の著書では初めての試みとして、**各節の終わりに「演習問題」を解いてもらう形式**を取ることにしました。

　演習問題の難易度は、該当する節、あるいはそれ以前の節の内容が十分に理解できた方ならギリギリ解ける線を狙いました。演習問題のテーマ選定も、「デー

---

[1] 若い人にはわからないかもしれませんが、このコンセプトに対して「英語の『出る単』みたいなものだね」と評してもらったことがあります。
[2] このアプローチは、筆者が過去に執筆して好評をいただいている「最短コースでわかるディープラーニングの数学」とほぼ同じです。

タ分析にふさわしい実用的で面白いもの」にこだわっています。節ごとの演習問題を制覇した上で次のステップに取り組むようにしてください。そうすることで、特にプログラミング系のスキルを効率良く身に付けられるでしょう。

3つめは **Google Colab を使って「トライアンドエラーを繰り返して体験・実験により理解する」** ことです。

本書では、すでに完成されたプログラムを読み込み、順に実行してそれぞれのコードの動きを確認し、最後に演習問題を解いて、自分の理解度を確認するという形で学習を進めます。

プログラミング言語の学習ではよく「写経」といって、プログラムコードをすべて自分でタイピングして学習する方法を勧められることがありますが、筆者は学習効率が悪いと考えていてお勧めしません。

それよりは、完璧に動くプログラムを自分で実行し、各ステップでの **変数の状態を確認したり、あるいは一部のパラメータの値を変更したりなど、試行錯誤した結果がどうなるか確認する** 方が、より効率良くプログラミングで重要な概念を理解し学習を進められます。本書で実習の前提としている「Google Colab[3]」はこのような体験・実験をするのに最適な環境です。書籍の中でも一部、「XX の挙動に関しては自分でいろいろと試してみてください」と記載している箇所がありますが、同じような実験を、他の箇所でも自分から試してみたくなったらしめたものです。ぜひ、いろいろな実験を繰り返してプログラミングを体得してください。そのような **実験こそが、数多くある関数・メソッドの挙動を最も効率良く身に付けられる方法** だと筆者は考えています。

以上、3つの「効率良く学ぶポイント」を説明してきましたが、本書のテーマである「データ分析」では、それだけでは足りない要素があります。データ分析における最終的な目的は **洞察[4]の導出** です。

ただし、このタスクは内容が抽象的なだけに、プログラミングのように体系

---

[3] 厳密に言うと、Google Colabは「Jupyter Notebook」や「JupyterLab」として開発された機能をクラウドで提供しているものです。

[4]「洞察」という聞き慣れない言葉が何を意味しているのか疑問に思った読者もいると思います。実はこの言葉は、本書の中心的なテーマであり、その具体的な内容は3章と4章で徐々に説明します。今の段階では「本書の最終目標は洞察の導出」ということだけ押さえてください。

的にはなかなか学べません。そこで本書では、3章と4章でできるだけ意識して、「この業務要件でこのデータを分析した場合、こんな洞察が得られる」という話を含めるようにしました。このようないくつもの具体例による経験を通して、自分自身のテーマに対しても洞察を導くためのヒントが得られるはずです。

想定読者：プログラミング経験がない読者でも取り組める

次に本書が想定している読者について説明します。本書は先ほども説明したように3冊分の内容を1冊にコンパクトにまとめている点が特徴です。なので、幅広い層の読者にご活用いただけると考えています。

最初の読者層は、「**プログラミング言語自体を知らないが、データ分析のためにこれから勉強したい**」という読者です。1章の Python 入門は、初心者がつまずきやすい箇所を1つひとつ丁寧に解説しています。プログラミングが初めてという方は1章を節ごとに時間をかけて丁寧に読み、また、書籍のページを遡って見て構わないので、演習問題も自分で考えて解くようにしてください。このやり方で1章を読了したときには、1章の最初の方で紹介する、難解そうな「階乗計算」のプログラムが簡単に読めるようになっているはずです。

近年は Python の実習付きの AI・データ分析系書籍が非常に数多く出ています。筆者の知る限り、そのほとんどは Python のプログラミングはもとより、NumPy、Matplotlib、pandas などの必須ライブラリはある程度理解していることが前提です[5]。「**Python のプログラミングは理解しているがライブラリが理解できていないので AI 書籍の実習コードがわからない**」という方が、本書を読んでいただきたい2番目の読者層です。このような読者は、3つの必須ライブラリを解説した2章を重点的に読んでください。約90ページの2章を完全に理解しさえすれば、AI・データ分析系書籍の実装コードは簡単に読み解けるはずです。

3番目の読者層は、「AI 関連のライブラリは一通り理解している。pandas も個々の機能はなんとなくわかっている。しかし、**データ分析の全体像がつかめず、いざデータ分析をしようとするとどこから手を付けていいかわからない**」と考えている方です。本書の3章は、データ分析のタスクを体系的に整理し、タス

---

[5] かくいう筆者も、過去に出版した AI 系書籍は基本的にこの知識を前提にしています。

クと紐付ける形で pandas や seaborn の関数を説明しています。このような読者は 3 章を読了し、理解すれば、悩みがなくなっていくはずです。

どの段階から出発した読者も、4 章の実習内容まで一通り理解できたあかつきには、自分の身近なデータを分析したいという話が出たときに、「このデータに対して XX の方針でアプローチし実装コードは YY にすればいい」といった**分析の道筋を自分で考え**ついた上で、**実装コードも組んで結果まで導き出せる**はずです。これが、**本書の最終的なゴール**です。

本書を最後まで読了した読者にはもう 1 つうれしい話があります。昨今、どの企業でも DX を推進しないといけない、しかしそれをできる人材がいないということが大きな課題です。DX 人材で必要なスキルにはいくつかのカテゴリがありますが、その中で間違いなく大きなウェイトを占めているのが「データ分析」であり「プログラミング」です。これは本書で目標としているスキルそのものです。つまり、**本書を読了した読者はニーズの高い DX 人材のど真ん中に位置できる**のです。そこを目指して、ぜひ、頑張ってください。

本書の構成：「Python プログラミング」「分析ライブラリ」「データ分析実践」の 3 つ

次に、本書の構成について簡単にご紹介します。

1 章は、先ほども触れたように **Python のプログラミング解説**です。初心者向けの Python の入門書は、すでに数多く出版されていますが、既存の書籍との最大の違いは「**最初から目標をデータ分析に絞り込み必要最小限の内容を精選**」している点にあります。データ分析の実務でほとんど登場しない機能は思い切って全部落としました。逆に例えば「辞書」のような、データ分析で必須の機能については、多少高度であっても逃げずに説明しています。

2 章は、NumPy、Matplotlib、pandas という、データ分析に必須のライブラリ群の解説です。従来の書籍では、それぞれのライブラリが別の本になっていて、初心者にとって最もハードルが高い部分でした。本書では、「ライブラリとはなんなのか」といった基本から始めて**約 90 ページ**にまとめました。単に説明を簡略化し詰め込んでいるわけではなく、理解に図が必要と思われる**重要な箇所は、わかりやすい図**を付けました。「たったこれだけしか学ばないでいいの」と不安に思う読者もいると思いますが、論より証拠で 3 章と 4 章の実習コードは、この 90 ページの解説ですべてカバーできています。安心して読み進めて

ください。

　分析ライブラリを解説した2章を学ぶと、もう1つ副次的な効果があります。それは、**世の中に数多くある機械学習の書籍を理解するためのベースラインになる**という点です。例えばscikit-learnという機械学習用ライブラリは、実は使い方自体はあまり難しくありません。初心者がこうした書籍を難しいと感じる理由は、多くの場合、2章で解説している分析ライブラリの理解が不十分なためなのです。こうした書籍に挑戦して挫折した経験のある読者は、2章が終わった段階で読み直してみてください。すらすら実装コードが頭に入ってくることに驚くはずです。

　3章はpandasの機能を中心にデータ分析の主要タスクを順番に紹介する、**本書の中心となるパート**です。そのため7節で約130ページと本書の中でも最もボリュームが多いです。企画時点で、このパートは関数リファレンス的な書き方にするつもりでした。しかし、執筆途中でそれではあまりに無味乾燥すぎると思い、方針変更して、**公開データセットを用いたシナリオベースの進め方**に改めました。この結果、内容が面白くなったのはもちろんですが、データ分析において最も重要な**「洞察の導出」のヒントになるような点**も織り込めたのが良かったと考えています。

　4章は本書の総まとめです。「**タイタニック・データセット**」という有名なデータセットを題材に、**3章までで学んだ知識を総動員して、いろいろな観点でデータ分析を進め**ていきます。筆者は仕事柄、研修などでこのデータを題材にすることが多いのですが、本当に奥が深く、分析しがいのあるデータです。読者にも、この題材を通じてデータ分析の面白さが伝わり、「**身近なデータを使って自分も同じような分析をやってみたい**」と感じるようになれば、筆者がこの本を執筆した目的はほぼ達成できたことになります。

　最後に、本書を執筆するにあたってお世話になった方々をご紹介します。

　編集を担当された日経BPの安東一真氏とは、本書を含めてこれで4冊目のお付き合いとなります。毎回同じことを書いていますが、「本は編集者との共同作業」であることを今回も改めて感じました。ややこしいところはすべて安東氏にフォローいただいているおかげで、最近の著作では執筆期間中に会議をすることがほとんどありません。今回もSlackで意見のやりとりをしているうち

に自然にできあがってしまった感があり、こういう形で完成できたのもすべて安東氏のおかげと思っています。安東氏には、そのような点を含め改めて感謝の意を表したいと思います。

　同じ日経BPの久保田浩氏とも4冊目の関わりです。久保田氏は、特に企画段階でいただくアイデアが素晴らしいのですが、今回も筆者として感心するアイデアをいくつも出していただき、おかげさまで本書の魅力をより高めることができたと思っています。

　筆者は2021年3月にアクセンチュア勤務に変わり、2022年7月に定年退職、翌月から再雇用の形で2022年11月現在もアクセンチュアに勤務しています。本書の執筆は、入社前の知見に基づいてのものであるため、個人の資格での執筆となっています。アクセンチュアでAIグループを統括している保科学世氏には、入社時から今に至るまでずっとお世話になった上、今回の書籍に関しても業務外であるにもかかわらず細かくチェックをしていただきました。また、アクセンチュアの本多健人氏、前田礼生氏、高橋侑汰氏には、読者目線での有益なコメントを数多くいただきました。

　これらの方々に対しても、改めて厚く御礼申し上げます。

2022年11月

赤石 雅典

CONTENTS

1章

Python
プログラミング入門

1章 Python プログラミング入門

1.1 Python とその実行環境

> **┃┃ 本節で学ぶこと ┃┃**
>
> 　本書は「Pythonを使ってデータ分析ができるようになること」を目的とした書籍です。Pythonの実行環境としては、クラウド上の環境である「Google Colab」を利用します。本節ではPythonとGoogle Colabの特徴を簡単に紹介したのち、「はじめてのPythonプログラミング」を体験してみます。

1.1.1 Python とは

　Pythonはプログラミング言語の1つです。一昔前、最初に学習するプログラミング言語としてはC言語やJavaが一般的でした。しかし、最近はこうした言語よりPythonの名前を聞くことの方が多くなってきました。なぜ、Pythonが注目を集めているのでしょうか。その理由として次のような点が挙げられます。

初心者が使いやすい言語である

　1つめの特徴は、初心者が使いやすい言語であることです。使いやすい理由は、いくつか挙げられます。

　理由の1つは「インタプリタ型」と呼ばれる言語であることです。C言語やJavaは「コンパイラ型」と呼ばれるプログラミング言語で、プログラムを作成・修正した後、「コンパイル」と呼ばれる、プログラムをコンピュータが実行可能な形式に変換する作業が必要です。これに対して、Pythonのような「インタプリタ型」言語は、プログラムを作成・修正した後、即座に実行して結果を確認できます。この点が初心者にとって使いやすいのです。

　もう1つの理由は、次節（1.2節）で詳しく説明する Google Colab（Colabora

tory）と組み合わせて使うことで、プログラムの実行結果の数値やグラフを自動的
に保存できる点です。C言語やJavaの場合、結果の数値などは意識して保存しな
いとすぐになくなってしまいます。結果がすべて自動的に保存されることは、後で
自分のやったことを振り返って確認する場合にとても便利な機能となります。

　もう一点、付け加えるとすると、プログラムの構造などを細かく指定する括弧を
あまり書かなくて済む文法なので、他の言語と比較してコード量が少なくて済むこ
とがあります。具体的な文法のルールについては、本章の中で詳しく説明していき
ます。

豊富なライブラリがある

　Pythonの言語そのものでは、あまり高度な機能はありません。しかし、標準的
に利用されている非常に数多くの外部ライブラリ（さまざまな機能を提供するプロ
グラム）があり、これらのライブラリを組み合わせて利用することで、多くのこと
ができるようになります。

データサイエンスやAIとの親和性が高い

　データ分析の領域を対象とした場合、NumPyやpandas、Matplotlib、seabo
rnといった外部ライブラリが標準的に利用されます。本書では、2、3章を通じて、
こうした外部ライブラリの利用法を解説します。本書では特に言及しませんが、デ
ィープラーニングや機械学習などのライブラリも数多くそろっています。特にディ
ープラーニングのモデルを開発したい場合、開発言語はPythonのほぼ一択になっ
ているのが現状です。こうした点も現在Pythonが大きな注目を集めている理由の
1つです。

1.1.2　Google Colab とは

　初心者が、プログラミング言語を学習する際のハードルの1つが、言語ソフトの
導入に手間がかかることです。Google Colabを利用することで、この問題が解決
します。

　Google Colabは、米Google社が提供するクラウド上の開発環境なのですが、な
んとGmailのアドレスを持っているユーザーであれば、事前セットアップ作業ゼロ

で即座にPythonのプログラミングを始めることが可能です。しかも無償版[1]で使える範囲が広く、本書で紹介するプログラムは問題なく無料で実行できます。単なるPythonの実行環境でなく、Jupyter Notebookと呼ばれる、プログラムの実行結果を自動的に保存してくれる環境なので、そうした点も便利な理由の1つです。

　クラウド環境を利用することで、Python固有のややこしい問題も自動的に解決します。数多くの外部ライブラリを利用できることがPythonの特徴である点は先ほど説明した通りなのですが、この特徴は問題点にもなります。それがライブラリ間の相性の問題です。各ライブラリはそれぞれ独自のバージョンを持っていて、前提となる他のライブラリのバージョンが合わないと、プログラムが動かないことがよく起きます。

　Google Colabでは、よく利用されるライブラリは最初から導入済みである上に、バージョンの相性についても検証済みなので、こうしたややこしい問題を意識することなくすぐに使えるようになるのです。

1.1.3　Google Colab の利用方法

　それでは、早速、Google Colabを使ってみましょう。本書では、Gmailのユーザー登録まではすでに終わっている前提で、その次のステップから説明することにします。

　Google Colabを利用するときは、認証の手間を省くため、Gmailにアクセスした状態から出発します。ブラウザは相性の良さを考慮してGoogle Chromeを利用します（図1-1-1）。

---

[1] 無償版では、プログラムの実行時間が12時間までで、割り当てられるGPUやメモリーに制限がありますが、小規模なプログラムの実行ではあまり問題になりません（2022年11月現在）。

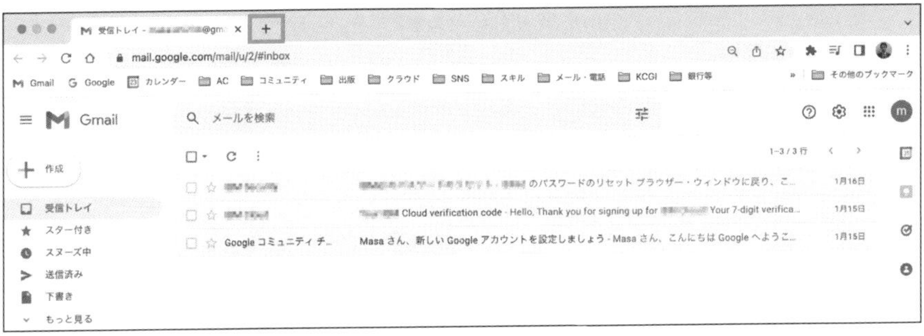

図 1-1-1　ブラウザで Gmail にアクセスした状態

　この状態で、①ブラウザ上部の「+」（図1-1-1の青枠部分）をクリックして新しいタブを作り、②以下のURLを新しいタブから入力します（図1-1-2）。

https://colab.research.google.com/notebooks/welcome.ipynb?hl=ja
（短縮URL https://bit.ly/3xNfTBq）

図 1-1-2　新しいタブを作り URL を入力

　そしてEnter キーを押すと次のような画面になります。これがGoogle Colabの初期画面です（図1-1-3）。

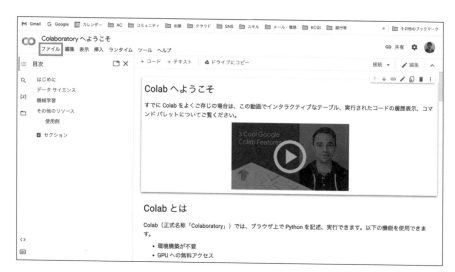

図 1-1-3　Google Colab の初期画面

この画面が表示されたら、左上の「ファイル」をクリックします。

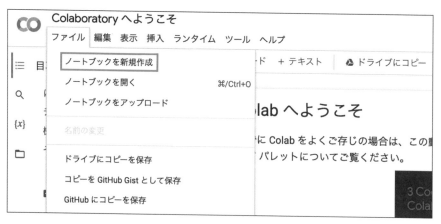

図 1-1-4　「ノートブックを新規作成」メニュー

さらに図1-1-4のように「ノートブックを新規作成」を選択します。

図 1-1-5　新規 Notebook 画面

その結果、図1-1-5のような画面になっていれば、新規Notebookの作成に成功しています。

1.1.4　はじめての Python プログラミング

それでは、早速Notebookの画面上で、はじめてのPythonプログラミングをやってみます。キーボードから次のように「1 + 2」と文字をタイプし、次にShiftキーを押しながらEnterキーを押してください。

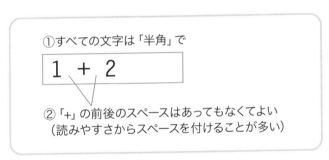

①すべての文字は「半角」で

$$1 + 2$$

②「+」の前後のスペースはあってもなくてよい
（読みやすさからスペースを付けることが多い）

図 1-1-6　文字入力の注意点

はじめてのプログラムなので、図1-1-6に文字入力時の注意事項を記載しておきました。図の①と②の2点に注意した上で文字を入力し、最後にShiftキーを押しながらEnterキーを押してください。うまくいくと、次の図1-1-7のような結果になります（1回目の実行は多少時間がかかります）。

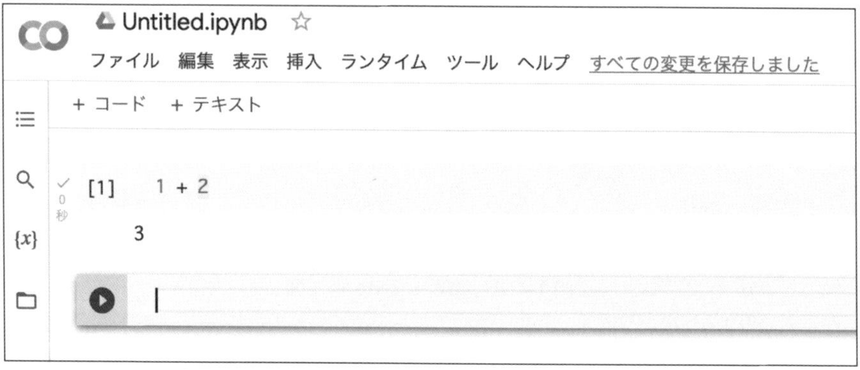

図 1-1-7 「1 + 2」の実行結果

　もし、見た目「1 + 2」と入力したのに、エラーになってしまった場合は図1-1-6で説明した「①**すべての文字は「半角」で**」をチェックしてみてください。

　無事、図1-1-7と同じ結果を得られた読者は、「**はじめてのPythonプログラミング**」を経験できたことになります。

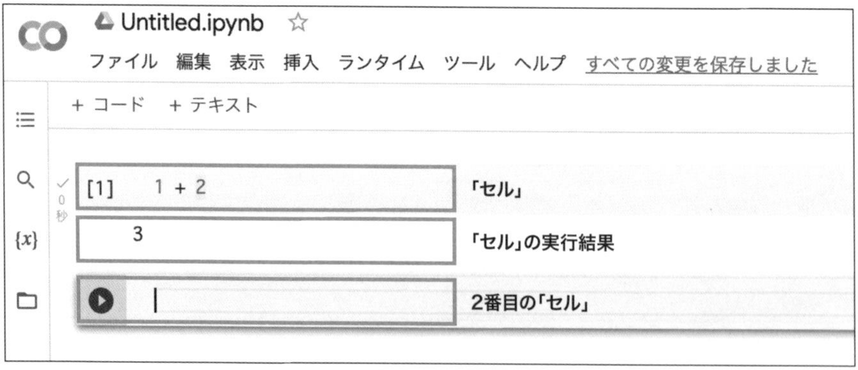

図 1-1-8　Notebook の各要素

　ここで、上の図1-1-8を使ってNotebookの各要素を説明します。図1-1-8をよく見ると、やや灰色がかった矩形領域と、そうでない領域の2種類があります。灰色がかった領域のことを「**セル**」と呼びます。セルは**Notebookでのプログラム実行単位**です。今の例では1行しかありませんが、複数行から構成されるセルも存在して、その場合は複数行が上から順番にまとめて実行されることになります。

　セルが実行済みの場合は、左端に「[N]」の形式で数字が表示されます。Nにあ

たる数字は、そのNotebook内で**何番目に実行されたセルであるか**を示しています。

　セルの直下の白い領域には、**直前のセルの実行結果**が表示されます。今回は「3」というテキスト情報が表示されていますが、グラフ描画の結果などもこの領域に表示できます。

　現在カーソルのある、2番目の「セル」はまだ実行されていないため、「[N]」形式の数値が表示されていません。そもそもNotebookを新規作成した時点では、このセルは存在しませんでした。どのタイミングでできたかというと、先ほど「Shift + Enter」キーを押したタイミングになります。このキー操作は「**現在選択されたセルを実行した上で選択セルを1つ先に移動**します。今回のように最後のセルを実行した場合は、「**新規セルを最後に追加する**」ということを意味していたため、このような動きになった次第です。

　しかし、「1 + 2」という計算は、電卓でもできるし、Excelでもできるし、もっというと暗算でも一瞬でできるので、何がPythonのいいところなのかはまだわからないと思います。次節で、「電卓」「Excel」「暗算」では絶対できないことを、体験してみることにしましょう。

1.1.5 「Shift + Enter」と「Enter」の違い

　Notebook上で「Shift + Enter」が、**「セルの実行」**を意味するという話をしました。では、Shiftなしの単なる「Enter」だと、どのような動きになるのでしょうか?

　論より証拠、今実行した「1 + 2」のセルで、カーソルを2の後ろにセットした状態で、「Enter」キーを入力してみてください。すると、次の図1-1-9のように、セルの中に新しい行ができます。

① カーソルを「2」の後ろに付ける

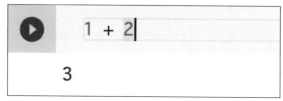

② 「Enter」キー

③ セルが2行になりカーソルは新しい行に移動

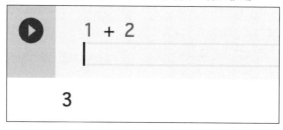

図 1-1-9 セルの中で Enter キーを入力したときの動き

先ほど、1つのセルの中で複数行のプログラムを動かすことができるという話を
しました。そのための操作が、今確認した単なる「Enter」キーということになり
ます。また、③の状態で**バックスペースキー**を押すと、元の1行だけのセルの状態
に戻せます。

1.1.6 Notebook のファイル名の変更方法

今、操作しているNotebookのファイル名は「Untitled.ipynb」という意味のな
い名前です。このファイル名を自分の好きなものに変更するにはどうしたらいいで
しょうか？

いくつかの方法があるのですが、一番簡単なのは、タイトルをマウスでクリック
して直接修正する方法です。次の図1-1-10でその様子を示します。

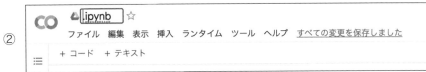

図1-1-10　Notebook のファイル名の変更方法

① 「Untitled」とその先のピリオドの間でマウスをクリックして、カーソルをピリオドの直前に移動します。これでファイル名を変更可能な状態になります。

② バックスペースキーを繰り返し押して「Untitled」の文字をすべて削除します。「.ipynb」の拡張子の部分は消してしまわないように注意してください。間違って消した場合は、キー入力で元の状態に戻します[2]。

③ 新しいファイル名を入力します。図1-1-10の例では「はじめてのNotebook」としています。このように日本語を使っても問題ありません。

④ セルの中など、ファイル名以外の場所をクリックすると、入力した文字列が新しいファイル名として確定されます。

---

[2] 拡張子を消してしまってもプログラム動作上は問題ないようですが、拡張子は残しておいた方が望ましいです。

1.1.7 設定の変更

　本節の最後に、Google Colabを使ったプログラミングをやりやすくするために設定を変更します。

図 1-1-11　歯車アイコン

　まず、図1-1-11のように、画面右上にある「歯車アイコン」をクリックします。すると、下の図1-1-12のような設定パネルが表示されます。

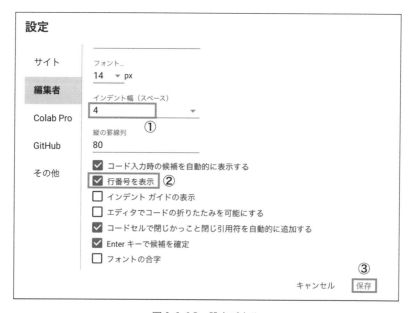

図 1-1-12　設定パネル

この画面で以下の操作をします。

① インデント幅（デフォルトでは2になっている）を4に
② 「行番号を表示」の項目にチェックを付ける
③ 「保存」ボタンをクリックして設定を保存

2つの変更はそれぞれ次の理由で行います。

① インデント幅の変更　次節以降、本書で利用するサンプルコードは「PEP8」と呼ばれるPythonプログラミングにおける標準的な作法に則った形にします。PEP8では、インデントは「スペース4文字」というルールなので、それに沿った設定にします。

② 行番号表示　次節以降で、複数行にわたるセルのコードを解説するとき、「XX行目」という表現をよく利用します。この表現が理解しやすいように、次節以降では、コードに行番号を付けます。Google Colabの画面でもそれに合わせます。

次節以降の画面、コードはすべてこれらの設定が済んでいることを前提とします。

1.2 Google Colab の基本操作

┃┃ 本節で学ぶこと ┃┃

　本節では、Google Colab の操作でも特に重要な点について学びます。具体的には、作成済み Notebook の読み込み方法・実行方法を最初に学びます。次に Notebook の特定のセルをコピーする手順を覚えます。そして、コピーした新しいセルで「変数」の値を変えて結果がどう変わるかを試します。

　本節（1.2節）で紹介する階乗計算プログラムは、「N = 」の後ろに 10 のような自然数を指定すると 1! から N!（階乗＝ 1 × 2 ×・・・× N）まで順番に計算し、途中経過を含めて計算結果を表示してくれます。

　本節では、プログラムの文法的な解説は一切しません。シンプルなコードでびっくりする結果を出せることを実験的に確認するにとどめます。本節の最後で改めて言及しますが、本章の内容を最後まで理解できたとき、本節のサンプルコードの意味が完全に理解できるようになっているはずです。そのことを通じて本章のゴールをイメージすることが本節の副次的な目的になります。

1.2.1 Notebook の読み込み手順

　早速 Notebook ファイルを読み込みましょう。本書の教材の Notebook はすべて下記の URL から実行可能です。

https://github.com/makaishi2/data_analysis_book_info/blob/main/refs/notebooks.md（短縮 URL：https://bit.ly/3zx4dTr）
（本書全体のサポート情報は太字の URL 参照）

　次節（1.3節）から、Notebook 読み込みの手順は示しませんが、すべての節で手順は同じです。読者はこれから示す手順で Notebook を読み込み、手元で動作を確認しながら本書を読み進めることを強くお勧めします。

　ブラウザで上の URL を指定すると、次のようなリンク一覧が出てきます。

1章　Python入門

節・タイトル	実習リンク	演習解答例
1.2節　階乗計算	ch01_02.ipynb	(N/A)
1.3節　変数	ch01_03.ipynb	ch01_03_ans.ipynb
1.4節　データ型と算術演算	ch01_04.ipynb	ch01_04_ans.ipynb
1.5節　条件分岐	ch01_05.ipynb	ch01_05_ans.ipynb
1.6節　関数とメソッド	ch01_06.ipynb	ch01_06_ans.ipynb
1.7節　リストとループ処理	ch01_07.ipynb	ch01_07_ans.ipynb
1.8節　タプル・集合と辞書	ch01_08.ipynb	ch01_08_ans.ipynb
1.9節　関数定義	ch01_09.ipynb	ch01_09_ans.ipynb
1.10節　やや高度なループ処理	ch01_10.ipynb	ch01_10_ans.ipynb

図 1-2-1　Notebook のリンク一覧画面

　ここで、リストの一番上の青枠で囲んだ「ch01_02.ipynb」のリンクをクリックします。すると、次のような画面になります。

図 1-2-2　読み込んだ Notebook 画面

実は、図1-2-1に一覧表示されているリンクにはちょっとした仕掛けがしてあります。単にNotebookを見るのでなく、「**Google Colab から Notebook を読み込んだ状態にする**」ということを一気にできるようにしているのです。ただ、この状態のままだと、修正したNotebookを保存できません。Notebookを書き込み可能な自分のドライブ（Googleドライブ）上にコピーするため、図1-2-2で青枠で囲んだ「**ドライブにコピー**」のリンクをクリックします。

1.2.2 読み込んだ Notebook の実行

ここまでの操作が正しく行われると、次の図1-2-3のような画面になるはずです。

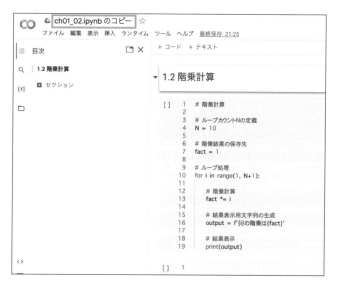

図 1-2-3 「ドライブにコピー」を選択後の画面

青枠で囲んでいるファイル名のところが「ch01_02.ipynbのコピー」となっているか確認してください。このようになっていれば、Notebookを自分のドライブにコピーできているので、修正したプログラムを保存することができます。

今、読み込んだNotebookのプログラムの意味がわからず心配な読者もいると思いますが、今はNotebookの操作に習熟することが目的なので、その点は気にせず読み進めてください。

このNotebookに対してShift + Enterを2回実行してください[1]。次のような結果になるはずです。

図1-2-4　セルの実行結果

出力の最後は「10の階乗は・・・」のはずです。図1-2-4のように一番下まで見えていない場合は、画面をスクロールして一番下まで表示させてください。図1-2-5のようになります。

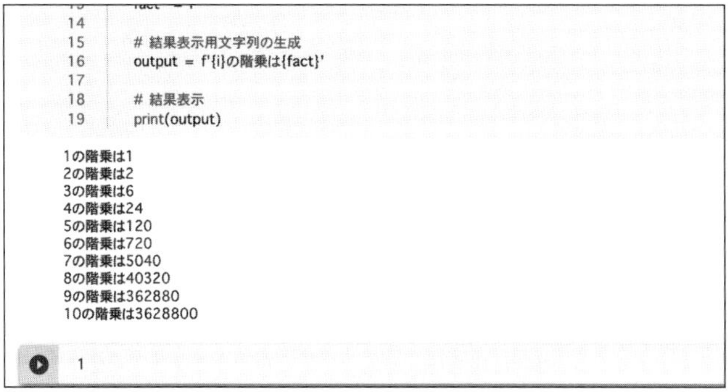

図1-2-5　スクロール表示させた結果

---

[1] なぜ2回必要かというと、ファイルを読み込んだ直後は、セルのもう1つ上のタイトルのところ（「1.2 階乗計算」）が選ばれた状態になっているからです。

プログラムの目的を改めて説明します。このプログラムは「N＝」の後ろに10のような自然数を指定すると1!からN!（階乗＝1×2×・・・×N）まで順番に計算し、途中経過を含めて結果を表示してくれるプログラムです。でも、この程度だったら、Excelでも電卓でもそんなに手間をかけずにできそうです。では、10を60に変えて、60!だとどうなるでしょうか？

この実験をするため、

① 今実行したセルのコピーを作る

② コピーした先のセルで10を60に書き換える

③ そのセルを実行

ということをやってみましょう。

1.2.3 セルのコピー

まず、「①今実行したセルのコピーを作る」方法です。今、計算を実行したセルの上にマウスポインタを移動し、そこでマウスをクリックしてください。

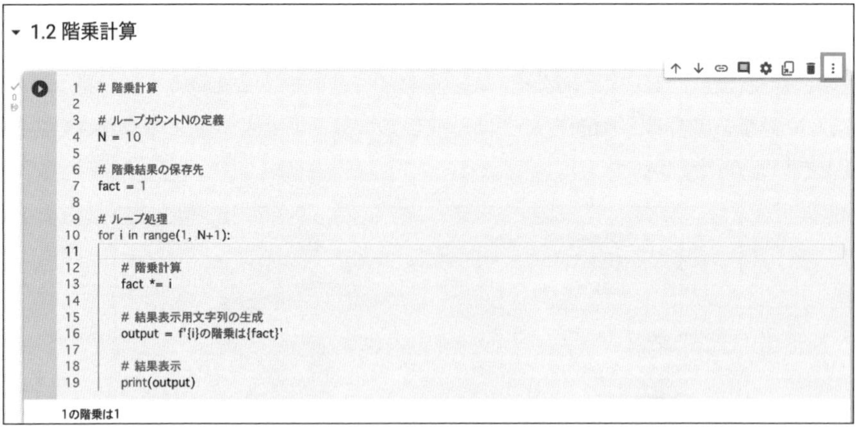

```
▼ 1.2 階乗計算
    1   # 階乗計算
    2
    3   # ループカウントNの定義
    4   N = 10
    5
    6   # 階乗結果の保存先
    7   fact = 1
    8
    9   # ループ処理
   10   for i in range(1, N+1):
   11
   12       # 階乗計算
   13       fact *= i
   14
   15       # 結果表示用文字列の生成
   16       output = f'{i}の階乗は{fact}'
   17
   18       # 結果表示
   19       print(output)

1の階乗は1
```

図 1-2-6　セルをコピーする手順（1）

すると、図1-2-6のようにセルの右上にアイコンのセットが表示されます。このアイコンは、今、選択したセルを操作するためのものです。このセットの右端にある「三」のようなアイコン（青枠で囲んだ部分）をクリックします。

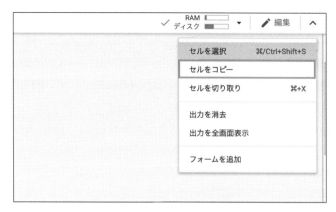

図1-2-7　セルをコピーする手順（2）

図1-2-7のメニューが出てきたら、「セルをコピー」を選択します。

次にそのままの状態でCtrl + Vをキーボードから入力します（Macの場合はcommand + V）。すると次の図1-2-8のようになるはずです。

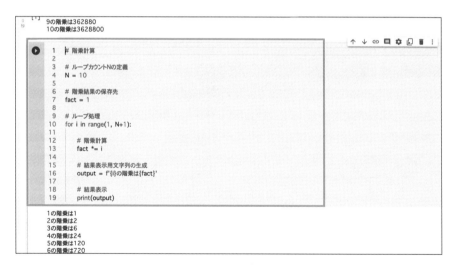

図1-2-8　セルをコピーした直後

大きなセルが2つ上下に並んでいるので結果がわかりにくいのですが、画面を上下にスクロールすると、同じセルが2つできていることがわかります。青枠で囲んだ下の方のセルが、今、コピーしてできたセルです。これでセルのコピーができま

した。

1.2.4　値を変えた実験

次にコピーしてできたセルに対して「②コピーした先のセルで10を60に書き換える、③そのセルを実行」を実施します。

具体的には「N = 10」の行の最後にカーソルを設定し、バックスペースキーで「10」を消して「N = 60」に書き換えた後で、Shift + Enterでこのセルを実行します。実行結果は次の図1-2-9のようになるはずです。

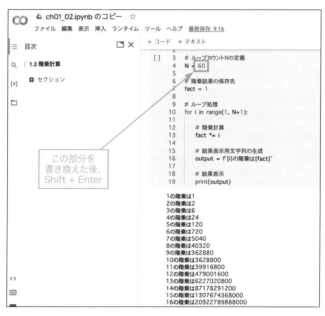

図 1-2-9　60 の階乗の計算結果（途中段階）

60!の結果は図1-2-9ではまだ見えていなくて、その先があります。出力部分はスクロール可能なウィンドウになっていて、どんどん下にスクロールできます。一番下までスクロールした結果が次の図1-2-10になります。

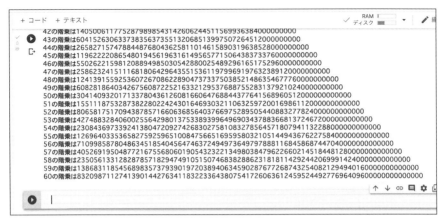

図1-2-10　60の階乗の計算結果（最終結果）

「60!に0はいくつあるか」というのは、私立中学の入試でありそうな問題です。図1-2-10の最後の行で0の数を数えると、それを実際に確認できます。このような結果になるのはPythonが「整数値の任意精度演算」を実現しているからです[2]。

60!を近似計算でなく、実際の整数値で計算できたということは、Excelでも電卓でもできない、Pythonならではのことと言えます。

☞データ分析のためのポイント

データ分析ではパラメータ値をいくつか変えて実験し、結果を比較することが多い。「セルのコピー」はこうした実験で活用できるテクニック。

1.2.5　プログラムの内容の確認

今まで、中身を見ないようにしていた、1.2節のプログラムの内容をここで改めて見てみます。

---

[2] 他にこの機能をサポートしているプログラミング言語としてはRubyがあります。

コード 1-2-1　階乗計算のプログラム

```
1    # 階乗計算
2
3    # ループカウント N の定義
4    N = 10
5
6    # 階乗結果の保存先
7    fact = 1
8
9    # ループ処理
10   for i in range(1, N + 1):
11
12       # 階乗計算
13       fact *= i
14
15       # 結果表示
16       print(i, 'の階乗は ', fact)
```

　ここで使われている文法的な要素を書き出してみると、以下のようになります。右側には、それぞれの文法的な要素を本章のどこで解説しているかを記載しています。

　4、7行目　変数の代入 1.3.2項
　10行目　ループ処理 1.7.2項
　10行目　range関数 1.7.2項
　10、13、16行目　変数の参照 1.3.3項
　10行目　算術演算 1.4.2項
　13行目　特殊な代入演算子（累算代入演算子）1.4.3項
　16行目　print関数 1.6.1項

　上のプログラムはやや複雑な構造をしていますが、本章の説明ですべてカバーできています。本章の文法の説明は、特に丁寧に一歩一歩進めますので、だれでも理解できるはずです。
　つまり、今は、上のプログラムで何をやっているかわからなくても、本章が終わ

った段階で、上のプログラムの意味が完全に理解でき、さらに同じような動きのプログラムを自分で作れるようになっているのです。本章を読み終えた読者は、本当にこの予想があっているか、ぜひこのページに遡って確認してみるようにしてください。

1.3 変数

本節で学ぶこと

　本節では「**変数**」という**プログラミングにおいて最も基本的な概念**を理解することが目的です。最初に「変数」という概念をその目的、機能を含めて説明します。次に、変数に付随する重要な概念である「**代入**」について説明します。ここは初心者がつまずきやすい箇所なので、特に丁寧に説明します。その後で、変数のもう1つの機能である「参照」を、さらに両者の組み合わせたケースを説明します。最後にprint関数の利用を含めた結果表示の方法について整理します。

1.3.1　変数とは

　Pythonのようなプログラミング言語において「**変数**」とは何かを一言でいうと、**値をしまい（保存する）、必要なときにその値を引き出す（参照する）入れ物（箱）**ということになります。

　プログラミングとは結局のところ「計算する」ということです。「計算する」ためには**計算対象のデータ**が必要ですし、また**計算結果の値を保存**する仕組みも必要です。つまり、変数という名前の箱の機能は、大きく「**値を参照する**」機能と「**値を保存する（設定する）**」機能とに分けることができます。

　本節では、このような概念の関係性に基づき、「変数の代入（設定）」と「変数の参照」、そして「両者を組み合わせた形の利用方法」について、順番に説明していきます。

　ここまでは、Pythonに限らずプログラミング言語で共通の話です。ここから先はPython固有の話が出てきます。上で説明した「変数」をPythonではどのように実現しているかという点です。多少抽象度を上げた形で、Pythonでの変数の実現イメージを示すと、次の図1-3-1のようになります。

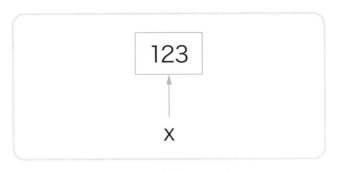

図 1-3-1　変数のイメージ

　図 1-3-1 では、x という名前の箱（変数）に値「123」がしまわれている状態を示しています。今は、この図で何を意味しているか、明確なイメージが持てないと思いますが、この図はこれから本書で繰り返し出てくることになるので、だんだんイメージが持てるようになります。今は、**データの実体は他の場所**（図 1-3-1 だと「123」の入っている箱）にあり、「x」というのは、その**場所を指し示す名札**のようなものということだけ押さえるようにしてください。

1.3.2　変数の代入

　変数に値を保存する（設定する）ことを「**代入**」と呼びます。

　Python でこのような状態を作るためには、どのようなプログラムを作ればいいのでしょうか。それを示したのが、次のコード 1-3-1 です。

コード 1-3-1　変数への代入例

```
1   # 変数 x に値 123 を代入
2   x = 123
```

　コード 1-3-1 はたった 2 行のシンプルなものですが、重要なので、詳しく説明します。

　まず、先頭の「#」記号ですが、これは Python で「**コメント**」を意味します。**# より後ろの文字は、プログラムとしては解釈しない（無視する）**ルールなので、**人間が理解しやすくするための解説**を書くことができます。本書のサンプルコード

では、今後、このコメントをできるだけ詳しく書いていくつもりです。ということ
で、このコードの1行目はプログラムの動作と関係ないことがわかりました。

　コード1-3-1の本質的な部分は、次の2行目にあります。この2行目がどんな構
造になっているかを、次の図1-3-2で詳しく説明します。

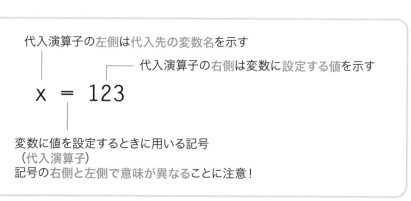

図 1-3-2　代入の仕組み

図1-3-2で重要なポイントを順に説明します。

　まず、「**代入**」（変数に値を設定することをこのように呼びます）は、**「=」記号
によって表現**されるということです。そしてこのときの「=」記号を代入演算子と
呼びます。**数学などで用いられている「=」（等しいことを表す）とは別の意味に
使っている**ことになります。ここが直感に反するため、プログラミング言語に入門
する人がつまずく最初の関門になっているのです。

　そして、「代入」が「=」で表現されることから導かれる2つめのポイントは、
「=」記号の右側と左側はまったく意味が異なるということです。

　左側は値が設定される**変数の名前**を指定します。

　右側は**設定する値**そのものを指定します。

　代入の実装コードでは「=」記号の両側の順番が重要であることを実際に試して
みましょう。あえて「123 = x」と逆の順番のコードを実行した結果が、次のコー
ド1-3-2になります。

コード 1-3-2　代入文で右と左を入れ替えた結果

```
1    # 右と左を入れ替えると文法エラーになる
2    123 = x
```

```
File "<ipython-input-9-eae4cc320b0c>", line 2
    123 = x
             ^
SyntaxError: can't assign to literal
```

　実行結果はエラーになり、「123」という数字が「**リテラル**」と呼ばれるクラス (型) のデータで、「そのデータに対する代入はできない」といった内容のメッセージが出力されています。リテラルという言葉の詳細な意味については、本節末尾のコラムで解説したので気になる読者はそちらを参照してください。

1.3.3　変数の参照

　それでは、こうやって定義した変数xの値を参照したい場合、どうしたらいいでしょうか?

　答えはとてもシンプルで、プログラム中で変数名「x」と書くと、変数xの持っている値がその場所に返されます。最もシンプルな参照のサンプルをコード1-3-3に示しました。

コード 1-3-3　変数の参照例

```
1    # 変数 x の値を参照する
2    x
```

```
123
```

　値を画面に表示させて確認するという意味では、次のコード1-3-4のようにprint関数を使う方法もあります。

コード 1-3-4　変数 x の中身を print 関数で表示

```
1    # print 関数の利用
2    print(x)
```

123

　print関数は、変数の値を画面に表示してくれる関数です。今回の場合、単に「x」とするのと同じ結果が得られました。print関数を使う場合と使わない場合で何が違うかに関しては1.3.5項で解説します。

1.3.4　参照と代入の組み合わせ

　次に今までより複雑なケースを見てみます。具体的には前項（1.3.3項）で説明した「変数の参照」と1.3.2項で説明した「変数の代入」が1行のプログラムで同時に含まれている場合を指します。実際のコード1-3-5を見ていきましょう。

コード 1-3-5　やや複雑な代入コード

```
1    # 変数 x の値に 10 を加えた結果を変数 y に代入
2    y = x + 10
```

　今までとの違いは、代入演算子「=」の右側が「x + 10」と複雑な式になっている点です。このような場合、次の順番で処理します。

（1）代入演算子の右側の計算をします。今回の場合、xは変数で値は現在123です。なので、xは123に置き換わります。右側は「123 + 10」になるので、計算結果として133になります。

（2）（1）の計算結果で得られた値を代入演算子の左側の変数に代入します。

　以上のことを考えると、最終的に変数yには値133が入っているはずです。その

28

ことを実際に試したのが次のコード1-3-6です。

コード1-3-6　yの値の確認

```
1   # 結果の確認
2   print(y)

133
```

上の予想が正しいことが確認できました。

本項の最後に、より複雑なプログラムを考えてみましょう。次のコード1-3-7を実行した後で、変数wにどんな値が入っているか、考えてみてください。

コード1-3-7　複雑な代入プログラム

```
1   # 変数 w に値 10 を代入
2   w = 10
3
4   # ここでは何をやっているか ??
5   w = w + 1
```

問題は一番下の「w = w + 1」です。これが、数学の式であれば両辺からwを引いて「0 = 1」?? とわけのわからないことになってしまいます。しかし、今まで代入演算子のプログラムの処理をしっかり理解した読者は、そんな混乱をすることはないと思います。考え方は先ほどの例と同じで

(1) 代入演算子の右側の値を計算
(2) (1) の計算結果を代入演算子の左側の変数に代入

です。順番に考えてみましょう。
(1) その上の行で「w = 10」とあります。なので、この時点で変数wには値「10」が設定されているはずです。その場合、代入演算子の右側は「w + 1」→「10 +

1」→「11」になります。

(2)（1）の結果を受けて変数 w に値「11」が設定されるはずです。この予想が正しいか、次のコード1-3-8で確認してみます。

コード 1-3-8　w の値の確認

```
1   # 結果の確認
2   print(w)

11
```

予想通りの結果が得られました。本項の最後に取り扱った「w = w + 1」は初心者が最初につまずくプログラムとして有名なものです。皆さんはその第一関門を無事突破できたことになります。

1.3.5　結果表示方法の整理

1.1節で最初に実行したプログラムである「1 + 2」、あるいは、本節のプログラム「x」のように、print関数を使わずに結果を表示する方法と、print関数を使った方法の2種類を示してきました。この2つにどういう違いがあり、どう使い分けたらいいのかを整理するのが、本項の目的です。

ちなみに、本項で議論している話は「セル」という概念を持つJupyter Notebook固有の話で、元のPythonの文法とは別の話であることは、頭に入れておいてください。

まず、次のコード1-3-9で変数 x と変数 y の値を「代入」により設定します。

コード 1-3-9　変数 x、y の値の設定

```
1   # 変数 x と変数 y の値を設定
2   x = 123
3   y = 10
```

Chapter 1 Python プログラミング入門

今まで特に言及していなかったのですが、コード1-3-9では、結果の表示が一切ないことをここで意識してください。後ほど、この理由についても説明します。

次に同一セルに「x」「y」というシンプルな参照を2行並べて書いてみます。実装とその結果は次のコード1-3-10になります。

コード1-3-10　単純な変数参照を並べて書いた場合

```
1    # 変数 x と変数の参照
2    x
3    y
```

```
10
```

xとyの値を両方表示してほしかったのですが、結果はyの値だけが表示される形になりました。セルに複数行のプログラムがある場合、**最後の行の結果しか表示できない**ということが、print関数を使わずに値を表示させる方式の1つめの制限事項になります。

では、前の例（コード1-3-9）の最後の行「y = 10」では値が表示されなかったのに、今回は「10」が表示されたのはなぜでしょうか?

実は、Pythonのプログラムには「値を返す」ものと「値を返さない」ものがあります。この方式の2つめの制限事項が、**最後の行のプログラムは値を返す必要がある**ということです。

値を返すパターンの典型が、上で示した「y」のような単純な変数の参照です。ここまでで、それ以外に経験したパターンとしては最初の実習でやった「1 + 2」があります。この場合は、計算結果の「3」が値として返され、それが一番下の行だった（というかこの例題は1行しかないプログラムでした）ので表示されていたということになります。

値を返さないパターンの典型が、コード1-3-9の「y = 10」のような**代入文**です[1]。このような場合は、結果は表示されません。

---

[1] このことを応用した高度なテクニックとして、セルの最後で値を戻す関数呼び出しをするがその結果を見たくない場合、一切使わないダミーの変数に関数の値を代入すると画面表示を抑止できます。

最後に、print関数を使った場合にどうなるか、試してみましょう。実装とその結果は、次のコード1-3-11になります。

コード 1-3-11　print 関数を使った場合

```
1    # print 関数呼び出しを並べて書く
2    print(x)
3    print(y)
```

```
123
10
```

print関数の場合は、セル中のどの行で実行されても、結果が表示されます。

以上の結果をまとめると、
● 簡単に結果を見たいときは　print関数を用いない単純な参照による方法
● 複数行の複雑なプログラムで確実に結果を見たい場合はprint関数を使う方法
と使い分けるのがいいでしょう。

演習問題

本節からは、学習した内容の確認のため節の最後に演習問題を付けます。解答例は問題末尾の次のページにあります。できるだけ自分で解答を考えて、実際にGoogle Colabで動かして結果を確認した後に、解答例を見るようにしてください。解答例もNotebookとしてサポートサイトに用意しています。

問　題

3つの変数 a、b、c を使います。
変数 c は、変数 a と変数 b を使って、「c = b - a」の計算により求められるものとします。
今、変数 a の値が 3、変数 b の値が 10 であるとします。このとき、変数 c の値を変数 a、b を経由して求め、結果を print 関数で表示してください。

今回は問題自体が単純なので、答えの 7 は暗算でわかってしまうわけですが、

「変数 c の値を変数 a、b を経由して求め」というところが、この問題の主眼です。Notebook のコメント欄に、どんな順番で実装するか、指示がありますので、それに沿った形でプログラムを組んでみてください。

コード 1-3-12　演習問題

```
1    # 変数 a の値を「代入」により設定します
2
3
4    # 変数 b の値を「代入」により設定します
5
6
7    # 変数 a と変数 b を用いて変数 c の値を計算し、代入します
8
9
10   # print 関数を用いて、変数 a、変数 b、変数 c の値を順番に表示します
11
```

解答例は次ページに。

演習問題の解答例は次のコード1-3-13の通りです。

解答例

コード1-3-13　演習問題解答

```
1   # 変数 a の値を「代入」により設定します
2   # 1.3.2 項　コード 1-3-1 参照
3   a = 3
4
5   # 変数 b の値を「代入」により設定します
6   b = 10
7
8   # 変数 a と変数 b を用いて変数 c の値を計算し、代入します
9   # 1.3.4 項　コード 1-3-5 参照
10  c = b - a
11
12  # print 関数を用いて、変数 a、変数 b、変数 c の値を順番に表示します
13  #1.3.5 項　コード 1-3-11 参照
14  print(a)
15  print(b)
16  print(c)
```

```
3
10
7
```

コラム　変数とリテラル

　コード1-3-2では、エラーメッセージの中に**「リテラル」**という言葉が出てきました。聞き慣れない言葉ですが、プログラミングの世界ではとても重要な言葉です。当コラムでは、この言葉の意味について説明します。

図 1-3-3　変数とリテラル

　図 1-3-3 を見てください。これは、コード 1-3-5 の中の、代入演算子の右側にある、「値を計算する部分」を抜き出したものです。プログラムは「A + B」という形になっていて、足し算の対象である A にあたる部分が x に、B にあたる部分が 10 に対応しています。

　実は計算対象の要素（A と B）には、**変数経由で値を取得**するケースと、**値そのものを直接指定**するケースが存在します。そして、後者の「プログラムの中に値を直接指定する」パターンのことをリテラルと呼びます。1.1 節のはじめてのプログラムで実行した「1 + 2」は「リテラル同士の足し算を計算した」という話だったわけです。

　この言葉の意味を理解すると、エラーメッセージの内容である「リテラルに値を代入できない」という意味もよく理解できるかと思います。

1.4 データ型と算術演算

　本節ではまず、Pythonで扱うデータが「**整数型**」「**浮動小数点数型**」「**文字列型**」などの型を持っていて、その型は**type関数**で調べられることを学びます。次に基本的なデータ間の演算として四則演算をはじめとする算術演算のやり方を学びます。最後に「**累算代入演算子**」と呼ばれる特殊な代入演算子の使い方について理解します。

1.4.1 データ型とtype関数

　Pythonに限らずプログラミング言語でデータを扱う場合、そのデータがどんな型なのかを意識することが必要です。Pythonの場合、変数を含めてすべてのデータは必ず「型」を持っています。そして、その型を調べる関数としてtype関数があります。本項では、type関数を活用しながら、プログラミングで重要な基本的な型について学んでいきます。

整数型

　最も基本的なデータ型は「**整数型**」で、整数の数値を意味する型となります。前節までで扱ってきた数値はすべて整数型でした。

　次のコード1-4-1では、変数aを整数型の値を持つ変数として定義しています。

コード 1-4-1　整数型のデータ

```
1   # 変数 a に整数型の値 123 を代入する
2   a = 123
3
4   # 値を確認する
5   print(a)
6
7   # 型を確認する
```

```
8   print(type(a))
```

```
123
<class 'int'>
```

2行目で値の代入、5行目でprint関数を使って代入した値の確認をしています。

その先の8行目に注目してください。ここで使っている**type関数**は、変数の値がどのような型なのか調べる関数です。この結果から、整数型は**class 'int'**という型であることがわかります。

浮動小数点数型

整数の範囲で表現しきれない、小数部分も含む数値データは「**浮動小数点数型**」になります。Pythonはこのような型のデータも扱えます。

コード1-4-2では、変数bを浮動小数点数型の値を持つ変数として定義しています。

コード 1-4-2　浮動小数点数型のデータ

```
1   # 変数 b に浮動小数点数型の値 123.45 を代入する
2   b = 123.45
3
4   # 値を確認する
5   print(b)
6
7   # 型を確認する
8   print(type(b))
```

```
123.45
<class 'float'>
```

2行目の代入コードで、**設定する値として123.45と小数部分も持っている**ことがポイントです。5行目のprint関数の結果で、小数部分もそのまま表示されています。この場合、8行目のtype関数の結果として**class 'float'**という型になっています。

文字列型

　今まで数値データのみを扱ってきましたが、Pythonでは**文字列型**データも扱えます。コード1-4-3で変数に文字列型の値を代入する例を示します。

コード 1-4-3　文字列型のデータ

```
1   # 変数 c に文字列型の値 'xyz' を代入する
2   c = 'xyz'
3
4   # 値を確認する
5   print(c)
6
7   # 型を確認する
8   print(type(c))

xyz
<class 'str'>
```

　文字列型のデータは変数名と区別するため、**引用符記号**で挟んだ形で表現します。コード1-4-3では**シングルクオート**（'）が使われていますが、**ダブルクオート**（"）を使うことも可能です。

　print関数で文字列型データを表示すると、クオート記号は取り除かれた形で結果が表示されます。文字列型変数の型名は **class 'str'** になります。

ブール型

　最後に**ブール型**と呼ばれる特殊なデータ型を説明します。ブール型は**True/False**の2つの値のみを取るデータ型です。コード1-4-4に実装例を示します。

コード 1-4-4　ブール型のデータ

```
1   # 変数 d にブール型の値 True を代入する
2   d = True
3
4   # 値を確認する
5   print(d)
```

```
6
7    # 型を確認する
8    print(type(d))
```

```
True
<class 'bool'>
```

2行目では、変数dにブール型の値の1つであるTrueを代入しています。このとき、Trueは大文字小文字を含めて正確にこの通りに記述する必要があります。Trueという名前の変数は、プログラムの中では使えません。このようにシステムが独自に用途を定めているので、ユーザーが利用できない名前を「**予約語**」といいます。

5行目では、ブール型の値をprint関数で表示しています。結果は、代入時と同じ「True」になります。

8行目では、ブール型データをtype関数にかけた結果を調べています。結果は**class 'bool'** です。

初めてプログラムの学習をする読者は、他の3つのデータ型と比べてこのデータ型を利用する目的がイメージしにくいかもしれません。例えば1.7節で紹介するif文と組み合わせて使うというのが、その典型的な用途です。

☞ **データ分析のためのポイント**

データ分析の対象となる項目のデータ型は、基本的に「整数型」「浮動小数点数型」「文字列型」「ブール型」のいずれか。

1.4.2　算術演算

前項でデータ型を定義できたので、次にデータ同士の算術演算の文法を説明します。本項で最初に取り上げるのは演算の中でも特によく使われる四則演算です。

加算

最初は加算、つまり足し算の演算です。すでに前節までの実習で経験している通り、加算には「+」記号を用います。数学と同じであり、特に難しい点はありま

せん。整数型を対象とした演算をコード1-4-5で、浮動小数点数型を対象とした演算をコード1-4-6で示します。

コード1-4-5　整数型を対象とした加算

```
1   i1 = 10
2   i2 = 123
3
4   # 整数型同士の加算
5   i3 = i1 + i2
6
7   # 結果確認
8   print(i3)
9
10  # 型確認
11  print(type(i3))
```

```
133
<class 'int'>
```

コード1-4-6　浮動小数点数型を対象とした加算

```
1   f1 = 10.01
2   f2 = 123.45
3
4   # 浮動小数点数型同士の加算
5   f3 = f1 + f2
6
7   # 結果確認
8   print(f3)
9
10  # 型確認
11  print(type(f3))
```

```
133.46
<class 'float'>
```

このコードでは初めて「i1」のようにアルファベットと数字をつないだ変数が出てきました。このように**変数として2文字以上の名前を使うことも可能**です。ル

ールとして**最初の文字が必ずアルファベット**で、**2文字目以降にはアルファベット
も数字も使っていい**ことになっています。アルファベットの場合、**大文字を使って
もよく、大文字と小文字は別の文字**として扱われます。

　Pythonでは、文字列型同士でも「加算」ができます。2つの文字列を連結した
文字列がその結果です。次のコード1-4-7でそのことを確認します。

コード1-4-7　文字列型を対象とした加算

```
 1  s1 = 'ABC'
 2  s2 = 'xyz'
 3
 4  # 文字列型同士の加算
 5  s3 = s1 + s2
 6
 7  # 結果確認
 8  print(s3)
 9
10  # 型確認
11  print(type(s3))
```

```
ABCxyz
<class 'str'>
```

　2つの文字列'ABC'と'xyz'を連結した結果がs3に代入されていました。

減算

　次は減算、つまり引き算の演算です。この場合も難しいところはなく、数学同
様に「-」記号が減算を意味します。紙幅の関係で、整数型同士の演算のみコード
で示しますが、浮動小数点数型同士でも同様の演算ができます。文字列型の減算
はエラーになります。

　次のコード1-4-8が実装コードとその結果です。

コード 1-4-8　整数型を対象とした減算

```
1   i1 = 10
2   i2 = 123
3
4   # 整数型同士の減算
5   i4 = i1 - i2
6
7   # 結果確認
8   print(i4)
9
10  # 型確認
11  print(type(i4))
```

```
-113
<class 'int'>
```

乗算

　次は乗算、つまりかけ算の演算です。かけ算では、英数半角文字のセットに「×」の記号がないため、「*」（アスタリスク）を記号として用います。減算同様に、実装例として整数型を対象とした演算を次のコード1-4-9に示します。

コード 1-4-9　整数型を対象とした乗算

```
1   i1 = 123456789
2   i2 = 8
3
4   # 整数型同士の乗算
5   i5 = i1 * i2
6
7   # 結果確認
8   print(i5)
9
10  # 型確認
11  print(type(i5))
```

```
987654312
<class 'int'>
```

　ちなみに、整数型同士の乗算の場合、1.2節で説明した通り、整数の任意精度演算の仕組みが動くため、どんなに長い桁数の整数間の演算であっても、結果をすべて整数値で返します。上の例題では、せっかくなので面白い結果になる2つの数字を選んでみました。

　ここでは実装例は示しませんが、浮動小数点数型同士でも乗算ができます。

除算

　四則演算の最後は除算、つまり割り算の演算です。

　整数間の除算には、「商を整数型の範囲にとどめる」方法と「商を浮動小数点数型の範囲まで広げる」方法の2つがあります。

　Pythonの除算では、バージョン2では前者の方式だったのですが、バージョン3で後者の方式に変わりました。本書ではバージョン3を採用しているので、これから説明する除算は、整数型間の演算で結果が浮動小数点数型になるというパターンになります。

　除算も乗算同様、英数半角文字のセットに「÷」記号がないため、別の記号である「/」（スラッシュ）を用います。具体的な実装は、次のコード1-4-10です。

コード1-4-10　整数型間の除算

```
1   i1 = 10
2   i2 = 7
3
4   # 整数型同士の除算
5   i6 = i1 / i2
6
7   # 結果確認
8   print(i6)
9
10  # 型確認
11  print(type(i6))
```

```
1.4285714285714286
<class 'float'>
```

　コード1-4-10の結果を見ると、演算元のデータはどちらも整数型なのに、除算

の結果が1.4285…という浮動小数点数型になっていることがわかります。

　今回も実装例は示しませんが、浮動小数点数型同士の除算の計算も可能です。

整数除算と余り

　上で示したようにPythonのバージョン3では除算の挙動が変わり、結果は浮動小数点数型になりました、では、バージョン2のときの挙動であった、**整数の範囲の商**を求めたい場合はどうすればいいのでしょうか？

　その答えを次のコード1-4-11に示していて、「**//**」という記号を用いる形になります。

　整数間の割り算の場合、もう1つ、「**余り**」を求めたいという話があります。この機能は「**%**」記号で実現されます。

　次のコード1-4-11は、今、説明した**整数の範囲の商**と、そのときの**余り**を調べる実装になっています。

コード 1-4-11　整数間の除算　商と余りの取得

```
 1  i1 = 10
 2  i2 = 7
 3
 4  # 整数除算
 5  i7 = i1 // i2
 6
 7  # 結果確認
 8  print(i7)
 9
10  # 余り
11  i8 = i1 % i2
12
13  # 結果確認
14  print(i8)
15
```

```
1
3
```

　コード1-4-11の結果を見ると、商が1、余りが3となってて、「10÷7」の計算

が正しくできています。

累乗

　本項で最後に説明するのが「累乗」の演算です。例えば「2の10乗」といった場合、2という値同士を繰り返し10回かけ算することを意味します。Pythonでは累乗は「**」という演算子で実装できます。

　実装例をコード1-4-12で見ていきましょう。

コード1-4-12　累乗の計算

```
1   i1 = 2
2   i2 = 10
3
4   # 累乗の計算
5   i9 = i1 ** i2
6
7   # 結果確認
8   print(i9)

1024
```

　「2 ** 10」の計算結果が1024になっていて、正しく累乗計算ができていることが確かめられました。

1.4.3　特殊な代入演算子（累算代入演算子）

　本項では、「代入」と「四則演算」をまとめて一気に処理してしまう演算子を紹介します[1]。

　前節の実習で取り上げた「w = w + 1」の例題を考えます。ここでは、

（1）w + 1の計算をする

（2）（1）で得られた結果を改めてwに設定する

という動きになるという説明をしました。これを変数wの立場で考えると、「元々の自分の値に1を加えた結果を新しい自分の値とする」ということになります。こ

---

[1] 正式名称は「累算代入演算子」と呼ぶようですが、筆者も執筆時にこの名称を初めて知りました。多分、この名前は覚えなくても問題ないと思います。

のような考えで作られたのが、これから説明する累算代入演算子です。

実装例をコード1-4-13に示します。

コード1-4-13　累算代入演算子の利用例

```
1   # 変数 w に値 10 を代入
2   w = 10
3
4   # 累算代入演算子を使って w の値に 1 を加える
5   w += 1
6
7   # 結果確認
8   print(w)
```

```
11
```

累算代入演算子の書き方ですが、代入演算子を示す記号であった「=」の左側に今、実施したい演算の記号をつなげます。上のコードの場合、やりたい演算は加算なので、演算記号としては「+=」となります。

「=」の左側につなげる演算記号を別のものにすると、処理内容もその演算に変わります。

次のコード1-4-14を見てください。

コード1-4-14　1.2節の実習コードの一部

```
6    # 階乗結果の保存先
7    fact = 1
8
9    # ループ処理
10   for i in range(1, N+1):
11       # 階乗計算
12       fact *= i
```

このコードは1.2節で実行したものですが、12行目の青線部分に演算を「乗算」とした場合の、累算代入演算子を使っていました。この仕組みをうまく使うことで階乗の計算をしていたのです。

演習問題

次の条件を満たすプログラムを作成してください。

問　題

変数 a、b、c にそれぞれ値 1000、2000、3000 を代入します。
　次に、3 つの変数それぞれを整数の範囲で 7 で割った余りを計算し、3 つの余り
をすべて足した結果を d に代入してください。d の計算方法はいろいろありますが、
1.4.3 項で説明した累算代入演算子をうまく使って計算してください。

コード 1-4-15　演習問題

```
1    # 変数 a、b、c の値をそれぞれ設定します
2
3
4
5
6    # a を 7 で割った余りを変数 d に代入します
7
8
9    # 上の結果に、累算代入演算子を利用して b を 7 で割った余りを加えてください
10
11
12   # さらにその結果に、c を 7 で割った余りを加えます
13
14
15   # print 関数で結果を表示します
16
```

解答例を次ページに示します。

解答例

コード 1-4-16　演習問題解答例

```
1    # 変数 a、b、c の値をそれぞれ設定します
2    a = 1000
3    b = 2000
4    c = 3000
5
6    # a を 7 で割った余りを変数 d に代入します
7    # 1.4.2 項　コード 1-4-11 参照
8    d = a % 7
9
10   # 上の結果に、累算代入演算子を利用して b を 7 で割った余りを加えてください
11   # 1.4.3 項　コード 1-4-13 参照
12   d += b % 7
13
14   # さらにその結果に、c を 7 で割った余りを加えます
15   d += c % 7
16
17   # print 関数で結果を表示します
18   print(d)
```

15

コ ラ ム　変数とデータ型の関係

　以下で説明する内容は、Python という処理系での変数、データ型の考え方に関するものです。やや抽象的で難しい内容です。初めてプログラム言語を学習する読者は読み飛ばしてください。すでに C や Java など他の言語を学んだことがあり、それらの言語との違いを知りたい読者は読むようにしてください。

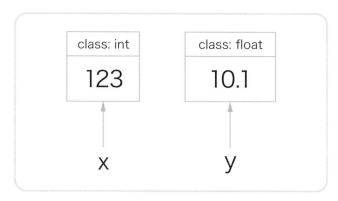

図1-4-1　変数とデータ型の関係

　図1-4-1を見てください。この図は、前節の図1-3-1で示した、Pythonにおける変数と値の関係の概念図をもう少し精緻にしたものです。前の図との違いは、「123」や「10.1」といった「値」の上部に「class: int」や「class: float」といった「型」を示す部分を追加している点です。実は、この点がJavaやCといった言語との最大の違いなのです。JavaやCの場合、変数定義の文法で「int x;」とか「float y;」など、変数を定義する段階で「型」も併せて宣言します。つまり、**変数名はデータ型と関連付いています。**

　これに対してPythonでは、「型」は、変数の参照先にあたる「値」と関連付いています。よく、「Pythonの変数は型を持たない」といいます。この点はその通りですが、変数が参照している「値」は型を持っているので、この点は区別して理解するようにしてください。

1.5　条件分岐

‖ 本節で学ぶこと ‖

　本節では、「**条件分岐**」と呼ばれる「もしAならばBをする」みたいな処理をプログラミングできるようになることが目的です。

　条件分岐のプログラムを組むためにはまず「もしAならば」に該当するプログラムが必要です。そのための演算が「**比較演算**」と「**論理演算**」で、それぞれについて1.5.1項と1.5.2項で学びます。

　条件分岐そのものは、Pythonでは「if文」と呼ばれる文法で表現されます。if文の書き方について、1.5.3項で学習し、これで「条件分岐」のプログラム全体が書けるようになります。条件分岐と比較演算について、実際のプログラム上の関係を図1-5-1に示しました。

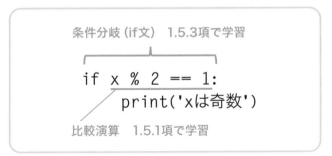

図 1-5-1　実際のプログラム上の条件分岐と比較演算の関係

1.5.1　比較演算

　プログラミングでは「もしAならばBをする」みたいな処理をしたいことがよく起きます。そのような処理は「**条件分岐**」と呼ばれます。その文法については、1.5.3項で学ぶのですが、その前段として「A」の部分をプログラムでどう表現するかという問題があります。その具体的方法を説明するのが、本項の「**比較演算**」です。

次のコード1-5-1は、整数型の変数xの値と10を比較し、比較結果を変数cに代入しています。具体的な比較のロジックは「**xが10より小さいか**」です。まずは、実装コードを見てみましょう。

コード 1-5-1　x が 10 より小さいかを比較

```
1  # 変数 x に 1 を代入
2  x = 1
3
4  # x の値は 10 より小さいか
5  c = x < 10
6
7  # 結果確認
8  print(c)

True
```

5行目の「c = x < 10」のプログラムについて、先に「x < 10」の計算をしてその結果をcに代入するのか、それとも先に「c = x」を実行するのか一瞬迷います。演算子の間では優先順位が決められていて、例えば、乗除算は、加減算より優先するなど、通常の数学の優先順位と同じになっています。**代入演算子「=」の優先順位は最も低い**ので、このプログラムでは先に「x < 10」を計算してその結果をcに代入することになります[1]。

5行目のプログラムのうち、「x < 10」という部分が**比較演算**をしている箇所です。そしてここで用いられている**比較演算子**は「**<**」となります。

xを変数の値である1に置き換えて「**1 < 10**」という不等式を考えてみると、これは**正しい不等式**です。それでcの値に**Trueが設定**されます。ここでTrueという値は前節で説明した「**ブール型**」のデータです。

次のコード1-5-2では、xの値を10に変更して、同じ比較演算をしてみました。

---

[1] 優先順位が自分の思う通りになっているか自信がない場合は、かっこを付けることで順番を強制的に指定できます。例えば「c = (x < 10)」のように記述します。

コード 1-5-2　x の値を変更して再度同じ比較演算を実施

```
1   # 今度は x に 10 を代入
2   x = 10
3
4   # x の値は 10 より小さいか
5   c = x < 10
6
7   # 結果確認
8   print(c)
```

False

　x を今度の値である 10 に置き換えて、比較演算の箇所を見てみると「**10 < 10**」となります。この**不等式は正しくない**です。このような場合、比較演算の結果は、もう 1 つの「ブール型」のデータである **False** になります。

　これで比較演算の基本的な動きはイメージできたと思います。上のコード 1-5-1 とコード 1-5-2 では、「<」という比較演算子を例に実装の説明をしたのですが、他にもいくつか比較演算子は存在します。

　具体的な演算子とそれぞれの意味のついては、表 1-5-1 にまとめました。紙幅の関係で実装コードまでは示しませんが、読者は上のコードを参考にそれぞれの演算子について自分で試してみてください。

表 1-5-1　比較演算子とその意味

番号	演算子	意味	実装例	結果
1	<	AはBより小さい	1 < 10	True
2	>	AはBより大きい	1 > 10	False
3	<=	AはB以下	1 <= 10	True
4	>=	AはB以上	1 >= 10	False
5	==	AとBは等しい	1 == 10	False
6	!=	AとBは等しくない	1 != 10	True

　表 1-5-1 の 5 番目にある「**==**」の演算子について説明しておきます。代入演算子のところで説明したように、Python では「=」の記号は「代入」という本来の

数学的な「=」と異なる意味で用います。では、**数学的な「等しい」**をどうやって表すかというと、この表にある通り「==」で表す形になります。

等しくないという記号は日本語の文字セットには「≠」として存在しますが、英数半角文字セットの中には存在しないため、この意味を「**!=**」の表記で示します。

同じように**以上**、**以下**を表す不等号「≦」「≧」も英数半角文字セットの中にないため、それぞれ「**<=**」と「**>=**」で表すことも覚えておいてください。

1.5.2 論理演算

前項の「もしAならばBをする」の話の続きです。このAの部分を、例えば「A1でかつA2」のような複数の条件の組み合わせで表現したい場合があります。このようなときに使うのが論理演算です。

次のコード1-5-3で論理演算の実装例を示します。

コード1-5-3 「xは10以上でかつ奇数」の条件の実装

```
1   # x の値を 10 に設定
2   x = 10
3
4   # x は 10 以上でかつ奇数
5   c = (x >= 10) and (x % 2 == 1)
6
7   print(c)
```

```
False
```

5行目のコードが複雑なので、詳しく解説します。まず、最初のかっこ内部の「x >= 10」が「xは10以上」を意味していることはすぐわかると思います。2番目のかっこですが、「x % 2」はxを2で割った余りで、xが偶数のときは0に、奇数のときは1になります。なので、「x % 2 == 1」全体で、「x が奇数」ということを意味します。この2つのかっこをつないでいる**キーワード「and」**が論理演算子の1つの**「論理積」**です。想像が付くと思いますが**「かつ」**を意味しています。今までの記号によるパターンと異なるのですが、この**andという単語（すべて小**

文字であることが必要です）**が演算子**を表しています[2]。この他の論理演算子としては **or** と **not** があり、それぞれ次の表 1-5-2 のように「**または**」と「**でない**」を意味します。

表 1-5-2　論理演算子とその意味

番号	演算子	意味	実装例
1	and	AかつB	A and B
2	or	AまたはB	A or B
3	not	Aでない	not A

　ちなみに、上のコード 1-5-3 で x の値を 10 から 11 に変更すると、結果は False から True に変化します。読者は、自分の Notebook で実験をした上で、なぜこの結果になるのか、考えてみてください。

1.5.3　条件分岐

条件分岐とは、例えば次のような処理をしたいときに使う機能です。

変数 x に整数型の値が入っている。この**変数の値が奇数のときにだけ**「x は奇数」と表示したい。

次のコード 1-5-4 は上で書かれたことを Python で実装したものです。

コード 1-5-4　条件分岐 if パターン

```
1   # 条件分岐　if パターン
2
3   # 変数 x に整数値を代入
4   x = 123
5
6   # x は奇数か
7   if x % 2 == 1:
8       # x が奇数の場合の処理
9       print('x は奇数')
10
11  # 次の print 関数は条件分岐の結果に関係なく実行される
```

---

[2] True と同じく、この単語も「予約語」です。

```
12   print('x = ', x)
```

```
x は奇数
x =   123
```

コード1-5-4の7行目と9行目が上で書いた機能を実現している本質的な部分で、**if文**と呼ぶ文法になります。重要なので、図1-5-2に詳しい説明を記載しました。

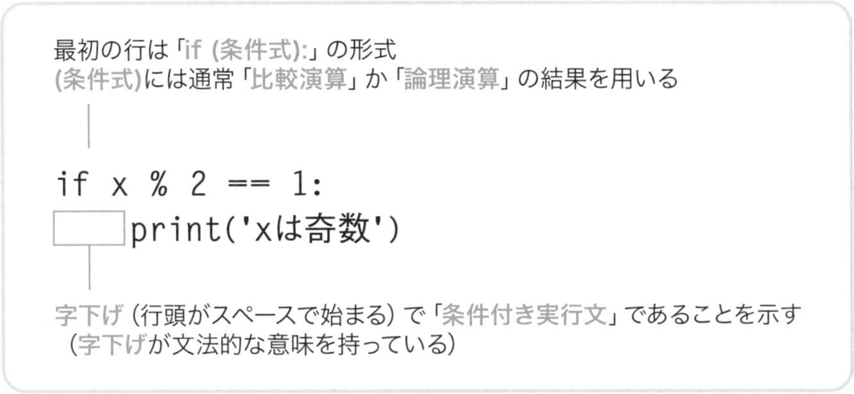

最初の行は「if (条件式):」の形式
(条件式)には通常「比較演算」か「論理演算」の結果を用いる

```
if x % 2 == 1:
    print('xは奇数')
```

字下げ（行頭がスペースで始まる）で「条件付き実行文」であることを示す
（字下げが文法的な意味を持っている）

図1-5-2　if文の構造

図1-5-2の1行目は「if (条件式):」という形になっています。条件式は今回の場合「x % 2 ==1」という式で、比較演算子を使っているのでTrueかFalseの値が返ってきます。if文の意味は、**「条件式の結果がTrueであるならその次の処理を実行する」**というものです。

ここで重要なのが、次行のprint関数の左側に**字下げが入っている**点です[3]。実は、この字下げは**「if文による条件付き実行文」**であることを意味しています。コード1-5-4を改めて見直すと、字下げしているのはコメント文を別にすると9行目だけです。つまり、「xが奇数かどうか」という条件が影響するのは9行目だけで、

[3] Google Colabを使ってif文を作ると、次の行で自動的に字下げもやってくれます。字下げの文字数は2(デフォルト)と4を選択可能です。本書ではPEP8というPythonの標準的なコーディング規則に準拠した実装としていて、それに合わせて1.1節で**「文字数4」の字下げ設定**をしています。一度プログラムを作った後で字下げの行を作りたい場合は、「**Tabキー**」を押すと、4つの半角スペースを入れてくれて簡単に字下げ可能です。

12行目のprint関数は字下げがないので、どの場合でも実行されることになります。読者は、コード1-5-4の4行目のxの値をいろいろと変更して、結果がどうなるか確認してみてください。

コード1-5-4は「**もしAならばBをする**」というパターンの処理でしたが、条件分岐にはもう1つ「**もしAならばBを、そうでないならCをする**」というパターンも存在します。そのパターンの実装を、コード1-5-5に示しました。

コード 1-5-5　条件分岐 if-else パターン

```
 1   # 条件分岐　if-else パターン
 2
 3   # 変数 x に整数値を代入
 4   x = 122
 5
 6   # x は奇数か
 7   if x % 2 == 1:
 8       # x が奇数の場合の処理
 9       print('x は奇数')
10       print('x = ', x)
11   else:
12       # x が偶数の場合の処理
13       print('x は偶数')
```

x は偶数

今度は「if (条件文):」、「条件付き実行文1」の後に「**else:**」、「**条件付き実行文2**」が加わっています。この後半の部分が「**そうでないならCをする**」の処理に該当しています。コード1-5-5のセルについても、4行目のxの値を変えて、結果の違いを確認してみてください。

本項の最後に、より複雑なパターンとしてコード1-5-6に示します。条件分岐がさらに増えるパターンです。

コード 1-5-6　条件分岐 if-elif-else パターン

```
1   # 条件分岐　if-elif-else パターン
2
3   # 変数 x に整数値を代入
4   x = 123
5
6   # x を 3 で割った余りを変数 m に代入
7   m = x % 3
8
9   # x は 3 の倍数か
10  if m == 0:
11      # x が 3 の倍数の場合の処理
12      print('x は 3 の倍数 ')
13      print('x = ', x)
14  elif m == 1:
15      # x を 3 で割った余りが 1 の場合の処理
16      print('x+2 は 3 の倍数 ')
17      print('x + 2 =', x + 2)
18  else:
19      # x を 3 で割った余りが 2 の場合の処理
20      print('x+1 は 3 の倍数 ')
21      print('x + 1 = ', x + 1)
```

```
x は 3 の倍数
x =  123
```

　コード1-5-6では、7行目でxを3で割った余りをmに代入し、mの値が0か1かそれ以外かで、処理を分けています。その際に新しいキーワード「**elif**」を使っています。このコードでもxの値をいろいろと変えて、結果がどうなるか試してみてください。

演習問題

　次の条件を満たすプログラムを作成してください。

問　題

1. 変数 x に 12 を代入します。

　次にコード 1-5-3 を参考に、「x が 10 以上でかつ x は 3 で割り切れる」を判断する論理演算の計算をして、その結果を条件分岐の条件とするような if 文を作ります。

　そして、上の条件を満たしている場合は、'Success!' を、満たしていない場合は 'Fail!' を print 関数で出力するようにしてください。

　正しくコーディングできている場合、結果は 'Success!' になるはずなので、それを確認します。

2. 変数 x の値を 9、13、15 に変更した場合、結果がそれぞれどうなるか確認します。

コード 1-5-7　演習問題

```
1    # 変数 x に 12 を代入します
2
3
4    # 「x が 10 以上でかつ x は 3 で割り切れる」を条件にした if 文を作ります
5
6
7        # 上の条件を満たした場合の処理
8
9
10       # 上の条件を満たさない場合の処理
11
12
13
```

　演習問題の解答例を次ページのコード 1-5-8 に示します。

解答例

コード 1-5-8　演習問題解答例

```
1    # 変数 x に 12 を代入します
2    x = 12
3
4    # 「x が 10 以上でかつ x は 3 で割り切れる」を条件にした if 文を作ります
5    # 次の if 文の実装には以下で学んだことをすべて利用します
6    # 1.5.3 項　コード 1-5-4（条件分岐）
7    # 1.5.1 項　表 1-5-1（比較演算子）
8    # 1.5.2 項　コード 1-5-3（論理演算）
9    if x >= 10 and x % 3 == 0:
10
11       # 上の条件を満たした場合の処理
12       print('Success!')
13
14   # 「それ以外の場合」の条件
15   # 1.5.3 項　コード 1-5-5（else 文）
16   else:
17       # 上の条件を満たさない場合の処理
18       print('Fail!')
```

Success!

1.6 関数呼び出しとメソッド呼び出し

1.6.1 関数呼び出し

今まで厳密に説明していなかったプログラミングの要素として**関数**があります。関数とは、**共通に使われる処理を事前に登録**しておくことで、**プログラミングを簡単にする**工夫の1つです。関数の使い方には、あらかじめ用意されている関数を単に呼び出して使う方法と、自分で独自の関数を定義して利用する方法があります。本項では、このうち前者の方法について説明します。後者は1.9節で取り上げます。

関数の2つの目的

関数の目的は大きく2つに分類できます。

1つは、数学の関数に近い考えで、「**何か値を返す**」関数です。この場合、計算結果の値を戻すことが関数の目的となります。今までに登場した中では、データ型を調べる**type関数**が該当します。本項で説明する関数としては、**len関数**、**int関数**、**float関数**がこのパターンです。

もう1つは、値以外の方法で結果を残す関数です。プログラミングの専門用語で

「**副作用を持つ**」という言い方をします。わかりやすい例が、すでに読者におなじみの**print関数**です。print関数は、値を返すわけではないですが、「出力エリアに結果を書き出す」という働きがあります。これが、上で説明した「副作用」の例です。

関数呼び出しのパターン

関数呼び出しの典型的なパターンを図1-6-1から図1-6-3に示しました。

図1-6-1　引数1つで値を返すケース

まず図1-6-1を見てください。これは後ほど説明するlen関数の利用例です。

関数呼び出しは「**関数名(引数)**」という形式になります。図1-6-1では、**関数名が「len」、引数が「s1」**です。引数とは、**関数に対して渡すデータ**のことです。呼び出し時に入力データを関数に渡し、関数は処理した**結果を値として返す**という流れになります。図1-6-1では、関数から返された値は変数lに代入しています。

図1-6-2には、おなじみのprint関数の利用パターンを示しました。

図1-6-2　複数の引数で値を返さないケース

print関数は、先ほど説明したように値を返さない関数なので、図1-6-1のよう

に値を変数に代入はしていません。

　もう一点、この図で言及することがあります。関数は、複数の引数を渡せるものがあります。実は、print関数は複数の引数も渡せる典型例なのでした。今までは混乱を避けるため、引数は1つに統一していましたが、今後は図1-6-2のようにprint関数には複数の引数を渡していきます。

　関数呼び出しの文法でもう1つ追加で説明すべきことがあります。それは「**オプション引数**」についてです。print関数を題材に、次の図1-6-3で説明します。

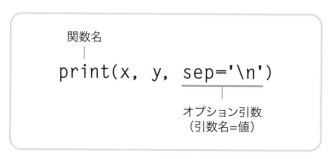

図1-6-3　オプション引数付きの関数呼び出し

　図1-6-3の中で「**sep='\n'**」[1]の部分が**オプション引数**に該当します。書式としては「引数名＝値」という形式です。上の例の場合、引数名が「sep」、値が「\n'」になります。

　オプション引数とはその名前の通り、「渡しても渡さなくてもいい引数」のことです。必ず「デフォルト値」が事前に決まっていて、渡さない場合は、そのデフォルト値が使われます。また、引数名により意味が特定できるので、引数の場所はどこにあっても構いません。今回のオプション引数sepの使い方については、この後説明します。

print関数

　すでに何度も使っているprint関数ですが、図1-6-2と図1-6-3のパターンの実装を次のコード1-6-1で示します。

---

[1] ここで登場する「\」が見慣れない文字と思います。この文字は「**バックスラッシュ**」と呼ばれ、特殊な目的で利用する文字です。この例の場合、直後の「n」とセットで「改行」という意味を持ちます。Windowsの場合、半角入力状態でひらがなの「ろ」(キーボードの右下辺り)を押すと入力できます。

コード 1-6-1　print 関数の実装例

```
1   x = 123
2   y = 10.01
3
4   # print 関数に複数の引数を渡すパターン
5   print('x = ', x, '   y = ', y)
6
7   # print 関数にオプション引数も渡すパターン
8   print(x, y, sep='\n')
9
```

```
x =  123    y =  10.01
123
10.01
```

　5行目は、図1-6-2に対応した実装です。変数x、yの他に'x = '、'y = 'という文字列も引数とし、一度に計4個の引数をprint関数に渡しています。出力の1行目が結果ですが、各変数の値がなんなのか、わかりやすくなりました。

　8行目が、図1-6-3のオプション引数付き呼び出しの実装例です。print関数における**オプション引数sep**は、**複数の値を出力をする際の値間の区切り文字**を意味していて、デフォルト値は半角スペース1文字です。8行目のコードで引数として渡している'\n'は「改行」を意味する特殊文字です。

　出力の2〜3行目が、8行目のprint関数によるものですが、区切り文字をデフォルト値の「半角スペース」から「改行」に変更することで、1つのprint関数呼び出しであるにもかかわらず、2つの値が2行で表示される仕掛けになっています。

len関数

　値を返す関数としてわかりやすいのがlen関数です。この関数は、文字列型のデータを引数として、文字列の長さを返します。コード1-6-2に実装例を示します。

コード 1-6-2　len 関数の利用例

```
1   xs1 = '文字列のサンプル'
2
3   # len 関数で文字数を調べます
4   l = len(s1)
5
6   # 結果の確認
7   print('文字列の長さ: ', l)
```

文字列の長さ：　8

int関数とfloat関数

　int関数は、文字列型や浮動小数点数型の値を整数値に変換します（浮動小数点数型の場合は小数点以下切り捨て）。float関数は同様に他の型のデータを浮動小数点数型に変換します。

　コード1-6-3に利用例を示します。

コード 1-6-3　int 関数と float 関数の利用例

```
1    i1 = 12
2    f1 = 10.01
3    s1 = '123'
4
5    # int 関数の利用
6    i2 = int(f1)
7    i3 = int(s1)
8
9    # 結果確認
10   print('i2 = ', i2, '  i3 = ', i3)
11
12   # float 関数の利用
13   f2 = float(i1)
14   f3 = float(s1)
15
16   # 結果確認
17   print('f2 = ', f2, '  f3 = ', f3)
```

```
i2 =   10   i3 =   123
f2 = 12.0   f3 =  123.0
```

メソッド呼び出し

メソッド呼び出しの目的

　メソッド呼び出しは、関数呼び出しの少し特殊な形態だと考えてください。メソッドの目的は関数と同じで、「（計算結果として）値を返す」か「副作用を持つ」かのどちらかです。

　では、何が違うかというと、メソッドの場合「操作対象の変数が定まっている」点です。操作対象の指定方法は次に示します。

メソッド呼び出しのパターン

　図1-6-4を見てください。この図を使って関数呼び出しとメソッド呼び出しの違いを説明します。

図1-6-4　関数呼び出しとメソッド呼び出しの違い

　図1-6-4の上に、すでに読者におなじみのprint関数の呼び出し例を示しました。この例では引数は1つだけとしています。

　これに対して、図の下がメソッド呼び出しです[2]。文法的に違うのは、関数呼び出しが「**関数名（引数）**」と、**いきなり関数名から始まっていた**のに対して、メソッド呼び出しは「**変数名.メソッド名（引数）**」という形で**変数名から始まる**という点です。この「変数名」で示した変数が上で説明した「操作対象」になります。

　次節以降では「リスト」「辞書」などのデータ型について説明します。これらのデータ型はtype関数で確認可能な「型」を持っていて[3]、それぞれの「型」に応じて利用可能な関数があります。そうした型固有の関数を呼び出す場合の**文法が図1-6-4の下のパターン**であり、**関数の呼び方が「メソッド」に変わる**と考えてください。

　具体的なメソッド呼び出しの例を2つ示します。どちらも「文字列型」というデータ型が固有に持つ関数、つまりメソッドであり、前者は引数なしパターン、後者は引数ありパターンになります。

upperメソッド

　次のコード1-6-4で呼び出しているのはupperメソッドです。

コード 1-6-4　メソッド呼び出しの引数なしパターン

```
1  s1 = 'I like an apple.'
2
3  # upper メソッドで、すべての文字を大文字にする
4  s2 = s1.upper()
5
6  # 結果確認
7  print(s2)

I LIKE AN APPLE.
```

---

[2] 書籍によっては混乱を避けるため「メソッド」も「関数」と呼んでいる場合があります。実際、筆者も過去の書籍ではこの使い方をしているのですが、今回の書籍はPythonの文法の説明という目的もあるので、厳密に用語を使い分けることにしました。
[3] この型は厳密にいうと「クラス」のことです。

このメソッドは、元の文字列（s1）のすべての英小文字を大文字に変換する処理をします。引数なしで可能な処理なので、引数は取らない仕様となっています。

findメソッド

次のコード1-6-5ではfindメソッドを呼び出しています。

コード1-6-5　メソッド呼び出しの引数ありパターン

```
1   s1 = 'I like an apple.'
2   s2 = 'apple'
3
4   # 文字列 'pen' の場所を find メソッドで探す
5   p1 = s1.find(s2)
6
7   # 結果確認
8   # 結果の 10 は先頭を 0 としたときの文字 'p' の位置を示す
9   print(p1)

10
```

findメソッドは、元の文字列（s1 = 'I like an apple.'）に対して、引数で渡された文字列（s2 = 'apple'）の位置を調べ、整数型データを返します。結果の「10」は、文字列の先頭を0としたときの、文字'a'（引数文字列の先頭）の位置を示します。

読者は、コード1-6-5で、s2の値を'orange'に変更して再度セルを実行し、結果を確認してください。今度は「-1」が返ってくるはずです。このように、findメソッドでは検索対象の文字列が存在しない場合、「-1」の値を返します。この性質は、本節の演習問題を解く重要なポイントになるので頭に入れておいてください。

以上、メソッド呼び出しに関して関数呼び出しと対比する形でかなり詳しめに説明しました。これは、データ分析プログラムにおいて、処理のほとんどがメソッド呼び出しで行われることと関係しています。特に2章で説明する外部ライブラリにおいて、処理のほとんどはメソッド呼び出しで行う形になるので、本節の内容をしっかり理解するようにしてください。

☞ データ分析のためのポイント

データ分析プログラムでは、処理のほとんどはメソッド呼び出しで行う。

演習問題

次の条件を満たすプログラムを実装してください。

問　題

変数 s1 に文字列 'I like an apple.' を、変数 s2 に文字列 'apple' を代入します。

次に find メソッド、比較演算子、条件分岐をうまく使って、変数 s1 の中に変数 s2 が含まれているかどうかを判断し、結果を print 関数で出力するプログラムを作ってください。

結果のメッセージは、次のようなものにします。

s2 が 'apple' の場合：「I like an apple. は apple を含んでいます。」
s2 が 'orange' の場合：「I like an apple. は orange を含んでいません。」

コード 1-6-6　演習問題

```
1   # 変数 s1 に文字列 '' を、s2 に文字列 '' を代入します
2
3
4   # 条件分岐
5
6   # 条件を満たす場合の処理
7
8
9   # それ以外の条件
10
11  # 条件を満たさない場合の処理
12
13
14  # 結果表示
15
```

上のコメントだけでは実装が難しいと感じた読者は、次ページのヒントを参考にしてください。

（ヒント 1）文字列が含まれている場合は 0 以上の、含まれていない場合は -1 の値が find メソッドから返ってきます。どのような比較演算をすると、この 2 つのケースを区別できるかを考えます。

（ヒント 2）結果のメッセージを「I like an apple.」、「は」、「apple または orange」、「を含んでいます。」または「を含んでいません。」の 4 つの部分に分けて、4 つの引数を渡す print 関数を呼び出します。4 つそれぞれの引数として具体的に何を使えばいいか、考えてみてください。

コード 1-6-7　演習問題解答例

```
1   # 変数 s1 に文字列 " を、s2 に文字列 " を代入します
2   s1 = 'I like an apple.'
3   s2 = 'apple'
4
5   # 条件分岐
6   # 1.6.2 項　コード 1-6-5 参照
7   if s1.find(s2) >= 0:
8
9       # 条件を満たす場合の処理
10      m1 = ' を含んでいます。'
11
12  # それ以外の条件
13  else:
14
15      # 条件を満たさない場合の処理
16      m1 = ' を含んでいません。'
17
18  # 結果表示
19  print(s1, ' は ', s2, m1)
```

```
I like an apple. は apple を含んでいます。
```

コラム 「オブジェクト指向プログラミング」と「メソッド」の関係

　当コラムの内容は技術的に高度なので、初めてプログラムを学習する読者は読み飛ばしてください。

　1.6.2 項で取り上げた「メソッド呼び出し」は、「オブジェクト指向プログラミング」の中心的なアイデアである「メッセージ・パッシング」と直接関連付いています。

　「メッセージ・パッシング」とは、「オブジェクト」に対する「メッセージ」の集合体としてプログラムを組んでいくという話です。Python の場合、「オブジェクト」とは「変数」のことであり、「メッセージ」とは「メソッド名」のことであると考えてください。「変数名 . メソッド名」の書式は、「あるオブジェ

クトにあるメッセージを送る」ことを Python というプログラミング言語で表現していたのです。

　オブジェクト指向プログラミングの考え方を徹底すると、すべての関数をメソッド化することも可能で、実際そのようなプログラミング言語も存在します。

　Python の場合、メソッド化の実装方針が中途半端な状態だとも言えます。例えば、1.6.1 項で紹介した len 関数は、文字列型に対するメソッド length() で実装した方が自然な感じです。このように 2 つのパターンの使い分けに明確な根拠があるわけではないので、「この場合は関数」「この場合はメソッド」の使い分けは、割り切ってケースごとに覚えるようにしてください。

1.7　リストとループ処理

本節で学ぶこと

　本節ではまず「リスト」という、Python プログラミングで必須のデータ構造について学びます。参照方法については通常の方法に加えて「スライス」と呼ばれる高度な方法についても学びます。これは、データ分析で特にこの技術が重要になるからです。演算については、データ分析で必須の機能に絞り込んで学習します。

　本節の2つめのトピックはループ処理です。ループ処理に関しても、データ分析に必須のパターンに絞り込んで、リストと関連付けて学習します。

1.7.1　リスト

　今までの実習では、変数はx、yとか、あるいはs1、s2のように、1つひとつ個別の名前を付けて計算や処理をしてきました。しかし、データ分析の世界では何百件、何千件という件数のデータを扱うのが通常で、そのような場合にs100やs1000のように1つひとつ個別に名前を付けるのは大変すぎます。こういった**大量データを効率良く扱うための仕組み**が、これから説明する**リスト**です。

概念

　図1-7-1にリストの概念図を示しました。

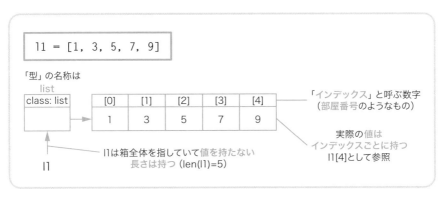

図 1-7-1　リストの概念図

　この図は、「l1 = [1, 3, 5, 7, 9]」という実装コードで定義されたリストの様子を模式的に示したものです。

　リストは、値を持つ箱を直線状に並べたものです。リスト型の変数「l1」は、これらの箱全体を指し示していて、l1自体は値を持っていません。

　直線状に並ぶ箱の上部に「[4]」のような数字があります。この数字は「**インデックス**」と呼ばれ、例えてみれば、**マンションにおける部屋番号**のようなものです。この「部屋番号」を指定して初めて、箱の並びの中からどの箱を指しているかが定まり、併せて値も特定できることになります。通常の変数とリストの違いを「家」で例えると、通常の変数が一戸建てで、リストがマンションに対応します。建物としては1つでも、マンション名だけで住戸は特定できず、部屋番号まで指定して初めて特定の住戸と対応付くからです。

　リストの場合、**インデックスの数字を指定する書き方**として「l1[4]」のように**[]の記号**を使う形になります。インデックス指定時に1つ注意が必要なのが、インデックスの基点になる数字です。「1」でなく**「0」が基点**となります。また、それに合わせて要素の数が全部でN個ある場合、最後の要素のインデックスはNでなく、N-1になります。図1-7-1のようにリストの要素数が5個の場合、最後の箱のインデックスは5でなく4になるということです。

　ここから先は実装コードを通じて、リストの使い方を1つひとつ確認していきましょう。

リスト変数の定義と性質

リスト変数を定義し、その性質を確認するための実装をコード1-7-1に示します。

コード1-7-1　リスト変数の定義と性質

```
1   # リスト型の定義と性質
2
3   # リスト型を定義するときは
4   # [ 値 1, 値 2, ..., 値 N ]
5   # という書き方をする
6   l1 = [1, 3, 5, 7, 9]
7
8   # リスト型の型（type）は class 'list'
9   print(type(l1))
10
11  # print 関数にリスト型を直接渡すと、
12  # すべての要素を表示してくれる
13  print(l1)
```

```
<class 'list'>
[1, 3, 5, 7, 9]
```

リスト変数は、複数の要素の値を一気に定義できます。その場合、[]の記号を用いて「[値1, 値2, ..., 値N]」という値をカンマ「,」で区切る書き方をします。

9行目ではtype関数を使って、リスト変数の型（クラス）を調べています。その結果は、「class 'list'」になります。

13行目では、リスト変数l1をprint関数に直接渡しています。変数l1の内部は、図1-7-1のような複雑な構造なのですが、print関数はそのすべてを理解した上で、各要素の値を全部まとめて表示してくれます。JavaやCと比較してPythonの便利な点です。

参照

今、定義したリスト変数の個別要素への参照方法を説明します。スライスによる参照方法など、通常のプログラム言語よりはるかにいろいろな参照が可能です。データ分析でよく活用される実装なので、ぜひ理解するようにしてください。

個別要素の参照方法

　リストの要素への参照方法として、まず個別要素の参照方法を示します。実装は次のコード1-7-2です。

コード1-7-2　リストの個別要素の参照方法

```
 1    # リスト型の個別要素の参照
 2
 3    # リスト変数型 l1 の定義
 4    l1 = [1, 3, 5, 7, 9]
 5
 6    # 最初の要素のインデックスは 0
 7    print(l1[0])
 8
 9    # 3番目の要素のインデックスは 2
10    print(l1[2])
11
12    # 最後の要素のインデックスは 4
13    print(l1[4])
14
15    # 最後の要素のインデックスは -1 とも書ける
16    print(l1[-1])
```

```
1
5
9
9
```

　「概念」で説明したように**最初の要素のインデックスは0**です。なので、アクセスするための実装コードは「l1[0]」となります。

　最後の要素にアクセスするためには**要素全体の個数**を知り、そこから**1を引いた値をインデックスとして指定**します。今回の例だと全体の個数が5個なので「l1[4]」という実装コードになります。

　最後の要素にアクセスしたい場合、実はもう1つ方法があります。それが16行目に示した、「l1[-1]」という書き方です。リストのインデックスに**負の整数**を指定すると、「**後ろから数えてN番目**」という意味になります。リスト全体の個数を調べずに最後の方の要素を指定できる便利な方法です。

スライスによる範囲指定

　スライス指定とは、リスト変数でインデックス値を記載する場所に **[N:M]** のように2つのインデックス値を**コロン**「**:**」を挟んで指定する方法です。こうすることにより、元のリスト変数の部分集合（インデックス値でいうとN以上M未満）となるリストを指定できます。

　言葉の説明だけではわかりにくいので、次のコード1-7-3で実装コードと結果を見比べることにします。

コード1-7-3　リストのスライスによる範囲指定

```
 1   # リスト型のスライス参照
 2
 3   # リスト型変数 l1 の定義
 4   l1 = [1, 3, 5, 7, 9]
 5
 6   # インデックス値 1 以上 4 未満
 7   print(l1[1:4])
 8
 9   # 最初のインデックスを省略すると
10   # インデックス値 0 を指定したのと同じ
11   print(l1[:2])
12
13   # 2 番目のインデックスを省略すると
14   # 「最後の要素まで」という意味になる
15   print(l1[2:])
16
17   # 2 番目のインデックスに -1 を指定すると
18   # 「最後の要素だけ除いたすべて」になる
19   print(l1[:-1])
```

```
[3, 5, 7]
[1, 3]
[5, 7, 9]
[1, 3, 5, 7]
```

　コード1-7-3の7行目が、実際のスライス指定を使ったコードです。図1-7-1とも見比べると、[N:M]が[1:4]なので、開始の要素（インデックス=1）の値は3、終了の要素（インデックス=4の一歩手前）の値は7ということで、[3, 5, 7]の部

分集合が得られた結果となります。

　N、Mはそれぞれ省略することも可能で、省略した場合はそれぞれ「最初の要素から」「最後の要素まで」を意味することになります。また、インデックスの値として、コード1-7-2で説明した負の整数を指定することも可能です。

　このスライス指定によるリストの参照は、データ分析プログラムで繰り返し利用される大変重要な方法です。慣れないとわかりにくい点がありますが、しっかり理解するようにしてください。

☞データ分析のためのポイント

スライス指定はデータ分析プログラムで繰り返し出てくるとても重要なパターン。

演算

　リスト変数は、非常に多くの演算機能を持っています。ここでは、特にデータ分析で使われることの多い機能だけを選び出して説明します。

len関数

　len関数はリストの要素数を返す関数です。実装例をコード1-7-4に示します。

コード1-7-4　len関数で要素数の取得

```
1  # リスト型変数 l2 の定義
2  # 要素をこのように文字列型にすることも可能です
3  l2 = ['First', 'Second', 'Third']
4
5  # len 関数の呼び出し
6  n = len(l2)
7
8  # 結果確認
9  print(n)

3
```

　nにl2の要素数3が設定され、len関数が正しく動作していることが確認できました。

加法演算子「+」

2つのリスト変数を加法演算子「+」により連結できます。実装例をコード1-7-5に示します。

コード 1-7-5　加法演算子「+」によるリスト変数の連結

```
1  # リスト型変数 l1、l2 の定義
2  l1 = [1, 3, 5, 7, 9]
3  l2 = ['First', 'Second', 'Third']
4
5  # l1 と l2 を連結した結果を l3 とする
6  l3 = l1 + l2
7
8  # 結果確認
9  print(l3)
```

```
[1, 3, 5, 7, 9, 'First', 'Second', 'Third']
```

l3のprint関数出力結果から2つのリスト変数が連携されたことが確認できました。ちなみに、このl3からわかるように、リスト変数の各要素は、整数型、文字列型など複数の異なるデータ型を混在させることも可能です。

文字列型とリスト型の関係

コード1-7-4とコード1-7-5を見て、どこかで見たことがあると思った読者がいたとしたら鋭いです。実はこの2つの性質は文字列型と同じです。というか、文字列型は、リスト型としての性質も併せ持つデータ型だったのです。次のコード1-7-6では「リスト型」としての文字列型の振る舞いを確認しています。

コード 1-7-6　文字列型とリスト型の関係

```
1  # 文字列型変数 s1 の定義
2  s1 = 'I like an apple.'
3
4  # s1 のインデックス 7 の要素である「a」を取り出す
5  print(s1[7])
6
```

```
7   # s1 から apple にあたる要素をスライス参照
8   print(s1[10:15])
```

```
a
apple
```

文字列型をリスト型として扱う場合、個別の要素は「文字」となります。コード1-7-6では、対象の文字列から、リストとしてのインデックスを用いて文字「a」を参照したり、スライスによる範囲指定を用いて単語「apple」を参照したりしています。

appendメソッド

リスト変数は多くのメソッドを持っていますが、その中で最もよく利用されるのがappendメソッドです。引数で渡された値を自分自身の最後の要素として追加するという振る舞いを持つメソッドになります。次のコード1-7-7で、実際の動きを確認してみましょう。

コード1-7-7　appendメソッド

```
1   # l4 の初期値として空リストを設定
2   l4 = []
3
4   # append メソッドを使って、
5   # 'First'、'Second'、'Third' を順にリストへ追加
6   l4.append('First')
7   l4.append('Second')
8   l4.append('Third')
9
10  # 結果確認
11  print(l4)
```

```
['First', 'Second', 'Third']
```

コード1-7-7では初期状態として要素を1つも持たない空リストとして変数l4を定義しています（2行目）。その後、6〜8行目で、文字列の3つの要素を順に追加

しています。追加後にprint関数でl4を表示すると、追加した3つの文字列を要素とするリストができています。

in演算子

if文による条件分岐のプログラムを作る際、条件の部分でよく利用されるのが比較演算や論理演算だという話をしました。ここで紹介する**in演算子は、この2つと並んで、if文の条件部分で利用されることの多い**演算子です。リストの中に特定の要素が存在するかチェックするのが目的です。

その振る舞いを、次のコード1-7-8に示します。

Chapter 1　Python プログラミング入門

コード 1-7-8　in 演算子

```
1    # リスト型変数 l2 の定義
2    l2 = ['First', 'Second', 'Third']
3
4    # 文字列型変数 s4 の定義
5    s4 = 'Second'
6    #s4 = 'Fourth'
7
8    # In 演算子による計算
9    c = s4 in l2
10
11   # 結果確認
12   print(c)

True
```

in演算子は「**A in B**」という書式です。コード1-7-8では9行目にこの書式があります。ここでBは必ずリスト型変数です。**Bの中の要素でAと一致するものがある**ときにTureを、ないときにFalseを返します。

コード1-7-8でs4の値は'Second'で、これはリストl2の2番目の要素と一致します。なので、値Trueが返ってきています。

上のコードで5行目をコメント化、6行目を有効化して、s4の値を'Fourth'に変更すると、リストの中に一致する要素がなくなるので、Falseを返すようになります。

7

1.7.2 ループ処理

　前項で説明したリストと深い関係にあるのがループ処理です。ループ処理とは繰り返し計算のことですが、Pythonを使ったデータ分析プログラムにおいて、ほとんどのループ処理は「リストの各要素に対する処理」に帰着できるからです[1]。

☞データ分析のためのポイント

データ分析プログラムにおいて、ループ処理のほとんどは「リストの各要素に対する処理」となる。

　本項ではその実例を2つのコードで確認していきます。

基本パターン

　コード1-7-9を見てください。これが、ループ処理で最も基本的なパターンとなります。

コード1-7-9　ループ処理の基本パターン

```
1  # リスト型変数 l2 の定義
2  l2 = ['First', 'Second', 'Third']
3
4  # for 文によるループ処理
5  for e in l2:
6      # 繰り返し処理はインデント（字下げ）する
7      print(e)


First
Second
Third
```

　コード1-7-9で5行目の「for e in l2:」の行がこのループ処理の一番重要なポイ

---

[1] Pythonの文法的には、while文を使ったループ処理や、break文、continue文を使った終了条件の制御などもあるのですが、筆者の経験上データ分析でこれらの文法が必要になったことはほとんどないです。本書でもまったく利用していません。

ントです。もう1つ、繰り返し処理を実行しているコードに関しては、**条件分岐の
ときと同じでインデント（字下げ）する**というのも重要です。

「for e in l2:」に関しては、「**l2というリストの中から要素を1つひとつ順番に
取り出して、その結果を変数eに代入する**」という意味なのですが、慣れないうち
は考えにくいかもしれません。結局、次のコード1-7-10と同じことをやっている
ので、最初は頭の中でこのコードを想像するとコーディングがしやすくなるでしょ
う。

コード 1-7-10　同じ処理をループなしに書き下したもの

```
1   # リスト型変数 l2 の定義
2   l2 = ['First', 'Second', 'Third']
3
4   # 最初の要素に対する処理
5   e = l2[0]
6   print(e)
7
8   # 2 番目の要素に対する処理
9   e = l2[1]
10  print(e)
11
12  # 3 番目の要素に対する処理
13  e = l2[2]
14  print(e)
```

```
First
Second
Third
```

range関数との組み合わせパターン

CやJavaでのプログラミング経験のある読者は、「(for i=0; i <N; i++){...}」と
いうタイプの整数値のインデックスを一定値Nまで繰り返し増やしてループ処理す
るパターンに慣れていると思います。Pythonでこのように整数値インデックスを
用いたループ処理を行う必要がある場合、**range関数を用いて擬似的なリスト**を
作り、上で説明した**基本パターンに帰着**させます。

次のコード1-7-11は、整数値のインデックスを繰り返し増やす形で、コード1-

7-9と同等の処理を実装した例です[2]。

```
1   # リスト型 l2 の定義
2   l2 = ['First', 'Second', 'Third']
3
4   # 繰り返し数 N を len 関数で求める
5   N = len(l2)
6
7   # range 関数を使った繰り返し処理
8   for i in range(N):
9       print(i, l2[i])
```

```
0 First
1 Second
2 Third
```

　コード1-7-11では、まず5行目でlen関数を用いてlist変数l2の要素数を調べています。

　8行目の「for i in range(N):」の行がこのパターンの本質的な部分です。このコードの中に出てくる「range(N)」とは**[0, 1, …, N-1] という整数値を要素として持つリストと同等**のデータを返す関数と考えてください[3]。関数呼び出しrange(N)の結果が整数値のリストと同等と考えると、8、9行目のループ処理でなぜコード1-7-11のような結果になるのか理解できると思います。

---

[2] enumerate関数を使うと、このコードはもっと簡潔に書けるのですが、range関数の説明のため、あえてこのような実装にしています。enumerate関数は1.10節で取り上げます。
[3] Python 2では実際この通りのリストが返ってきたのですが、Python 3からデータの持ち方を効率良くするため、特殊な形式のデータに変わりました。なので、range関数の結果をそのままprint関数にかけてもリスト形式には見えないです。

問　題

変数 s1 に文字列 ' サンプル文字列 ' を代入します。

このとき、range 関数やループ処理をうまく使って、次のような結果を出力する
プログラムを作ってください。

1 番目の文字は　サ
2 番目の文字は　ン
3 番目の文字は　プ
4 番目の文字は　ル
5 番目の文字は　文
6 番目の文字は　字
7 番目の文字は　列

コード 1-7-12　演習問題

```
1    # 変数 s1 に文字列を代入します
2
3
4    # 文字数を計算します
5
6
7    # range 関数を使ってループ処理をします
8
9    # print 関数には 3 つの引数を渡して表示します
10
```

解答例は次ページに示します。

コード 1-7-13　演習問題解答例

```
 1    # 変数 s1 に文字列を代入します
 2    s1 = 'サンプル文字列'
 3
 4    # 文字数を計算します
 5    # 1.6.1 項　コード 1-6-2 参照
 6    N = len(s1)
 7
 8    # range 関数を使ってループ処理をします
 9    # 1.7.2 項　コード 1-7-9 参照
10    for i in range(N):
11
12        # print 関数には 3 つの引数を渡して表示します
13        # 1.7.1 項　コード 1-7-6 参照
14        print(i+1, '番目の文字は ', s1[i])
```

```
1 番目の文字は 　サ
2 番目の文字は 　ン
3 番目の文字は 　プ
4 番目の文字は 　ル
5 番目の文字は 　文
6 番目の文字は 　字
7 番目の文字は 　列
```

1.8 タプルと集合、辞書

本節で学ぶこと

　前節で「リスト」というデータ構造を学びました。本節では、リスト以外によく利用されるデータ構造である「タプル」「集合」「辞書」を順に学びます。この中で最も重要な概念は「辞書」です。演習問題も辞書を題材としていますので、自力でこの問題を解けるよう、チャレンジしてみてください。

1.8.1 タプル

　タプルは1.7節で学んだリストと非常に近いデータ構造で、1次元上に並んだデータを整数値のインデックスによりアクセスします。性質で唯一異なるのは一度定義したデータを変更できない点です。こうした点を実習を通じて確認しましょう。

タプルの定義

　以下にタプル定義の実装コードを示します。

コード 1-8-1　タプルの定義

```
1   # タプル型の定義と性質
2
3   # タプル型を定義するときは
4   # ( 値 1, 値 2, …, 値 N)
5   # という書き方をする
6   t1 = (1, 3, 5, 7, 9)
7
8   # タプル型の type は class 'tuple'
9   print(type(t1))
10
11  # print 関数にタプル型を直接渡すと、
12  # すべての要素を表示してくれる
13  print(t1)
```

```
<class 'tuple'>
(1, 3, 5, 7, 9)
```

リストを定義するときは[]で囲みましたが、タプルの場合()で囲みます。要素間の区切り記号はリスト同様に「,」（カンマ）です。

　要素が1つしかないタプルだけ表記法が例外的になります。カンマのないかっこは「計算の順番を指定する」という別の意味を持ってしまうからです。コード1-8-2でその様子を確認しました。

コード 1-8-2　要素が 1 つしかないタプル

```
1   # 要素が 1 つしかないタプルの例
2   # 後ろにカンマがないと、かっこの意味が別になるため
3
4   t2 = (11,)
5
6   # 結果確認
7   print(type(t2))
8   print(t2)
```

```
<class 'tuple'>
(11,)
```

タプルの参照

　タプルの個別要素を参照するときの書式はリストとまったく同じで、インデックスの数字を[]で囲みます。また、リスト同様にスライス参照も可能です。これらの実例を次のコード1-8-3で確認します。

コード 1-8-3　タプルへの参照

```
1   t1 = (1, 3, 5, 7, 9)
2
3   # 特定の要素の参照
4   print(t1[1])
```

```
5
6   # スライス参照
7   print(t1[1:3])
```

```
3
(3, 5)
```

変更可能性

　ここまでの結果を見ると、タプルとリストはなんの違いもないように見えます。
2つの違いは、一度定義したデータの中身を変更できるかどうかです。

　コード1-8-4では、タプルの特定の要素に代入をして、値を変更しようとしてい
ます。結果は、次のようにエラーになります。

コード 1-8-4　タプルの特定要素への代入

```
1   t1 = (1, 3, 5, 7, 9)
2
3   # 一度定義したタプルの特定要素を変更しようとするとエラーになる
4   t1[1] = 4
```

```
-------------------------------------------------------------- ▽
-------------
TypeError                              Traceback (most recen ▽
t call last)
<ipython-input-4-4b89bb1914ad> in <module>
      2
      3 # 一度定義したタプルの特定要素を変更しようとするとエラーになる
----> 4 t1[1] = 4

TypeError: 'tuple' object does not support item assignment
```

　前節では解説していませんでしたが、まったく同じ操作をリストに対して実施し
た結果が次のコード1-8-5です。今度は、問題なく代入ができています。

コード 1-8-5　リストの特定要素への代入

```
1   l1 = [1, 3, 5, 7, 9]
2
3   # リストに対して同じ操作をしてもエラーにならない
4   l1[1] = 4
5
6   # 結果確認（意図した通り l1[1] が変更されている）
7   print(l1)
```

```
[1, 4, 5, 7, 9]
```

専門的な用語でいうと、変更可能なデータ型のことを「**ミュータブル**」、変更できないデータのことを「**イミュータブル**」といいます。この用語を用いると、リスト型はミュータブルで、タプル型はイミュータブルということになります[1]。

アンパック代入

ここで、タプルの機能そのものではないのですが、タプルと密接な関係があり、Python独特の機能である**アンパック代入**について説明します。次のコード 1-8-6 を見てください。

コード 1-8-6　アンパック代入

```
1   # タプルを使って複数の変数に同時に代入ができる
2   x, y = (10, 123)
3
4   # 結果確認
5   print('x = ', x)
6   print('y = ', y)
```

```
x =  10
y =  123
```

---

[1] そもそもなぜ変更可能性にこだわるかですが、一度定義したものをむやみに変更するとバグが発生しやすいので、データはできるだけ変更できない性質を持つことが望ましいというソフトウェア工学上の考え方に基づいています。

このコードの2行目がアンパック代入をしている箇所です。代入演算子の右側には「(10, 123)」というタプルがあり、左側には「x, y」と2つの変数がカンマで区切られて並んでいます。こういう書き方をすると、**変数xとyに対して同時に代入をしてくれます**。これがアンパック代入と呼ばれる機能になります。

データ分析プログラムでは、例えば機械学習の学習データを訓練、検証という2つのグループに分けるときなどにもよく出てくる重要な文法になります。

☞データ分析のためのポイント

アンパック代入は、データ分析プログラムのいろいろなところで利用される重要な文法。

次に説明するコード1-8-7は、やや高度なアンパック代入の例です。

コード 1-8-7　ループ処理中のアンパック代入

```
1    # ループ処理とアンパック代入の組み合わせ例
2
3    # データ定義
4    data = [
5        ('T254', 12),
6        ('A727', 6),
7        ('T256', 4),
8        ('T254', 10),
9        ('A726', 7),
10       ('A727', 4)
11   ]
12
13   # ループ処理の中で、2つの要素を同時に取り出す
14   for key, value in data:
15       print('key = ', key, '   value =', value)
```

```
key =  T254    value = 12
key =  A727    value = 6
key =  T256    value = 4
key =  T254    value = 10
key =  A726    value = 7
key =  A727    value = 4
```

まず、4〜11行目で定義しているdata変数に注目してください。この変数は、外側の構造がリストですが、リストの各要素がタプルになっていて、いわば2階層のデータ構造を持っています。

文法面で新しいのは、4〜11行目が文法的には「1行のプログラム」なのですが、物理的には複数行になっている点です。Pythonでは、行の最後に特定の文字を使った場合、「その次の行は前の行の続きである」と解釈させることができます。特定の文字とは具体的には4行目で用いられた「[」であり、2行目以降で用いられた「,」（カンマ）ということになります。今回のケースだと、内部構造のタプルが1つのデータのまとまりになっているので、読みやすいように、そこで行の区切りを入れています。

14行目のfor文ではkey、valueという2つの変数に同時に代入をしています。

この実装がわかりにくい場合は、ループ処理のところで説明したようにこの実装を「key, value = data[0]」と置き換えて考えてみてください。すると、アンパック代入の仕組みを使って、2つの変数に同時に代入していることが読み取れると思います。

1.8.2　集合

すでに学習したリスト、タプルと似たデータ構造として**集合**があります。集合についても簡単に説明します。

集合の定義

次のコード1-8-8を見てください。これが、集合を定義するときの実装です。

コード1-8-8　集合の定義

```
1  # 集合の定義
2  s1 = {5, 2, 1, 2, 3, 9, 3, 4}
3
4  # 結果確認
5  print(s1)

{1, 2, 3, 4, 5, 9}
```

リストが[]で、タプルが()で囲んだのに対して集合の場合、{}で各要素を囲みます。要素の並びを「,」（カンマ）で区切る点は、リスト、タプルと同じです。

コード1-8-8の2行目の各要素に注目してください。この例ではあえて、重複する要素を含めてみました。print関数の出力結果からわかるように、集合の場合、定義の段階で重複要素は自動的に排除されてユニークな項目だけが残ります。

集合の利用法

コード1-8-8で確認できた性質をうまく使って、リストの中の重複要素を排除し、ユニークな項目だけにする実装を次のコード1-8-9に示します。

コード1-8-9　集合の利用法

```
1   # 集合の利用法（リストの要素をユニークにする）
2
3   # リスト型変数 l5 の定義（重複する要素を含んでいる）
4   l5 = [5, 2, 1, 2, 3, 9, 3, 4]
5
6   # リスト型変数を集合型変数 s2 に変換する
7   s2 = set(l5)
8   print('s2 = ', s2)
9
10  # s2 を再度リスト型変数 l6 に変換する
11  l6 = list(s2)
12  print('l6 = ', l6)
13
14  # 2つの関数呼び出しをまとめた結果
15  l7 = list(set(l5))
16  print('l7 = ', l7)
```

```
s2 =  {1, 2, 3, 4, 5, 9}
l6 =  [1, 2, 3, 4, 5, 9]
l7 =  [1, 2, 3, 4, 5, 9]
```

7行目では、リスト型を集合型に変換する関数である**set関数**を呼び出して、集合型変数s2を作っています。11行目の**list関数**はその逆の働きを持ち、集合型変数s2からリスト型変数l6を作っています。このようにリスト型→集合型→リスト型と2つの関数を使って1往復すると、自動的に**要素がユニークなリスト型変数が**

できる仕掛けです。

15行目には、2つの呼び出しを1行にまとめた実装例を示しました。

データ分析処理において、このユニーク化処理は実際に使われることが多いです。それで上のコード例を示しました。

> ☞データ分析のためのポイント
>
> **データ分析プログラムにおいて、集合演算はユニーク化処理で用いられることが多い。**

集合というと、読者は「和集合」とか「積集合」とか、高校で習った集合演算の話を思い出すかもしれません。これらの演算は、Pythonでも集合型データ間の演算として定義されています。ただ、筆者の経験上、これらの演算がデータ分析で出てくる例は少ないです。それでここでその演算の説明をすることは省略します。ネット上に情報はいろいろ出ていますので、必要に応じて参照してください。

1.8.3　辞書

次の表1-8-1を見てください。これは、あるネット通販会社の商品コードと商品名の表からごく一部を抜き出したものです。

表 1-8-1　商品コードと商品名の対応表（一部）

商品コード	商品名
T254	男の子用食器セット
T256	女の子用食器セット
A726	目覚まし時計（緑）
A727	目覚まし時計（赤）
A728	目覚まし時計（ピンク）

商品コードは、通販会社の中で商品固有のIDとして振られます。表1-8-1を見て、調べたい商品コード（例えばA726）に対応する行の「商品名」の欄を見れば、その商品がなんであるかがわかります。

上の例では商品が5個しかないので調べるのも簡単ですが、例えば商品が1万個あったとするとどうでしょう。人間の力で調べるのは大変そうです。

前置きが長くなりましたが、これから説明する「辞書」とは、まさにこのよう

な用途で活用できるデータ構造です。今の利用パターンを頭に置いて、これからの説明を読むようにしてください。

概念

図1-8-1を見てください。Pythonにおける辞書の概念を示したものです。

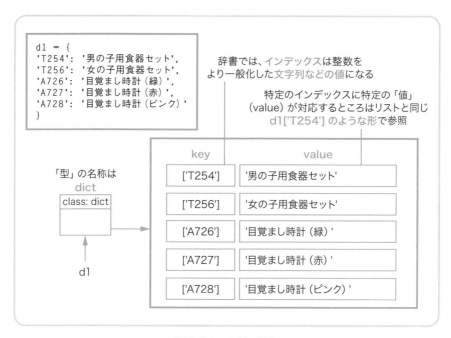

図 1-8-1　辞書の概念

　辞書の場合もリストと同じで、dictという名称の型そのものには値を持っていません。その先の構造は、リストより複雑です。リストの場合は、各要素が1次元上に並んでいたので、整数値のインデックスを指定すれば、参照先の箱を特定できました。辞書では、インデックスにあたる箇所に順番を意味する数値でなく、文字列などの値を指定します（参照するときは例えば「d1['T254']」のように指定します）。このインデックスにあたる特殊な値のことを**キー（key）**と呼びます。

　辞書は全体として、それぞれのキーに対応した**値（value）**が存在するというデータ構造になっています。このキー（key）と値（value）の対応関係を指して、辞書のことを**Key-Valueストア**と呼ぶこともあります。

本項の冒頭で紹介した表1-8-1の商品名対応表は、このデータ構造で表現できていることになります。

以上の説明はやや抽象的なところもあったので、いつものように実装コードを通じて、辞書の具体的な動きや利用イメージを持っていきましょう。

辞書の定義

コード1-8-10が、辞書定義の実装です。

コード 1-8-10　辞書の定義

```
1   # 辞書の定義
2   d1 = {
3       'T254': '男の子用食器セット',
4       'T256': '女の子用食器セット',
5       'A726': '目覚まし時計（緑）',
6       'A727': '目覚まし時計（赤）',
7       'A728': '目覚まし時計（ピンク）'
8   }
9
10  # type の確認
11  print(type(d1))
12
13  # 値の確認
14  print(d1)
```

```
<class 'dict'>
{'T254': '男の子用食器セット', 'T256': '女の子用食器セット', 'A726': 
'目覚まし時計（緑）', 'A727': '目覚まし時計（赤）', 'A728': '目覚まし時計
（ピンク）'}
```

上のコードで2〜8行目が、辞書を実際に定義している部分です。

3〜7行目が、具体的な辞書の内容で、「キー」と「値」のペアが複数個という構造になっています。キーと値のペアは「（キー1）：（値1）」のように、間に「:」（コロン）を入れてつなぎます。

辞書型変数をtype関数にかけた結果は「class 'dict'」となります。リスト型変数のときと同じで、辞書型変数をそのままprint関数にかけると、辞書内部のデータをまるごと出力してくれます。

辞書の参照

辞書の特定の要素にアクセスする方法を次のコード 1-8-11 に示します。

コード 1-8-11　辞書の参照

```
1    # 辞書の参照
2    print(d1['A726'])
```

目覚まし時計（緑）

図1-8-1でも示しましたが、「変数名[キー値]」という表記法でアクセスします。
「[]」で囲むところは、リストと同じです。「**リストではインデックスが整数値だっ
たが、辞書では文字列のような値がインデックスになった**」と考えると、文法を覚
えやすいです。

辞書の追加・更新・削除

既存の辞書に対して、新しい項目を追加したり、既存項目の値を変更したり、あ
るいは特定の項目を削除したいことがあります。そういう場合にどうするかを、次
のコード 1-8-12 に示します。

コード 1-8-12　辞書の追加・更新・削除

```
1    d1 = {
2        'T254': '男の子用食器セット',
3        'T256': '女の子用食器セット',
4        'A726': '目覚まし時計（緑）',
5        'A727': '目覚まし時計（赤）',
6        'A728': '目覚まし時計（ピンク）'
7    }
8
9    # 新しい項目を追加
10   d1['T257'] = '大人用食器セット'
11
12   # 既存項目の修正
13   d1['A726'] = '目覚まし時計（青）'
14
```

```
15  # 削除（del コマンド）
16  del d1['A728']
17
18  # 結果確認
19  print(d1)
```

```
{'T254': '男の子用食器セット', 'T256': '女の子用食器セット', 'A726':
'目覚まし時計（青）', 'A727': '目覚まし時計（赤）', 'T257': '大人用食器
セット'}
```

　コード1-8-12の10行目が、新しい項目を追加する場合の実装です。まだ辞書に登録されていないキーを使って「d1['T257'] =」のような実装をすると、自動的に新しい項目の追加となります。

　13行目は、見た目、10行目と同じ実装コードです。ただ、ここで指定しているキー「'A726'」は辞書に登録済みのもので、そうすると既存データの更新になります。

　16行目には、既存データを削除する場合の実装を示しました。ここだけ、特殊なのですが「**del**」というコマンドを利用します。このコマンドは既存変数の削除にも用いられますが、このように、辞書の特定の参照先を指定すると、辞書の該当エントリを削除という意味になります。

辞書のメソッド利用

　辞書もいろいろなメソッドが利用可能です。その典型的なものとして次のコード1-8-13にkeysメソッドの利用例を示します。

コード 1-8-13　keys メソッドの利用

```
1  # keys メソッドの利用
2
3  d1 = {
4      'T254': '男の子用食器セット',
5      'T256': '女の子用食器セット',
6      'A726': '目覚まし時計（緑）',
7      'A727': '目覚まし時計（赤）',
8      'A728': '目覚まし時計（ピンク）'
```

```
 9    }
10
11    # keys メソッドの戻り値の確認
12    print(d1.keys())
13
14    # in 演算子との組み合わせ利用例
15    # キーの中に 'T256' が含まれているか？
16    k1 = 'T256'
17    c1 = k1 in d1.keys()
18    print(c1)
19
20    # キーの中に 'T257' が含まれているか？
21    k2 = 'T257'
22    c2 = k2 in d1.keys()
23    print(c2)
```

```
dict_keys(['T254', 'T256', 'A726', 'A727', 'A728'])
True
False
```

　このコードの12行目では、keysメソッドの戻り値をprint関数に渡して内容を確認しています。やや複雑な表示がされていますが、要はキーの値がリストとして戻されていると考えればいいです。17行目と22行目では、このリストを使って、特定のキーの値が、辞書に含まれているかをチェックしています。ここで紹介したコードは、いろいろな場面で適用可能です。

演習問題

あるEC サイトでは、ある期間内の商品の売り上げが次の表 1-8-2 のようでした。

表 1-8-2　ある期間内の商品の売上数

商品コード	販売数
T254	12
A727	6
T256	4
T254	10
A726	7
A727	4

　表 1-8-2 の情報は、Python の変数 data（コード 1-8-7 と同じ形式）で表現されていることを前提として、商品ごとの売上数集計結果を出してください。
　結果は、次のような辞書形式で出力します。

{'T254': 22, 'A727': 10, 'T256': 4, 'A726': 7}

コード 1-8-14　演習問題

```
1   # 読み込み対象データの初期設定
2   data = [
3       ('T254', 12),
4       ('A727', 6),
5       ('T256', 4),
6       ('T254', 10),
7       ('A726', 7),
8       ('A727', 4)
9   ]
10
11  # 辞書　初期状態は空
12  d2 = {}
13
14  # この部分を実装します
15  # 外側はループ処理
16  # 内側は if 文で 2 階層の組み合わせになります
17
```

```
18
19        # キーが辞書に存在するかどうかをチェック
20
21
22        # 該当キー項目が存在する場合
23
24
25
26        # 該当キー項目が存在しない場合
27
28
29    # 結果の確認
30    print(d2)
```

解答例は次ページにあります。

解答例

コード 1-8-15 演習問題解答例

```
14    # この部分を実装します
15    # 外側はループ処理
16    # 内側は if 文で 2 階層の組み合わせになります
17
18    # 1.8.1 項　コード 1-8-7 参照
19    for key, value in data:
20        # キーが辞書に存在するかどうかをチェック
21        # 1.8.3 項　コード 1-8-13 参照
22        if key in d2.keys():
23            # 該当キー項目が存在する場合
24            # 1.8.3 項　コード 1-8-12 参照
25            d2[key] += value
26        else:
27            # 該当キー項目が存在しない場合
28            # 1.8.3 項　コード 1-8-12 参照
29            d2[key] = value
30
31    # 結果の確認
32    print(d2)
```

```
{'T254': 22, 'A727': 10, 'T256': 4, 'A726': 7}
```

1.9　関数定義

▋▋ 本節で学ぶこと ▋▋

　いろいろなところで共通に使われるプログラムを事前に登録し、必要なとき
に呼び出すだけで利用できる仕組みが、プログラミング言語における**関数**の考
え方です。1.6節では事前に用意されている関数を呼び出して利用する方法を
学びましたが、本節では、自分で独自の関数を定義する方法を学びます。

1.9.1　関数の目的

関数定義と利用のイメージについて、図1-9-1に示しました[1]。

```
【関数利用前】
        プログラム1                          プログラム2
    ┌─────────────┐              ┌─────────────┐
    │ :                         │              │ :                         │
    │ (処理X1)                  │              │ (処理Y1)                  │
    │ (処理 A)                  │              │ (処理 A)                  │
    │ (処理 B)                  │              │ (処理 B)                  │
    │ (処理 C)                  │              │ (処理 C)                  │
    │ (処理X2)                  │              │ (処理Y2)                  │
    │ :                         │              │ :                         │
    └─────────────┘              └─────────────┘

    ┌──────────────────────────────────┐
    │ 同じ処理を何回も書かないといけない → コードの無駄          │
    │                                                              │
    │ 修正時に、何力所も修正が必要 → 保守性が悪い               │
    └──────────────────────────────────┘
```

---

[1] 1.6節で解説したメソッドも独自に定義可能ですが、「カスタムクラス」を定義することになり、高度
なプログラミングが必要なので本書では割愛します。データ分析の案件で、クラス定義・メソッド定
義が必要なケースは筆者の経験上あまりなく、ほとんどのケースは、本節で解説する関数定義で十分
です。

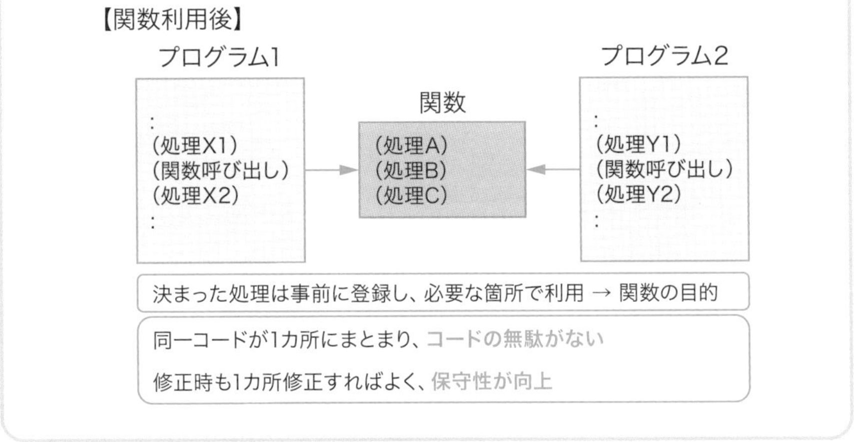

図 1-9-1　関数定義と利用のイメージ

　よく使われる定型的な処理を1カ所にまとめることで、コード記述の効率性（全体のプログラム行数が減る）と保守性（簡単に修正ができること）が上がることが示しています。

　Pythonの関数は、文法的に2つに分類可能です。1つめは、数学の関数と同じで「何かある**計算をして結果を返す**」ケースです。この関数の特徴は関数定義の最後に**return文**があることです。この場合、関数の呼び出し元では、関数の戻り値を使ってなんらかの処理をします。例えばprint関数で結果を表示することなどがあります。

　2つめは、「一連の**まとまった処理を実行する**」ケースです。この場合、関数定義の最後に**return文は記述しません**。呼び出し元でも、関数の戻り値を使った処理をしません。図1-9-1はこちらの利用目的に該当します。

　データ分析ではどちらの利用形態もよくあります。関数定義をしなくても分析自体はできるのですが、同じ処理のコードが数多く出てきて、プログラムの作成効率が悪いです。似たコードが2、3カ所に出てきたのに気付いたら意識して共通化することが、効率的な分析のポイントです。

☞データ分析のためのポイント

データ分析では対象データに定型的な処理をすることが多いため、共通部分を見つけて関数化することが効率化の鍵。

1.9.2　関数の構文規則

関数定義の構文規則を図1-9-2に示します。

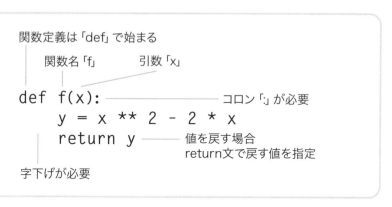

図 1-9-2　関数定義の構文規則

　関数定義は「**def**」というキーワードで始まります。その後で「関数名(引数):」という表現が続きます。図1-9-2では、**引数**が1つの例を示していますが、引数がまったくない場合もありますし、2つ以上の場合もあります。引数がまったくない場合は「関数名():」という書き方に、2つ以上の場合は、「関数名(x, y, z):」のような書き方になります。

　関数の処理記述全体は、if文やループ処理のときと同様、**字下げで処理構造の内部であることを示します**。

　値を戻す関数の場合、処理の最後に**return文**で戻す値を示します。値を返さない関数の場合、return文は不要です。

1.9.3　関数の実装例

　それでは、実際の関数定義と呼び出しの実装コードを見ていきましょう[2]。

---

[2] 本項で示すサンプルコードは、実業務で関数を定義する場合に必須の、不正な引数が与えられた場合のチェック機能の実装がありません。初級者向けにコード解説を簡潔にする目的でこの方針で実装していることをご理解ください。

1引数1戻り値の関数

　最初は、数学の関数とまったく同じで、引数を1つとり、値を1つ返す関数です。関数の中身としては $y = x^2 - 2x$ という2次関数にしています。

コード 1-9-1　引数1つ、戻り値1つの関数の定義

```
1   # 2次関数　y = x^2 - 2x の定義
2
3   def f(x):
4       y = x ** 2 - 2 * x
5       return y
```

　ここで定義した関数fの呼び出し例をコード1-9-2に示しました。書き方は数学の関数とまったく同じで、わかりやすいかと思います。

コード 1-9-2　関数fの呼び出し例

```
1   # 定義した関数fの呼び出し
2
3   print(f(1))
4   print(f(2))
5   print(f(3))
```

```
-1
0
3
```

2引数1戻り値の関数

　次に、複数の引数をとり、1つの値を戻す関数を示します。これは数学でいうと「多変数関数」に該当します。かっこの中を、カンマで区切った引数のリストで記述する方法も数学の場合とまったく同じです。具体的な処理内容としてはsとnを2つの引数として、「文字列sの先頭n文字を切り取った結果を返す」にしました。
　定義の実装例をコード1-9-3に、呼び出しの実装例をコード1-9-4に示します。

コード 1-9-3　複数の引数、戻り値 1 つの関数の定義

```
1    # 文字列の先頭 n 文字を返す関数の定義
2
3    # s 対象文字列
4    # n 先頭の文字数
5    def head(s, n):
6        r = s[:n]
7        return r
```

コード 1-9-4　関数 head の呼び出し例

```
1    # 呼び出しテスト
2
3    s1 = 'ABCDEFG'
4    n1 = 4
5
6    h1 = head(s1, n1)
7    print(h1)

ABCD
```

1 引数 2 戻り値の関数

　今度は先ほどと逆に、引数が 1 つで戻り値が 2 つの関数を定義してみます。

　他のプログラミング言語の経験がある読者は「複数の値を戻す関数はできないのでは」との疑問を持つかもしれません。しかし、Python の場合、1.8 節で説明した「アンパック代入」の仕組みがあるので、return 文で値を戻すときに「return x, y」のような形にすることで複数の値を同時に戻すことが可能なのです。

　今回のサンプルコードでは「メールアドレスの引数 s を受け取って、@ より前の部分 pre と @ より後ろの部分 post に分割し、pre と post を返す」関数としています。

　次のコード 1-9-5 がその実装です。

コード 1-9-5　引数 1 つ、複数の戻り値の関数例

```
1    # メールアドレスの文字列を引数として、@ の前と後ろを返す関数
2
3    def div(s):
4        p = s.find('@')
5        pre = s[:p]
6        post = s[p + 1:]
7        return pre, post
```

　コード 1-9-5 の最終行の「return pre, post」が複数の値を同時に戻している部分です。

　この関数の呼び出し例をコード 1-9-6 で示します。確かに、複数の値を先ほど定義した div 関数から同時に取得できていることが確認できます。

コード 1-9-6　関数経由で複数の値を取得している例

```
1    # 呼び出しテスト
2    s1 = 'abc@xyz.com'
3    p1, p2 = div(s1)
4
5    # 結果確認
6    print('@の前: ', p1)
7    print('@の後ろ: ', p2)

@の前:   abc
@の後ろ:  xyz.com
```

値を戻さない関数

　実装例の最後に値を戻さない関数を示します。

　1.4 節や 1.8 節では新しいデータ型の説明をするたびに、それぞれの型を type 関数にかけた結果と、値そのものを print 関数で出力しました。たった 2 行とはいえ、同じ種類の処理を繰り返し実装していることになり、こうした実装部分が関数化（共通化）の検討対象です。

そこで練習を兼ねて、この処理を関数で共通化してみることにします。せっかく共通化するので、今まではtype関数と変数そのものを単体でprint関数に渡していましたが、出力結果がなんであるかの注釈も併せて表示することにします。

関数定義と、呼び出し例をコード1-9-7と1-9-8に示します。

コード1-9-7　値を戻さない関数

```
1  #「型」と「値」を両方 print 関数で表示する関数
2  def print_type_value(x):
3      print('型 : ', type(x))
4      print('値 : ', x)
```

コード1-9-8　値を戻さない関数の呼び出し例

```
1  # 呼び出しテスト
2  s1 = 'ABC123'
3  print_type_value(s1)
```

```
型 :  <class 'str'>
値 :  ABC123
```

コード1-9-8の結果を見ると、1.4節の実装と比べて、注釈付きでよりわかりやすくなった形で引数の変数の「型」と「値」が表示されています。

演習問題

問　題

(1)「章番号 : 章タイトル」の書式の文字列を引数とし「:」によって文字列を章番号、章タイトルに分ける関数 div_chapter を定義してください。

(2) 上で定義した関数を用いて、次の文字列をそれぞれ章番号、章タイトルに分割してください。章番号を「キー」に、章タイトルを「値」にする辞書 title_dict に登録してください。

'1章：業務と機械学習プロジェクト'
'2章：機械学習モデルの処理パターン'
'3章：機械学習モデルの開発手順'

　今回は演習問題用にコード 1-9-9 からコード 1-9-12 まで 4 つのセルがあります。このうち、コード 1-9-9 が（1）の、コード 1-9-11 が（2）の解答用セルです。
　コード 1-9-10 と 1-9-12 はあらかじめ実装されていて、コード 1-9-9 とコード 1-9-11 が正しく実装できたかどうかを確認できるテスト用セルとなっています。

コード 1-9-9 　（1）解答用セル

```
1  # (1) の解答
2  # 関数定義
3
4
```

コード 1-9-10 　（1）結果テスト用セル

```
1  # (1) のテスト
2
3  l1 = ' 章番号 : 章タイトル '
4  c1, t1 = div_title(l1)
5  print(' 章番号 : ', c1, '  章タイトル : ', t1)
```

コード 1-9-11 　（2）解答用セル

```
1  # (2) の解答
2  # 空の辞書の定義
3  title_dict = {}
4
5  # 処理対象テキストのリスト
6  title_list = [
7  '1 章 : 業務と機械学習プロジェクト ',
8  '2 章 : 機械学習モデルの処理パターン ',
9  '3 章 : 機械学習モデルの開発手順 '
10 ]
11
12 # ループ処理
13
```

```
14
15        # 対象テキストを章番号と章タイトルに分離
16
17
18        # 分離結果を用いて辞書登録
19
20
```

コード 1-9-12　（2）結果テスト用セル

```
1   # 結果テスト
2
3   print('3章', title_dict['3章'])
```

演習問題の実装例と実装結果を、以下のコード1-9-13から1-9-16に示します。

解答例

コード1-9-13　（1）の実装例

```
1   # (1) の解答
2   # 関数定義
3   def div_title(line):
4       # 1.9.3項　コード1-9-5
5       n = line.find(':')
6       index = line[:n]
7       title = line[n + 1:]
8       return index, title
```

コード1-9-14　（1）のテスト結果

```
1   # (1) のテスト
2
3   l1 = '1章:業務と機械学習プロジェクト'
4   c1, t1 = div_title(l1)
5   print('章番号: ', c1, '  章タイトル: ', t1)
```

章番号:　1章　　章タイトル:　業務と機械学習プロジェクト

コード1-9-15　（2）の実装例

```
1   # (2) の解答
2   # 空の辞書の定義
3   title_dict = {}
4
5   # 処理対象テキストのリスト
6   title_list = [
7   '1章:業務と機械学習プロジェクト',
8   '2章:機械学習モデルの処理パターン',
9   '3章:機械学習モデルの開発手順'
10  ]
11
12  # ループ処理
13  for line in title_list:
14
15      # 対象テキストを章番号と章タイトルに分離
```

```
16      # 1.9.3 項  コード 1-9-6
17      index, title = div_title(line)
18
19      # 分離結果を用いて辞書登録
20      # 1.8.3 項  コード 1-8-12
21      title_dict[index] = title
```

コード 1-9-16 (2) のテスト結果

```
1   # (2) の結果テスト
2
3   print('3 章', title_dict['3 章'])
```

3 章 機械学習モデルの開発手順

　最後のセルの実行結果で「機械学習モデルの開発手順」と表示されれば、正しく辞書が作成されていることになります。

　読者は正しく実装できたでしょうか？ 実際のデータ分析では、今回の演習問題のように、ループ処理を使って同じ処理を繰り返し実行するパターンが多いです。そういう実装パターンに慣れてくれば、Python の文法という観点で、データ分析ができる一歩手前の状態に達しているといえます。

コ ラ ム 関数内変数の有効範囲

　次のコード 1-9-17 を見てください。

　変数 z が、関数内部（4、5 行目）と、外部（7、9 行目）に出てきており、この 2 種類の「z」が同じものなのか、別のものなのかが、議論のポイントです。

コード 1-9-17 関数内変数の参照

```
1   # 関数内変数の参照
2
3   def add1(x, y):
```

```
4        z = x + y
5        return z
6
7    z = 10
8    print(add1(1, 2))
9    print(z)
```

```
3
10
```

　結論からいうと、これは「別のもの」になります。関数内部で定義された変数は「**ローカル変数**」と呼ばれ、関数の外部からはアクセスできないのです。それで7行目で定義された変数z（この変数はローカル変数と対比して「**グローバル変数**」と呼ばれます）は、関数呼び出しの後も値が変わらず9行目で値「10」が出力されている形です。

　次のコード1-9-18も見ていきましょう。

コード1-9-18　関数内部から関数外部の値を参照

```
1    # 関数内部から関数外部の値を参照
2
3    def add2(x):
4        w = x + z
5        return w
6
7    z = 10
8    print(add2(1))
```

```
11
```

　4行目で変数zは関数内部から参照されていて、一見するとエラーになりそうですが、正常に動作します。Pythonでは、関数内部でzの定義が見つからない場合、気を利かせて外部（グローバル変数）まで変数を見にいきます。今回のケースではグローバル変数のレベルで値10が見つかるので、それに基づいて4行目の計算がされます。

　関数内部からグローバル変数へのアクセスができるのであれば、関数内部か

らグローバル変数の値も変更できるような気もします。それを試したのが、次のコード 1-9-19 です。

コード 1-9-19　関数内部から関数外部の値を変更しようとした場合

```
1   # 関数内部から関数外部の値を変更しようとした場合
2
3   def add3(x):
4       w = x + z
5       z = w
6       return w
7
8   z = 10
9   print(add3(1))
```

```
-----------------------------------------------------------
--------------------
UnboundLocalError                        Traceback (most
 recent call last)
<ipython-input-7-353537b6a9ba> in <module>()
      5
      6 z = 10
----> 7 print(add3(1))

<ipython-input-7-353537b6a9ba> in add3(x)
      1 def add3(x):
----> 2     w = x + z
      3     z = w
      4     return w
      5

UnboundLocalError: local variable 'z' referenced before
assignment
```

　今度はエラーになりました。なぜ、先ほどと動きが異なったかですが、ポイントは 5 行目にあります。このように関数内部で変数 z への代入があると、Python は自動的に「変数 z はローカル変数である」と認識します。それで、4行目に対して「ローカル変数 z に対して値の代入がまだである」という趣旨のメッセージを出してエラーになるのです。

　もし、関数内部でグローバル変数の変更まで認めてしまうと、関数を呼び出した後で変数 z の値が勝手に書き換えられることになり、プログラムを組む立場では面倒な話です。そういう意味で、関数内部からグローバル変数に対して**「参照はできるが変更はできない」**という Python の仕組みは便利にできている一方で、「参照」と「変更」の使い分けを意識するのは面倒な話でもあります。

　そこで、まだプログラミングに慣れていない段階でのお勧めは、

　「関数内部で使う変数はすべて引数として受け取るようにする」

という方針です。この方針で関数を実装すれば混乱は起きず、また後で実装を見直したときも、わかりやすい形になります。

1.10 やや高度なループ処理

本節で学ぶこと

　データ分析における処理のほとんどは、大量の同質・同種のデータに対するループ処理です。

　今まで説明してきた文法を用いれば、そのような要件のほとんどに対応できますが、Pythonにはより効率の良い実装を可能にする固有の機能があります。本節ではその代表的な機能として「enumerate関数」と「内包表記」の2つを紹介します。いずれもやや高度な内容ですが、データ分析プログラムでよく利用する機能なので、頑張って理解してください。

1.10.1 enumerate 関数

　データ分析プログラムでのループ処理のほとんどは、リスト変数を対象にしたforループで実装できます。そうしたforループの中には、ループ処理の最中にリストの各要素の値だけでなく、「その値がリストの中の何番目か、つまりインデックスの情報」も必要なケースがあります。そういう場合に活用できるのが、**enumerate関数**です。

　enumerate関数は、リスト型のデータを引数とし、(インデックス, リストの各要素)のタプルを要素とするようなリストを返す関数です。説明だけでは理解しにくいので、次のコード 1-10-1 の実行結果を確認します。

コード 1-10-1 　enumerate 関数の実行結果

```
1    # enumerate 関数の挙動の確認
2    s1 = 'サンプル文字列'
3
4    list(enumerate(s1))
```

```
[(0, 'サ'), (1, 'ン'), (2, 'プ'), (3, 'ル'), (4, '文'), (5, '字'), (6, '列')]
```

コード1-10-1は'サンプル文字列'という文字列がenumerate関数の引数になっていますが、文字列はリストとして、つまり「'サ'」「'ン'」などの個別文字のリストとして処理されます。

リストの各要素は、それぞれ0、1などのインデックスの数字をセットにした「(0, 'サ')」という形式のタプルになっています。

そこで、次のコード1-10-2のように、enumerate関数の結果を使ってループ処理をすると、**インデックスの値iとリストの各要素の値sを同時にループ処理の中で利用できる**のです。

コード 1-10-2　enumerate 関数を使ったループ処理

```
1   # enumerate 関数を利用したループ処理
2   # s: 元のリストの各要素
3   # i: そのときのインデックスの値（何番目か）
4   for i, s in enumerate(s1):
5
6       # print 関数には 3 つの引数を渡して表示します
7       print(i+1, '番目の文字は ', s)
```

```
1 番目の文字は    サ
2 番目の文字は    ン
3 番目の文字は    プ
4 番目の文字は    ル
5 番目の文字は    文
6 番目の文字は    字
7 番目の文字は    列
```

このコードでも1.8節で説明した「**アンパック代入**」の機能を活用しています。この機能があるので、インデックスを意味する変数iとリストの各要素を意味する変数sへの代入が同時にできます。

実はこの結果は1.7節の演習問題の実行結果とまったく同じです。つまり、**1.7節の演習問題は、enumerate関数を活用するとより簡潔なコードで実装できる**のです。

1.10.2　内包表記

内包表記とは「**リスト形式のデータを対象に、各要素に対して共通の処理をし**

て、結果をリストで得る」ことを目的としたPython固有の文法です。

次のコード1-10-3で実際の利用方法を見てみます。

コード1-10-3　内包表記のサンプルコード

```
1  # 処理対象のリスト
2  cabins = ['B5', 'C22', 'G6']
3
4  # 内包表記を用いて新しいリスト floors を作る
5  floors = [x[0] for x in cabins]
6
7  # 結果の確認
8  print(floors)
```

```
['B', 'C', 'G']
```

ここでは、客室番号のリスト ['B5', 'C22', 'G6'] が与えられています。そして、それぞれの客室番号の先頭1文字目は何階かを示す情報なので、この文字だけ取り出したいという要件があったとします。

この要件を内包表記で実装した結果が、コード1-10-3の5行目になります。

内包表記の構文の、個々の要素の意味を次の図1-10-1に示しました。この図とコード1-10-3を対比させると、何をやっているのかがイメージできると思います。

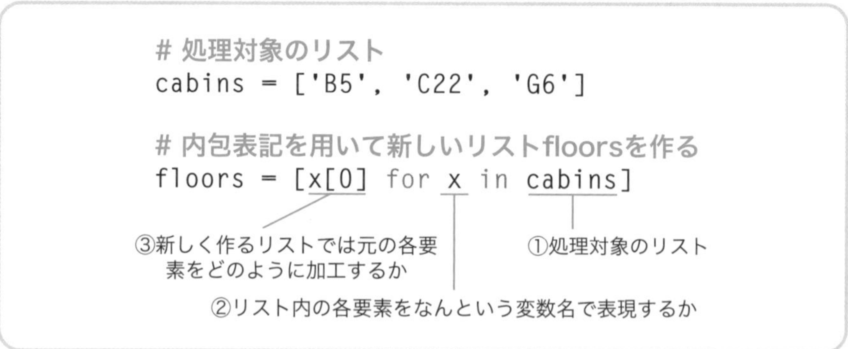

図1-10-1　内包表記の文法説明

他のプログラミング言語にはない独特の文法ですが、慣れると簡潔で読みやすい記述法になります。

　「**リストの各要素に対して一斉に同じ処理をしたい**」という要件は、データ分析では非常によく出てきます。内包表記は、そのような目的を実現するのにとても便利な方式なので、ぜひ、マスターするようにしてください。

☞データ分析のためのポイント

データ分析プログラムでは「リストの各要素に対して一斉に同じ処理をしたい」ことがよくあるが、その場合、内包表記の適用を検討してみる。

演習問題

問　題

　コード 1-10-3 と同様に cabins = ['B5', 'C22', 'G6'] を処理対象として、各要素の文字列の長さを要素にした新しいリスト lengths を作ってください。

コード 1-10-4　演習問題

```
1   # 処理対象のリスト
2   cabins = ['B5', 'C22', 'G6']
3
4   # 内包表記を用いて新しいリスト lengths を作る
5
6
7   # 結果の確認
8   print(lengths)
9
```

コード 1-10-5　演習問題解答例

```
1    # 処理対象のリスト
2    cabins = ['B5', 'C22', 'G6']
3
4    # 内包表記を用いて新しいリスト lengths を作る
5    lengths = [len(x) for x in cabins]
6
7    # 結果の確認
8    print(lengths)
```

```
[2, 3, 2]
```

　演習問題の解答例をコード1-10-5に示しました。今回は簡単だったのではないかと思います。

　これで読者は、データ分析のための最初のステップである「**Python文法の基礎**」をマスターしたことになります。試しに、1.2節で示した、コード1-2-1を改めて見直してください。

　今や、このプログラムの1行1行の意味がわかり、意外に簡単なプログラムだったと感じるのではないでしょうか。

　次のステップは、データ分析に必須のライブラリを理解することです。2章に進むことにしましょう。

2章
データ分析
ライブラリ入門編

2.1 ライブラリ入門

本節で学ぶこと

　本節はPythonでのライブラリの位置づけを理解し、Google Colab上でライブラリを使えるようになることが目的です。

　Pythonは、データ分析をはじめとする数多くのことが実現できる便利な言語です。しかし、その便利な機能のかなりの部分は、外部ライブラリと呼ばれるPython本体以外の機能に頼っています。そもそも、ライブラリとはなんなのか、どのようなものがあり、どうすれば使えるかを本節で説明します。

2.1.1 ライブラリとは

　Pythonでユーザーが定義することなしに利用できる関数やデータ型は、「組み込み関数・組み込み型」と「ライブラリ」に分けることが可能です。ライブラリはさらに「標準ライブラリ」と「外部ライブラリ」に分けられます。それぞれを簡単に説明すると、以下のようになります。

組み込み関数・組み込み型: 　後ほど説明するimport文なしに、いきなり利用可能な関数やデータ型です。今まで実習で出てきた組み込み関数としてlen関数やtype関数、print関数が、組み込み型として「リスト」や「辞書」があります。

ライブラリ: 　利用する際に後述するimport文が必要な関数やデータ型などをまとめて管理している集合体[1]です。

---

[1] Pythonのリファレンスに記載されている正確な用語でいうと「パッケージ」または「モジュール」になります。この2つの違いを厳密に定義するのは本書の読者の範囲を超えるので説明は省略します。本書では「ライブラリにある関数・データ型を使う場合は次項で説明するimport文が必要」ということだけ押さえておけば十分です。

標準ライブラリ： Python本体に含まれていて、追加導入なしに利用可能なライブラリです。数学計算用のmathライブラリや、乱数計算用のrandomライブラリなどがあります。

外部ライブラリ： Pythonとは独立しているライブラリで、利用するには後述するpipコマンドなどで追加導入が必要です。ただし、Google Colabでは、よく利用される外部ライブラリは、初期状態で導入済みなので、見た目では標準ライブラリと区別できないです。

　本章以降で説明するNumPy、pandas、Matplotlib、seabornはすべて外部ライブラリです。本書では取り上げませんが、機械学習モデル構築によく利用されるscikit-learnやTensorFlow、Keras、PyTorchなどもすべて外部ライブラリです。

2.1.2　import文

　組み込み関数と異なり、ライブラリを利用する場合、標準ライブラリ・外部ライブラリにかかわらずimport文で利用するライブラリ、関数などを宣言する必要があります。その実例を以下のコードで見ていきましょう。

コード2-1-1　標準ライブラリ math のサンプルコード

```
1  # 標準ライブラリ math を利用することの宣言
2  import math
3
4  # math ライブラリの sqrt 関数は「math.sqrt」の形で呼び出す
5  r2 = math.sqrt(2)
6
7  # 計算結果の確認（2 の平方根）
8  print(r2)

1.4142135623730951
```

　コード2-1-1は、標準ライブラリの1つmathに含まれる関数math.sqrt（平方根を計算する）の利用サンプルです。「import math」で利用するライブラリmathの宣言をし、呼び出すときは「math.sqrt」という形で関数sqrtを指定する点がポイントです。

通常、ライブラリ内には多くの関数が含まれていますが、その中で特定の関数のみを利用する場合、別の方法でインポートすることも可能です。その例を次のコード 2-1-2 で見てみます。

コード 2-1-2　math ライブラリ内の関数 sqrt の別の利用法

```
1    # ライブラリ中の特定の関数のみ利用する場合は下記の方法も可
2    from math import sqrt
3
4    # この場合は、「sqrt」だけで関数を呼び出せる
5    r2 = sqrt(2)
6
7    # 結果確認
8    print(r2)
```

```
1.4142135623730951
```

　今回は「from math import sqrt」という書き方をします。この場合は、関数は「sqrt」とだけ書けば呼び出せます。

　次のコード 2-1-3 は、次節で詳しく説明することになる外部ライブラリ NumPy の利用サンプルです。

コード 2-1-3　外部ライブラリ NumPy のサンプルコード

```
1    # 外部ライブラリ NumPy を利用することの宣言
2    # 「as np」は別名定義　利用時は「np.xxx」の形で呼び出すことになる
3    import numpy as np
4
5    # NumPy 上の 1 次元配列宣言（0 から 2 まで 0.2 刻みの等差数列）
6    x = np.linspace(0, 2, 11)
7
8    # 結果確認
9    print(x)
10
11   # NumPy の sqrt 関数呼び出し
12   y = np.sqrt(x)
```

```
13
14  # 結果確認（1 から 10 までの平方根が同時に計算できている）
15  print(y)
```

```
[0.  0.2 0.4 0.6 0.8 1.  1.2 1.4 1.6 1.8 2. ]
[0.         0.4472136  0.63245553 0.77459667 0.89442719 1.
 1.09544512 1.18321596 1.26491106 1.34164079 1.41421356]
```

コード2-1-3の中では、「np.linspace」と「np.sqrt」という2つのNumPyの関数を呼び出しています。ライブラリ名を「np」という短縮名で呼び出している点が多少異なりますが、基本的にコード2-1-1と同じ使い方です。

外部ライブラリを利用する場合、Python自体と別に、ライブラリ独自のバージョンを持っている点に注意してください。しかも、バージョンの違いで動かないプログラムが出てくる可能性があります。このため、外部ライブラリを利用する場合は常にバージョンを意識するようにしてください[2]。

次のコード2-1-4に標準的なバージョン確認方法を示しました。

コード2-1-4　外部ライブラリのバージョン確認方法

```
1  # 外部ライブラリのバージョン確認方法
2  import numpy
3  print(numpy.__version__)
```

```
1.21.6
```

ほとんどの外部ライブラリは<ライブラリ名>.__version__という内部変数を持っています。この値をprint関数に渡すと、ライブラリのバージョンがわかります。

---

[2] 本書のプログラムもGoogle Colab上のライブラリのバージョンが上がることで、将来動作しなくなる可能性があります。その場合は、サポートサイトで可能な範囲で対応していきます。

コラム　メソッドと間違えやすい関数

　1.6 節で説明した「関数」と「メソッド」の違いのことが頭にある読者は、2.1.2 項で出てきた「np.linspace」や「np.sqrt」が、ピリオドを含んだ名前であることから関数ではなくメソッドなのではないかと疑問に思われたかもしれません。

　結論からいうと、この 2 つはメソッドではなく関数です。その本質的な違いは、ピリオドの前の「np」がどういう種類の名前なのかによります。

　この違いは、次のコード 2-1-5 と 2-1-6 を比べると具体的に理解できます。

コード 2-1-5　関数 linspace の呼び出し例

```
1   # 関数呼び出しの例
2   # np は import 文で定義されている
3
4   import numpy as np
5   x = np.linspace(0, 2, 11)
6   print(x)
```

```
[0.  0.2 0.4 0.6 0.8 1.  1.2 1.4 1.6 1.8 2. ]
```

コード 2-1-6　メソッド upper の呼び出し例

```
1   # メソッド呼び出しの例
2   # s1 は代入文で定義されている
3
4   s1 = 'I like an apple.'
5   s2 = s1.upper()
6   print(s2)
```

```
I LIKE AN APPLE.
```

　コード 2-1-5 では、「np」は import 文により定義された名前です。なので、「np.linspace」は、**ピリオドを含む全体が関数の名称**になります。

　これに対してコード 2-1-6 で、s1 は 4 行目の代入文で文字列型データを代入された変数名です。「s1.upper」は、「**s1 という変数（正確にはインスタンス）**

から **upper というメソッドを呼び出す**」ことを意味しています。同じピリオ
ドという記号がまったく異なる目的で使われています。この違いを理解すると、
「関数」と「メソッド」の違いを押さえられます。

　メソッドは「書き換えができない」という違いもあります。コード 2-1-5 の
linspace 関数の場合「from numpy import linspace」というインポート方法
を使うと、単なる linspace 関数として呼び出せます。一方、コード 2-1-6 の
upper メソッドは、こういう書き換えは絶対にできません。

2.1.3　pip コマンド

　2.1.1 項で説明したように、Google Colab では、よく使われるほとんどのライブ
ラリは事前に導入済みなので、import 文だけでプログラムから利用可能です。し
かし、ごく一部のライブラリは、そのような状態になっていないため、import 文
で利用の宣言をする前に、導入の作業が必要です。

　そのような場合によく利用されるのが、「pip」コマンドです。pip とは、Python
の外部ライブラリを導入するための **OS コマンド**です。Jupyter Notebook では、
セルの中から OS コマンドを呼び出すことができ、そのときに用いられるのが「**!**」
記号です。pip コマンドは「!pip」のように呼び出します。

　次のコード 2-1-7 では、Matplotlib というグラフ描画用ライブラリ（2.3 節で解
説します）を日本語化するためのライブラリ japanize-matplotlib を利用するため
の手順を示しています。

コード 2-1-7　Matplotlib 日本語化ライブラリ利用手順

```
1  # Matplotlib 日本語化ライブラリの導入
2  !pip install japanize-matplotlib | tail -n 1
3
4  # Matplotlib 日本語化ライブラリのインポート
5  import japanize_matplotlib

Successfully installed japanize-matplotlib-1.1.3
```

　2 行目の pip コマンドの後ろに「| tail -n 1」というコマンドが付いているのは、

複数行の結果が出てくるpipコマンドの出力を最後の1行だけにするおまじないと考えてください[3]。

試しに2行目のpipコマンドなしに、単に5行目のimport文を実行しようとすると、エラーになるはずです[4]。pipコマンドでライブラリの導入をして初めて、import文が使えるようになるのです。

コラム Python変数の中身をOSコマンドに渡す

以下の説明はやや高度な内容なので、Pythonの文法から初めて学ぶ読者はいったん飛ばしてもらって結構です。ただし「**Pythonの変数の前に \$ を付けると変数の値を OS コマンドに渡せる**」という性質は、本章以降の実習でよく用いるので覚えておいてください。

2.1.3項で、頭に「!」を付けることでOSコマンドをGoogle Colabの中から実行できるという話をしました。当コラムはこの話に関連した小ワザを紹介します。

時々、Pythonの変数の中身をOSコマンドに渡したいことが発生します。このような場合、結論からいうと変数名の前に「\$」を付けると、OSコマンドに渡すことができます。

実際のコードでそのことを確認しましょう。

まず、次のコード2-1-8を見てください。

コード2-1-8 条件を満たすファイル名リストを取得する

```
1   # 条件を満たすファイル名リストを取得する
2
3   import glob
4   files = glob.glob('sample_data/*.csv')
5   print(files)
```

['sample_data/mnist_test.csv', 'sample_data/california_ ⟳

---

[3] 厳密にはLinuxの「パイプ処理」と呼ばれる機能を使っています。Windows上のAnaconda環境で実行するとエラーになるので、その場合は「|」以下を消してください。

[4] この実験をするためには、Google ColabはNotebookから読み込んだ直後の状態にしてください。一度pipコマンドを実行すると、実行後の状態はOSに残っているため、「カーネル再起動」をしただけでは実験できません。

```
housing_test.csv', 'sample_data/california_housing_train ⊿
.csv', 'sample_data/mnist_train_small.csv']
```

　このコードでは、glob というライブラリ内の glob という同名の関数を用い
て、sample_data ディレクトリ配下の「*.csv」の条件にマッチするファイル名
の一覧をリストで取得しています[5]。

　最後の print 関数の出力で、4 つのファイル名のリストが files 変数に代入さ
れていることが確認できます。次のコード 2-1-9 では、その中の特定の 1 要素
を変数 file に代入します。

コード 2-1-9　files の 2 番目の要素を抽出

```
1    # files の 2 番目の要素を抽出
2
3    file = files[0]
4    print(file)
```

```
sample_data/california_housing_test.csv
```

　OS コマンドの「head コマンド」を用いると指定したファイル名の先頭の何
行かの内容を見られます。次のコード 2-1-10 で、変数 file で指定されるファ
イルの内容を表示してみます。

コード 2-1-10　変数 file の内容を head コマンドに渡す

```
1    # 変数 file の内容を head コマンドに渡す
2
3    !head -2 $file
```

```
"longitude","latitude","housing_median_age","total_rooms ⊿
","total_bedrooms","population","households","median_inc ⊿
ome","median_house_value"
-122.050000,37.370000,27.000000,3885.000000,661.000000, ⊿
1537.000000,606.000000,6.608500,344700.000000
```

---

[5] Google Colabでは、利用時の初期設定で必ずこのディレクトリとファイルが存在してい
るので、当コラムのサンプルコードはそのことを利用しています。

　コード 2-1-10 の中で、「$file」となっている部分がポイントです。セル上に「!head -2 $file」と入力して実行することにより、OS コマンド「head -2 sample_data/california_housing_test.csv」を実行するのと同じことになります。

　この方法は、ループ処理と組み合わせることで、実業務でデータ分析をする際に応用範囲の広い「小ワザ」です。ぜひ覚えておくようにしてください。

> ☞ データ分析のためのポイント
>
> 「!」による OS コマンド実行の引数中に「$ 変数名」で Python 変数を参照するテクニックは、実際のデータ分析業務で地味に便利な小ワザ。

2.1.4 　データ分析で重要なライブラリ

　本項では、データ分析や AI プログラムで利用する外部ライブラリにどのようなものがあるのかを説明します。その中でも、2章で紹介するライブラリについては、その概要を説明します。

表 2-1-1　データ分析で重要なライブラリ

節	ライブラリ名	主な機能	データ分析	機械学習	深層学習
2.2	NumPy	ベクトル・行列間で高速に効率良く計算	◎	◎	◎
2.3	Matplotlib	グラフ表示	◎	◎	◎
2.4	pandas	表形式のデータ集計・加工・可視化	◎	◎	○
3.5	seaborn	高度なグラフ表示	○	△	
（本書対象外）	SciPy	統計計算（高度な統計分析用）	△	△	
	scikit-learn	機械学習		◎	○
	Keras	深層学習用フレームワーク、最もわかりやすい			◎
	TensorFlow	深層学習用フレームワーク、やや高度			◎
	PyTorch	深層学習用フレームワーク、研究でよく利用される			◎

　表2-1-1にそれぞれのライブラリ名と、主な機能、どの用途で用いられるかを整理しました。

　NumPy は、データ分析関係のライブラリで共通に利用される重要なライブラリで、「ベクトル」や「行列」の計算を効率良く実行する機能を持っています。本書では次節（2.2節）で説明します。

Matplotlibは、グラフ表示用のライブラリです。本書では2.3節で説明します。

pandasは表形式のデータ集計、加工、可視化などの機能を持ったライブラリで、Pythonでデータ分析を行う際に中心となるものです。そのため、本書では、基礎的な利用方法を2.4節で紹介した後、3章で改めてデータ分析で実施されるタスクごとの、より詳細な利用方法を説明していきます。

seabornもグラフ表示機能を提供しますが、Matplotlibに比較すると、より高度な機能になります。本書の中では高度な可視化を説明する3.5節でその一部を紹介します。

本書の中では取り上げませんが、この他、機械学習でよく利用されるライブラリとしては**SciPy**（統計処理）、**scikit-learn**（機械学習）があります。

Keras、TensorFlow、PyTorchの3つは、ディープラーニング・プログラミングで用いられる「**フレームワーク**」と呼ばれるライブラリになります。

2.2　NumPy入門

┃┃ 本節で学ぶこと ┃┃

　本節で学ぶライブラリであるNumPy（ナムパイ）は、データ分析において最も基本となるライブラリです。データ分析では1つの変数のみを分析対象とすることはほぼなく、複数のデータの並びを分析対象とします。前章で学んだリストでもデータの並びを扱えますが、NumPyでは、より分析がやりやすいような便利な機能を多く持っています。さらに、ベクトルのような1方向のみ広がりを持つデータだけでなく、行列のようなタテヨコに広がりを持つ表形式のデータも対象にできます。本節では、NumPyが備える数多くの機能の中でも、特にデータ分析でよく用いられるものに絞り込んで説明します。

2.2.1　NumPyの特徴

　データ分析の世界では、単なる変数でなく、ベクトルのような1方向の広がりを持つデータや、行列のようにタテヨコ2方向の広がりを持つデータに対する演算をすることが多いです。

　NumPyの特徴を一言でいうと、このような演算を、シンプルな記述で、高速に処理できるライブラリということになります。そして、この目的でNumPyに実装されている機能として「ブロードキャスト機能」や「ユニバーサル関数」などがあります。それぞれ、どんな機能なのかは、本節の中で順に説明していきます。

2.2.2　ライブラリの利用

　最初にライブラリを利用するためのインポート文が必要です。実装コードは次のコード2-2-1になります。

コード 2-2-1　ライブラリ利用のためのインポート文

```
1    # NumPy のインポート
2
3    import numpy as np
```

3行目がnumpyというライブラリをインポートしている箇所ですが、「import numpy as np」と後ろに「as np」が付いている点に注目してください。これは、ライブラリのエイリアス（別名）指定の文法で、numpyの関数を利用するときは、「numpy.xxx」でなく「np.xxx」と書くことを意味しています。必ずしもこの通りにする必要はないのですが、データ分析の世界で慣用的に決められている作法なので、できるだけこの形で利用してください。

次にNumPy変数の表示形式の設定について説明します。まずは、次のコード2-2-2を見てください。

コード 2-2-2　デフォルト設定での print 関数出力結果

```
1    # デフォルト設定での print 関数出力結果
2
3    x = np.array([2/7, 1000/7, 0.00304567])
4    print(x)
```

```
[2.85714286e-01 1.42857143e+02 3.04567000e-03]
```

3行目の意味については、次項以降で説明するので、今はわからなくていいです。大きさのまったく異なる3つの浮動小数点数値が、1.7節で説明したリストと同じような形で、「NumPy配列」で定義されていることだけ理解してください。

見てもらいたいのは4行目のprint関数の出力です。浮動小数点数形式で出力されているため、ぱっと見て直感的に何番目の項目が一番大きいのかわかりにくいと思います。また、桁数もこんなに多くはいらないです。こうした点を修正するための実装が次のコード2-2-3になります。

コード 2-2-3　NumPy 表示形式の設定

```
1    # NumPy 表示形式の設定
2    #
3    # suppress=True：固定小数点表示
4    # precision=4：小数点以下 4 桁
5    # floatmode='fixed'：最終桁が 0 でも明示的に表示
6
7    np.set_printoptions(
8        suppress=True, precision=4, floatmode='fixed'
9    )
10
11   print(x)
```

```
[   0.2857 142.8571    0.0030]
```

　設定はNumPyのset_printoptions関数で変更します。ここでは3つのオプショ
ンを指定していて、それぞれの意味はコメント文に記載しました。

　コード2-2-3では最後の11行目に、先ほどと同じNumPy変数xに対してprint
関数を呼び出しました。今度は固定小数点表示になって、大小も比較しやすいし、
小数点以下も4桁で読みやすくなっています。

　本書では、今後、NumPyに関してライブラリインポート直後にこの設定をする
ことを標準とします。

☞データ分析のためのポイント

NumPyのデフォルトの数値表示形式は、複数の項目値を横並びで比較することの
多いデータ分析で不便なことが多い。コード 2-2-3 に示した設定を常にしておくこ
とがお勧め。

2.2.3　データの定義

　ここからは、NumPyの様々な関数、メソッドを紹介します。最初はNumPyの
データを定義するarray関数です。

ベクトル変数の定義

次のコード2-2-4を見てください。

コード2-2-4　array関数によるベクトル変数の定義

```
1    # array 関数によるベクトル変数の定義
2    n1 = np.array([1, 7, 5, 2])
3
4    # 結果確認
5    print(n1)

[1 7 5 2]
```

array関数はNumPy変数を定義するのに最もよく利用される方法です。このコードサンプルのように引数に[1, 7, 5, 2]というリストを与えると、対応するベクトル形式のNumPy変数が生成されます。

この変数をprint関数にかけると「[1 7 5 2]」という結果が返ります。一見すると、リスト変数の表示結果に似ていますが、要素の間にカンマがないところが違いです。この点を手がかりに見分けてください。

次に、今定義したNumPy変数n1の性質をいろいろな方法で調べてみます。実装は以下のコード2-2-5になります。

コード2-2-5　NumPy変数の性質確認

```
1    # NumPy 変数の性質確認
2
3    # 型確認
4    print(type(n1))
5
6    # 要素数確認
7    print(n1.shape)
8
9    # もう 1 つの方法
10   print(len(n1))

<class 'numpy.ndarray'>
(4,)
```

まず、4行目では、前章で何度も使ったtype関数を利用してNumPy変数の型（class）を調べています。結果はclass 'numpy.ndarray'でした。

7行目では、変数の「属性」という新しい文法が出てきています。「**変数名.属性名**」という文法で、ここでは「n1」が変数名で、「shape」が属性名です。

メソッドの場合、「変数名.メソッド名（引数）」で呼び出しましたが、文法が似ています。メソッドと属性は、実は対になる概念です。メソッドは変数（の型）固有の関数と説明しましたが、属性は変数の内部にある変数にあたります。「メソッドの変数版が属性である」と考えてください[1]。

7行目で使っているshape属性は、NumPy型の変数が内部に持つ属性で、どのような構造を持ち（1方向の広がりなのか、2方向の広がりなのか）、それぞれの方向の要素数がいくつなのかを保持しています。今回の「(4,)」という結果は、「1方向の広がり（ベクトル）で要素数は4」ということを意味しています。また、dtype属性（n1.dtype）では要素のデータ型を確認できるので試してみてください。

要素数を調べるもう1つの方法が前章で何度か説明したlen関数を使う方法です。この例を10行目に示しました。

行列変数の定義

データ分析で1方向のベクトル形式のデータと並んでよく用いられるデータは、タテヨコ2方向の広がりを持つ表形式のデータです。その定義方法を、コード2-2-6で示します。

コード2-2-6　array関数による表形式の変数の定義

```
1   # array 関数による表形式の変数の定義
2   n2 = np.array([
3       [1, 2, 3, 4],
4       [5, 6, 7, 8],
```

[1] Pythonの属性は、いろいろな呼び方があって「データ属性」「インスタンス変数」などとも呼ばれます。本書ではシンプルに属性と呼びます。

```
5       [9, 10, 11, 12]
6   ])
7
8   # 結果確認
9   print(n2)
```

```
[[ 1  2  3  4]
 [ 5  6  7  8]
 [ 9 10 11 12]]
```

　今回もarray関数を使ってデータを定義している点は同じです。違いは、引数が、「リストのリスト」による、**2重構造のリスト**になっている点です。

　9行目のprint関数の結果に注目してください。2重構造のリストがカンマのない形で表示されているのですが、改行の場所を工夫することで、数学の「行列」のような形の表現になっています。

　表形式のデータn2に対しても、先ほどと同様に性質を調べてみます。実装はコード2-2-7です。

コード 2-2-7　表形式の NumPy 型データの性質確認

```
1   # 表形式の NumPy 型データの性質確認
2
3   # 要素数確認
4   print(n2.shape)
5
6   # もう 1 つの方法
7   print(len(n2))
```

```
(3, 4)
3
```

　今度はshape属性で「(3, 4)」というタプルが返ってきています。これにより変数n2が2方向の広がりを持つ表形式のデータであり、要素数は3行4列であることがわかります。

　この場合も7行目のようにlen関数を使うことが可能です。その場合、「3」という行方向の要素数が返ってきます。

等間隔の数値配列

データ分析では頻出する関数のグラフを描画する場合、最初に等間隔のx座標の値をNumPy配列として用意します。具体的にはlinspace関数を使う方法と、arange関数を使う方法の2種類があります。これから、それぞれの方法について説明します。

最初はlinspace関数による方法です。次のコード2-2-8を見てください。

コード 2-2-8　linspace 関数による数値配列

```
1   # linspace 関数による数値配列
2
3   # 等間隔に点を取る
4   # 点の数が第 3 の引数
5   #（植木算になる点に注意）
6   n3 = np.linspace(0, 2, 11)
7
8   # 結果確認
9   print(n3)
```

```
[0.0000 0.2000 0.4000 0.6000 0.8000 1.0000 1.2000 1.4000 1.600↗
0 1.8000
 2.0000]
```

linspace関数は3つの引数を取ります。それぞれ始点、終点、点の数です。最後の点の数のパラメータには注意が必要です。植木算の考え方で、区間を10等分したい場合、点の数は11個になります。上の例では、区間[0, 2]を10等分したかったので、3番目のパラメータには「11」を指定しています。

次にarange関数を使う方法を説明します。実装はコード2-2-9です。

コード 2-2-9　arange 関数による数値配列

```
1   # arange 関数による数値配列
2
3   # 等間隔に点を取る
4   # 間隔値が第 3 の引数
```

```
5    # (第2引数は max でなく「未満」であることに注意)
6    n4 = np.arange(0, 2.2, 0.2)
7
8    # 結果確認
9    print(n4)
```

```
[0.0000 0.2000 0.4000 0.6000 0.8000 1.0000 1.2000 1.4000 1.600
0 1.8000
 2.0000]
```

arange関数も3つの引数を取ります。それぞれ始点、終点、間隔値です。終点
の値には注意が必要です。ここで指定した値は生成された数値配列には含まれず、
その1つ手前の値が最後の値となります。上の実装では、0から2までの等間隔の
配列を作りたかったので、その一歩先の「2.2」を2番目の引数で渡しています。

2.2.4　データの参照

本項では前項で定義したNumPy変数をどのように参照するか、その方法を説明
します。特定の要素をピンポイントで参照することももちろんできますが、より重
要なのは1.7節で説明した**リストに対するスライス指定の応用**で、元のデータの部
分集合をシンプルな表現で参照する方法です。その典型的なパターンを順に説明し
ていきますので、Python独特の参照記法の見方、考え方に慣れるようにしてくだ
さい。

具体的な説明に入る前に1つお断りしておくことがあります。データ分析の場
合、操作対象のNumPy配列は1方向の広がりのみ持つベクトル形式のものと、2
方向の広がりを持つ表形式のものがあります。前者の方がわかりやすいので、本
来ならその順番で説明すべきなのですが、紙幅の関係で、後者のみ説明をします。
後者が理解できれば、応用問題で前者の参照も自分でできるはずです。ぜひ、自
分で問題を作って実験し、手を動かすことで理解するようにしてください。

参照対象のNumPy変数

本項では、前項の次のコードで定義したNumPy変数n2を利用します。下記に
改めて実装を示します。

コード 2-2-6　（再掲）array 関数による表形式の変数の定義

```
1    # array 関数による表形式の変数の定義
2    n2 = np.array([
3        [1, 2, 3, 4],
4        [5, 6, 7, 8],
5        [9, 10, 11, 12]
6    ])
7
8    # 結果確認
9    print(n2)
```

```
[[ 1  2  3  4]
 [ 5  6  7  8]
 [ 9 10 11 12]]
```

特定の要素の抽出

　特定の要素を抽出する最もシンプルな方式が、行と列それぞれで特定の要素のインデックスを指定する方法です。次のコード2-2-10がその実装となります。

コード 2-2-10　1 行目 2 列目の要素指定

```
1    # 1 行目 2 列目の要素指定
2    n5 = n2[1, 2]
3    print(n5)
```

```
7
```

　このコードで最も重要な点は2行目の「[]」の内部のカンマ（「,」）です。カンマより前は「**行インデックス**」を、カンマより後は「**列インデックス**」を意味しています。その様子は、次の図2-2-1でも示しました。

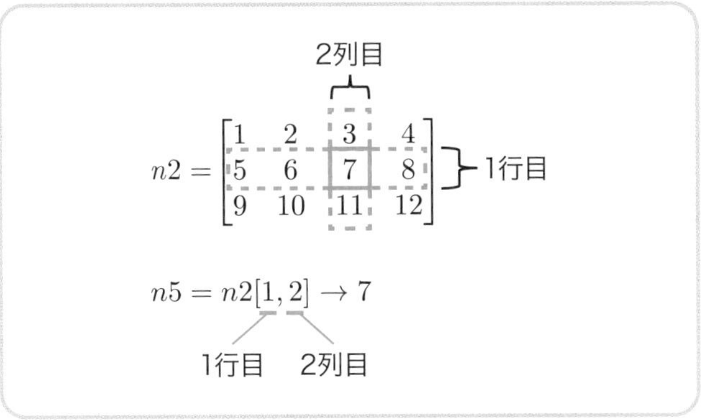

$$n2 = \begin{bmatrix} 1 & 2 & 3 & 4 \\ 5 & 6 & 7 & 8 \\ 9 & 10 & 11 & 12 \end{bmatrix}$$

$$n5 = n2[1, 2] \to 7$$

図2-2-1　表形式の NumPy への特定要素の抽出

　以降の例のすべてに共通の注意点として、Pythonでは**最初の要素のインデックスは1でなく0**であることを頭に入れておいてください。

元行列の部分集合を抽出

　次に元行列の部分集合を抽出するパターンを順に説明します。

　最初のコード2-2-11は、「特定の行、すべての列を抽出」するパターンです。

コード 2-2-11　特定の行、すべての列を抽出

```
1  # 1 行目のすべての列
2  # n6 = n2[1] と書いても同じ
3  n6 = n2[1, :]
4  print(n6)
5  print(n6.shape)

[5 6 7 8]
(4,)
```

　厳密な表記法はコード2-2-11の3行目の通りですが、コメントに書いたように、「n2[1]」とカンマ以下を省略して表記しても同じ意味になります。

　抽出の仕組みは次の図2-2-2に詳しく示しました。

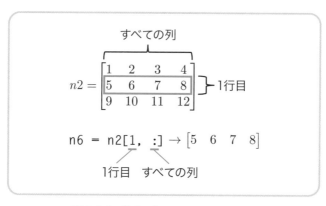

図 2-2-2　特定の行、すべての列の抽出

　コード2-2-11の結果の通り、この操作をすることで、4つの要素を持つベクトル形式のNumPy変数が返されます。

　次のコード2-2-12では、今と逆にすべての行、特定の列の抽出をしています。

コード 2-2-12　すべての行、特定の列の抽出

```
1  # すべての行の 0 列目
2  n7 = n2[:, 0]
3  print(n7)
4  print(n7.shape)

[1 5 9]
(3,)
```

　1つ前のコードと比較すると、行と列の役割を入れ替えた形になります。具体的なアクセスの仕組みは、図2-2-3で改めて示しました。

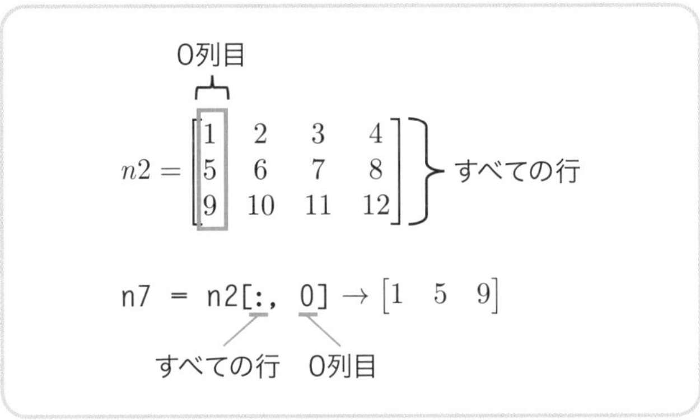

図 2-2-3　すべての行、特定の列の抽出

　今度は、3つの要素を持つベクトル形式のNumPy変数が返されます。

　最後に、やや複雑なケースを示します。次のコード2-2-13では行要素、列要素
のそれぞれをスライス指定することで、結果的に元の表の部分集合となる表を参照
します。

コード 2-2-13　行要素、列要素のそれぞれをスライス指定

```
1  # 0-1 行目、2-3 列目
2  n8 = n2[:2, 2:]
3  print(n8)
4  print(n8.shape)
```

```
[[3 4]
 [7 8]]
(2, 2)
```

　抽出結果n8のshapeは、(2, 2)となっていて、2×2の小さな表が抽出されてい
ます。このときの抽出の仕組みも図2-2-4に示しました。

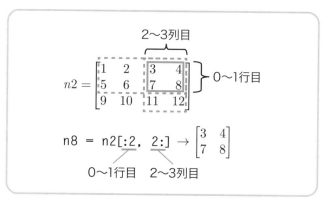

図 2-2-4　行要素、列要素のそれぞれをスライス指定

True/False配列で抽出

　表形式のNumPy変数に対してインデックスの書き方を工夫することで様々な抽出が可能なことがわかりました。

　もう1つの抽出パターンとして、行または列の要素数と同じ数のTrue/FalseのリストまたはNumPy配列を用意し、True/Falseのパターンで行、または列を抽出することも可能です。次のコード2-2-14では、その実装例を示します。

コード 2-2-14　True/False の配列による抽出

```
1  # 0行目と2行目、すべての列
2  # True / False 要素の配列で指定する
3  n2_index = np.array([True, True, False])
4  n9 = n2[n2_index]
5  print(n9)
6  print(n9.shape)
```

```
[[1 2 3 4]
 [5 6 7 8]]
(2, 4)
```

　この抽出の仕組みについても、今までと同様に図2-2-5で示しました。今までに比べると複雑なので、図2-2-5とコード2-2-14を見比べて抽出の仕組みを理解してください。

```
n2_index = np.array([True, True, False])
```

$$n2 = \begin{bmatrix} 1 & 2 & 3 & 4 \\ 5 & 6 & 7 & 8 \\ 9 & 10 & 11 & 12 \end{bmatrix} \begin{matrix} \text{True} \\ \text{True} \\ \text{False} \end{matrix}$$

```
n9 = n2[n2_index] →
```
$$\begin{bmatrix} 1 & 2 & 3 & 4 \\ 5 & 6 & 7 & 8 \end{bmatrix}$$

図 2-2-5　True/False の配列による抽出の仕組み

　同じ方法で、4つの True/False の要素を持つ配列を使って、列単位の抽出をすることもできます。読者自身で考えてみてください。

2.2.5　演算

　NumPyを使うことの最大のメリットはベクトルや行列同士の演算をループ処理なしに簡潔な表現で計算できる点です。また、その目的を実現するために**ブロードキャスト機能**や**ユニバーサル関数機能**が実装されています。本項では、こうした機能を順に確認していきます。

演算対象の NumPy 変数

　最初に本項で利用する演算対象の NumPy 変数を定義します。n2は整数の要素を持つ3×4の表形式データで、前項で使ったものと同じです。演算のため、もう1つ変数が必要なので、n10も定義します。実装は次のコード2-2-15です。

コード 2-2-15　演算対象の NumPy 変数定義

```
1   # 演算対象の NumPy 変数定義
2   n2 = np.array([
3       [1, 2, 3, 4],
4       [5, 6, 7, 8],
5       [9, 10, 11, 12]
6   ])
7   n10 = np.array([
```

```
 8        [1, 4, 7, 10],
 9        [2, 5, 8, 11],
10        [3, 6, 9, 12]
11   ])
12   # 結果確認
13   print(n2)
14   print(n10)
```

```
[[ 1  2  3  4]
 [ 5  6  7  8]
 [ 9 10 11 12]]
[[ 1  4  7 10]
 [ 2  5  8 11]
 [ 3  6  9 12]]
```

NumPy変数間の演算

　上で示したような2つの表形式（行列）のデータn2とn10があり、このデータ
の各要素をそれぞれ加えて、結果を新しい行列n11にしたいとします。この処理を
CやJavaといった他のプログラミング言語で実装する場合、行インデックス、列
インデックスで2重ループを作り、ループの中で、各要素の加算計算をします。

　では、NumPyの場合、どうやってこの計算をするのでしょうか。それを示した
のが、次のコード2-2-16です。

コード 2-2-16　NumPy の行列変数同士の足し算

```
1   # NumPy の行列変数同士の足し算
2   n11 = n2 + n10
3
4   # 結果の確認
5   print(n11)
```

```
[[ 2  6 10 14]
 [ 7 11 15 19]
 [12 16 20 24]]
```

　NumPyの場合、2つの変数が普通の数値（スカラーと呼びます）であるかのよ

データ分析ライブラリ入門編

うに、2つの変数の間に「+」記号を入れるだけで、自動的に各要素の足し算をして、結果を2つの変数と同じサイズの行列として返してくれます。n11の各要素の値が、該当するn2とn10の要素の和になっていることを、コード2-2-15の結果と見比べて確認してください。

　今回は「+」、つまり加算においてこの機能を説明しましたが、他の四則演算でも同じことが可能です。これが、NumPy演算における便利機能の1つめになります。

　この機能は、シンプルで読みやすい実装コードを作るという目的でとても便利である一方、1つの前提条件があります。今回はn2とn10がどちらも3×4の要素を持つ行列であり、このように要素数がそろっていないとエラーになります。

　演算のルールの一般論としてはその通りですが、実はある特定の条件を満たしている場合、要素数がそろっていなくても2変数間の演算が可能です。次に説明する**ブロードキャスト機能**が、要素数がそろっていなくても2変数間の演算を可能にする機能になります。

ブロードキャスト機能

　ブロードキャスト機能の概要は、先ほど説明しました。では、「ある特定の条件」とはどのような条件なのでしょうか。簡単に説明すると、**「要素数が少ない方の変数側で値をコピーして増やすことで、計算相手の要素数に合わせられる場合」**ということになります。このことを実習で確認していきます。

　まずは、ベクトル型のNumPy変数を対象にしてブロードキャスト機能を使います。計算対象の変数n1は、次のコードで定義したものです。

コード2-2-17　計算対象変数の定義

```
1  # 演算元変数
2  n1 = np.array([1, 7, 5, 2])
3
4  print(n1)

[1 7 5 2]
```

次のコード2-2-18が、最もシンプルなブロードキャスト機能の実装例です。

コード2-2-18　シンプルなブロードキャスト機能

```
1   # すべての要素から同じ値を引く
2   n12 = n1 - 4
3
4   # 結果確認
5   print(n12)

[-3  3  1 -2]
```

コード2-2-18の2行目を見てください。「n1 − 4」という式の変数n1は、4つ
の要素を持つベクトル変数です。これに対して、「4」は、単なる数値で、要素数
を持ちません。このような場合、数値「4」の方をコピーして要素を増やし「[4 4
4 4]」というベクトル変数にすれば、要素数が同じになり、各要素単位の演算が可
能になります。これが、ブロードキャスト機能で実現している内容です。この仕組
みを図2-2-6に示しました。

$$\begin{bmatrix} 1 & 7 & 5 & 2 \end{bmatrix} - \qquad 4$$

⬇ ブロードキャスト

$$\begin{bmatrix} 1 & 7 & 5 & 2 \end{bmatrix} - \begin{bmatrix} 4 & 4 & 4 & 4 \end{bmatrix} = \begin{bmatrix} -3 & 3 & 1 & -2 \end{bmatrix}$$

図2-2-6　ブロードキャスト機能により数値4がベクトルに変換される様子

コード2-2-18の結果を元の変数n1の値と見比べると、各要素が4ずつ減ってい
ます。図2-2-6で示した通りの結果になっています。

データ分析においては、配列の各要素に対して共通の値で演算をすることが多い
です。例えば、「**標準化**」と呼ばれる処理は、データ全体の平均値と標準偏差を用
いて、(「元の値」−「平均値」) /「標準偏差」という加工を加える処理です。この
ような計算処理に、ブロードキャスト機能は役立ちます。

☞ データ分析のためのポイント

データ処理では配列の各要素に対して共通の演算をすることが多いので、ブロードキャスト機能を活用する場面が多い。

次に演算対象が行列変数の場合を見ていきます。まず、先ほども利用した行列変数n2の定義を改めて示します。

コード 2-2-6　（再掲）array 関数による表形式の変数の定義

```
1   # array 関数による表形式の変数の定義
2   n2 = np.array([
3       [1, 2, 3, 4],
4       [5, 6, 7, 8],
5       [9, 10, 11, 12]
6   ])
7
8   # 結果確認
9   print(n2)
```

```
[[ 1  2  3  4]
 [ 5  6  7  8]
 [ 9 10 11 12]]
```

次のコード2-2-19は、この行列変数n2と数値間の演算例です。

コード 2-2-19　行列と数値間の演算

```
1   # 行列変数と数値間の演算
2   n13 = n2 - 2
3   print(n13)
```

```
[[-1  0  1  2]
 [ 3  4  5  6]
 [ 7  8  9 10]]
```

元の行列n2の値と比較すると、それぞれの値が2ずつ減っています。次のコー

ド2-2-20の例はやや複雑です。

コード 2-2-20　行列とベクトル間の演算

```
# 行列変数とベクトル変数間の演算
n14 = n2 - n1
print(n14)
```

```
[[ 0 -5 -2  2]
 [ 4 -1  2  6]
 [ 8  3  6 10]]
```


演算対象の変数の片方は3×4の要素を持つ行列n2で、もう1つの変数は4つの要素を持つベクトルn1です。このような場合、n1を行方向にコピーすると、全体としてn2と同じ要素数にすることが可能です。なので、この場合もブロードキャスト機能が適用可能です。この仕組みについては、図2-2-7で示しました。

$$\begin{bmatrix}1 & 2 & 3 & 4\\5 & 6 & 7 & 8\\9 & 10 & 11 & 12\end{bmatrix} - \begin{bmatrix}1 & 7 & 5 & 2\end{bmatrix}$$

⬇ ブロードキャスト

$$\begin{bmatrix}1 & 2 & 3 & 4\\5 & 6 & 7 & 8\\9 & 10 & 11 & 12\end{bmatrix} - \begin{bmatrix}1 & 7 & 5 & 2\\1 & 7 & 5 & 2\\1 & 7 & 5 & 2\end{bmatrix} = \begin{bmatrix}0 & -5 & -2 & 2\\4 & -1 & 2 & 6\\8 & 3 & 6 & 10\end{bmatrix}$$

図 2-2-7　ベクトルから行列へのブロードキャスト

ユニバーサル関数

本節の冒頭で説明した、NumPyに特徴的なもう1つの便利機能がユニバーサル関数です。その便利さを理解するには、例えば、

$$y = \sqrt{x}$$

の関数グラフを描画するためのプログラムを実装することを考えるといいです。

次のコード2-2-21は、そのための実装の一部と考えてください[2]。

コード 2-2-21　ユニバーサル関数を使って関数値を同時に計算

```
1   # x の配列の準備
2   x = np.linspace(0, 2, 11)
3   print(x)
4
5   # y=sqrt(x) の計算
6   y = np.sqrt(x)
7   print(y)
```

```
[0.0000 0.2000 0.4000 0.6000 0.8000 1.0000 1.2000 1.4000 1.600⤸
0 1.8000
 2.0000]
[0.0000 0.4472 0.6325 0.7746 0.8944 1.0000 1.0954 1.1832 1.264⤸
9 1.3416
 1.4142]
```

　このコードの2行目では、2.2.3項で紹介したlinspace関数を使い、等間隔のx座標の値の配列を計算しています。問題はその次のy座標の値を計算する部分です。2.1.2項で説明したmath.sqrt関数を使っても、y座標の値の計算はできるのですが、ループを回して1つひとつの要素に対してmath.sqrt関数を呼び出す必要があります。

　この問題を解決できるのが**ユニバーサル関数**です。上のコードの6行目では、NumPyのベクトル変数であるxを引数にして、np.sqrt関数を呼び出しています。np.sqrt関数はユニバーサル関数であるため、このような呼び出し方が可能で、呼び出し結果は、**元のNumPy変数と同じサイズで、1つひとつの要素にsqrt関数を呼び出した結果**になっています。

　NumPyでは、今回の例で採り上げたルート関数以外にも、指数関数、対数関数、三角関数など、通常、よく利用される関数が用意されていて、行列やベクトルを対象とした関数計算が簡単にできるようになっています。

[2]実際にグラフ描画する機能は次節で紹介するライブラリのMatplotlibが備えます。

集約関数

集約関数[3]とは、ベクトル変数や行列変数に対して、和や平均などの集約処理をする関数です。次のコード2-2-22では、例として和を計算するsum関数の利用例を示します。これまでと同様に、計算対象は行列変数のn2を利用します。

コード 2-2-6　（再掲）array 関数による表形式の変数の定義

```
1   # array 関数による表形式の変数の定義
2   n2 = np.array([
3       [1, 2, 3, 4],
4       [5, 6, 7, 8],
5       [9, 10, 11, 12]
6   ])
7
8   # 結果確認
9   print(n2)
```

```
[[ 1  2  3  4]
 [ 5  6  7  8]
 [ 9 10 11 12]]
```

コード 2-2-22　集約関数の利用例

```
1   # 集約関数（sum 関数）
2
3   s0 = n2.sum(axis=0)
4   s1 = n2.sum(axis=1)
5   s2 = n2.sum()
6
7   print(s0)
8   print(s1)
9   print(s2)
```

---

[3] ここで紹介する関数は厳密にいうと「メソッド」に該当しますが、慣例として「集約関数」という用語の方がよく使われているのでこの名称にしました。「実際はメソッドである」ことは意識するようにしてください。また、ややこしいのですが、「np.sum」などの「関数」も存在します。引数の渡し方が違うだけで機能は同じです。

```
[15 18 21 24]
[10 26 42]
78
```

　計算対象が行列形式の変数の場合、同じ集約関数で3通りの呼び出し方が可能です。引数axis=0は行方向の集約を、axis=1は列方向の集約を、そして引数なしは行列全体の集約を意味します。図2-2-8に三つの違いを示しました。

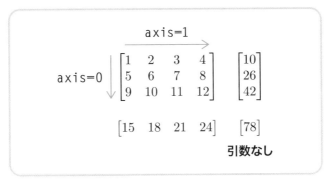

図 2-2-8　集約関数の3通りの呼び出し方

　NumPyで標準的に利用可能な集約関数としては、この他にmean関数（平均）、max関数（最大値）、min関数（最小値）、std関数（標準偏差）などがあります。

2.2.6　応用例

　最後に、今まで紹介した機能をいくつか組み合わせた応用例を紹介します。

2つの変数の一致数から精度を計算

　最初の応用例は、「同じ要素数の1と0から構成される2つの数値ベクトルを対象に数値の一致率を調べる」という問題です。対象の2つの数値は、次のコード2-2-23で実装されるものを想定します[4]。

---

[4] この問題の元ネタは「2値分類」と呼ばれる機械学習モデルの精度を計算する問題なのですが、以下の説明はその背景を知らなくてもわかる形にしています。

コード 2-2-23　2 つのベクトル変数の初期設定

```
1    # 2 つのベクトル変数の準備
2    # ベクトル変数 1
3    yt = np.array([1, 1, 0, 1, 0, 1, 1, 0, 1, 1])
4    # ベクトル変数 2
5    yp = np.array([1, 1, 0, 1, 0, 1, 1, 1, 1, 1])
6
7    # 内容表示
8    print(yt)
9    print(yp)
```

```
[1 1 0 1 0 1 1 0 1 1]
[1 1 0 1 0 1 1 1 1 1]
```

　2 つのベクトルの値は 1 カ所だけ違っていて、後は全部同じです。データは全部で 10 個あるので、一致率は 90% になります。このことをこれから計算で求めます。
　まず、1 つひとつの要素が一致しているかを調べます。実装はコード 2-2-24 です。

コード 2-2-24　yt と yp の要素ごとに等しいかチェック

```
1    # 配列の各要素を同時に比較する
2    matched = (yt == yp)
3    print(matched)
```

```
[ True  True  True  True  True  True  True False  True  True]
```

　比較演算子「==」も四則演算同様に、配列の要素ごとの演算が可能です。上のコードではその性質を使っていて、10 個の要素を持つ True/False の配列が変数 matched に代入されます。

コード 2-2-25　一致数と要素数から一致率を計算

```
1   # さらにこの結果に sum 関数をかける
2   # 対象変数がブール型の場合 True → 1 False → 0 に変換される
3   # 一致数のカウント方法
4   correct = matched.sum()
5
6   # 全体数は len(correct) で計算可能
7   total = len(matched)
8
9   # 精度の計算
10  accuracy = correct/total
11
12  print('一致数：', correct, '全体数：', total,  '一致率：',
    accuracy)
```

一致数：　9　全体数：　10　一致率：　0.9

　コード2-2-25の4行目では、こうして得られたmatchedにsum関数をかけています。sum関数は対象変数がブール型である場合、True→1、False→0の変換をかけた後、加算計算をします。その結果、変数correctには正解数の値が代入されます。ここまでの計算の様子は、図2-2-9にも示しました。

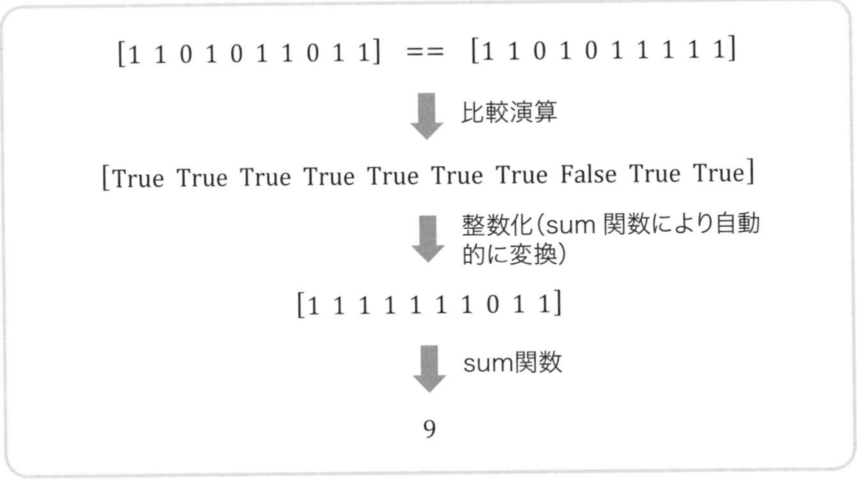

$$[1\ 1\ 0\ 1\ 0\ 1\ 1\ 0\ 1\ 1] == [1\ 1\ 0\ 1\ 0\ 1\ 1\ 1\ 1\ 1]$$

比較演算

$$[True\ True\ True\ True\ True\ True\ True\ False\ True\ True]$$

整数化(sum 関数により自動的に変換)

$$[1\ 1\ 1\ 1\ 1\ 1\ 1\ 0\ 1\ 1]$$

sum関数

9

図 2-2-9　正解数 correct が計算される様子

コード2-2-25の7行目では、matchedの件数を調べて変数totalに代入しています。すると、10行目のようにcorrect/totalにより、一致率が計算できます。

ベクトルの数値を1次関数で変換して[0, 1]の範囲に収める

次の利用例では、ベクトルの数値を、1次関数で変換して最大値1、最小値0の範囲に収まるようにします。このような加工は「**正規化**」と呼ばれ、「**標準化**」と並んでデータ分析でよく使われる手法です。正規化をする関数もありますが、今回は原理から理解するため、NumPyの基本機能を組み合わせてその計算をします。

最初のステップは次のコード2-2-26です。

コード2-2-26　元変数の定義と、最大値、最小値の導出

```
1  # 元変数
2  n1 = np.array([1, 7, 5, 2])
3  print(n1)
4
5  # 最大値と最小値を集約関数で取得
6  n1_max = n1.max()
7  n1_min = n1.min()
8  print(n1_max, n1_min)

[1 7 5 2]
7 1
```

繰り返し使っているベクトル変数n1を定義した後、max関数とmin関数を使って最大値と最小値を求め、それぞれn1_maxとn1_minに代入しています。次のコード2-2-27で実際の正規化をしています。

コード2-2-27　正規化の実施

```
1  # 変換（ブロードキャスト機能の利用）
2  n15 = (n1 - n1_min) / (n1_max - n1_min)
3  print(n15)

[0.0000 1.0000 0.6667 0.1667]
```

　コード2-2-27の2行目が、1次関数による正規化の式です。一見難しそうな式ですが、n1の場所にn1_maxを入れると全体の計算結果が1に、n1_minを入れると計算結果が0になります。このことから、今、やりたい変換の1次関数の計算式がこれでよいことが確認できます。

　コード2-2-27の2行目で、変数n1だけがベクトルであり、残りの変数はすべて数値です。なので、この計算式ではブロードキャスト機能が繰り返し適用されて、最後に変数n15がベクトルで得られることになります。

　この計算の様子は、図2-2-10にも示しました。

図 2-2-10　1次関数により元のベクトルを最大値 1 最小値 0 に変換する様子

演習問題

問　題

　本節で用いてきた行列 n2 を使った演習です。
　行列 n2 の最初の列の値が 3 で割り切れない行を残し、割り切れた行を消す処理をします。その処理の結果、残された行をまとめた新しい行列を作ってください。

　問題の内容を、図 2-2-11 にも示しました。

$$\begin{bmatrix} 1 & 2 & 3 & 4 \\ 5 & 6 & 7 & 8 \\ 9 & 10 & 11 & 12 \end{bmatrix}$$

① 一番左の列の値を抜き出す
② この値が3で割り切れない場合は該当行を残し、
　割り切れた場合は、該当行を消す

図 2-2-11　演習問題の内容

解答用のひな型セルを、コード 2-2-28 として示します。

コード 2-2-28　演習問題の解答ひな型

```
1   # array 関数による表形式の変数の定義
2   n2 = np.array([
3       [1, 2, 3, 4],
4       [5, 6, 7, 8],
5       [9, 10, 11, 12]
6   ])
7
8   # n2 の最初の列を抽出し、ベクトル変数 a1 とします
9   a1 =
10  print(a1)
11
12  # ブロードキャスト機能を用いて、a1 の各要素が
13  # 3 で割った余りを示す配列 a2 を計算します
14  a2 =
15  print(a2)
16
17  # 再度ブロードキャスト機能を用いて、a1 の各要素が
18  # 3 で割り切れるかどうかを示す配列 a3 を作ります
19  a3 =
20  print(a3)
21
22  # 変数 a3 を用いて、n2 から必要な行だけを残す計算をし
23  # 結果を a4 に代入します
24  a4 =
25  print(a4)
```

　一見すると難しそうな問題ですが、コード 2-2-28 では、どのように考えて実装したらいいかを細かいステップに分割して示しました。このステップに沿った形で実装コードを考えてみてください。

演習問題の解答例を次のコード 2-2-29 に示します。

いつもの通り、どの項で説明したかのインデックスもコメントに記載しました。忘れている実装がある場合は復習してください。

解答例

コード 2-2-29　演習問題解答例

```
1   # array 関数による表形式の変数の定義
2   n2 = np.array([
3       [1, 2, 3, 4],
4       [5, 6, 7, 8],
5       [9, 10, 11, 12]
6   ])
7
8   # n2 の最初の列を抽出し、ベクトル変数 a1 とします
9   # 2.2.4 項　コード 2-2-12
10  a1 = n2[:, 0]
11  print(a1)
12
13  # ブロードキャスト機能を用いて、a1 の各要素が
14  # 3 で割った余りを示す配列 a2 を計算します
15  # 2.2.5 項　コード 2-2-18
16  # 割った余りの演算については 1.4.2 項　コード 1-4-11
17  a2 = a1 % 3
18  print(a2)
19
20  # 再度ブロードキャスト機能を用いて、a1 の各要素が
21  # 3 で割り切れるかどうかを示す配列 a3 を作ります
22  # 2.2.5 項　コード 2-2-18
23  # 比較演算については 1.5.1 項
24  a3 = a2 != 0
25  print(a3)
26
27  # 変数 a3 を用いて、n2 から必要な行だけを残す計算をし
28  # 結果を a4 に代入します
29  # 2.2.4 項　コード 2-2-14
30  a4 = n2[a3]
31  print(a4)
```

```
[1 5 9]
[1 2 0]
```

```
[ True  True False]
[[1 2 3 4]
 [5 6 7 8]]
```

今回は、初めての実装なので、ステップを細かく分割しましたが、慣れてくると、次のコード 2-2-30 のように、1 行でまとめて実装することも可能です。

読者も最終的には、この実装ができるレベルを目指すようにしてください。

コード 2-2-30　演習問題を 1 行で解いたケース

```
1   # 以上の処理は慣れてくると 1 行にまとめることも可能です
2   a5 = n2[n2[:, 0] % 3 != 0]
3   print(a5)
```

```
[[1 2 3 4]
 [5 6 7 8]]
```

2.3 Matplotlib 入門

> **本節で学ぶこと**
>
> 　本節ではMatplotlib（マットプロットリブ）について学習します。Matplo tlibが何かを一言で説明すると、「Pythonでグラフを描画するためのライブラリ」です。Matplotlibも数多くの関数、機能を持っているのですが、データ分析に必要な最小限の機能に絞り込んで説明します。

2.3.1　Matplotlib の特徴

　Matplotlibの特徴として、（1）関数を用いた簡単なグラフ描画の方法と、（2）メソッドを用いた手の込んだグラフ描画の方法の2つを兼ね備えていることがあります。

　簡単な方法では、描画用のデータさえ準備しておけば、本当にあっという間にグラフが描画できます。2.3.3項と2.3.4項でその具体的な方法を示します。

　手の込んだグラフ描画には、いくつもの利用パターンがあるのですが、2.3.5項では、その中でも最もよく使われる方法を説明します。全体の描画領域を複数のサブ領域に分割し、各サブ領域に個別のグラフを描画する方法です。

2.3.2　ライブラリの利用

　本節用のNotebookの冒頭には、NumPyのライブラリインポート、初期設定のコードがありますが、前節で解説済みなので、ここでの説明は省略します。次節以降も、同じルールになります。

日本語化ライブラリの導入

　本節で解説するMatplotlibと直接関係ある最初のセルは、次のMatplotlib日本語化ライブラリを導入するためのコード2-3-1になります。

コード 2-3-1　Matplotlib 日本語化ライブラリの導入

```
1   # 日本語化ライブラリ導入
2   !pip install japanize-matplotlib | tail -n 1

Successfully installed japanize-matplotlib-1.1.3
```

　Matplotlibは大変便利なライブラリなのですが、「日本語が表示できない」という日本人にとっては大きな問題がありました。それを解決したのが、japanize-matplotlibというライブラリです。ただ、このライブラリは、日本向けのローカルなものなので、Google Colabの標準環境には含まれていません。そのため、利用するためにはpipコマンドでライブラリの導入が必要になります。

ライブラリのインポート

　次のステップが、Matplotlibのライブラリインポートです。実装はコード2-3-2になります。

コード 2-3-2　Matplotlib ライブラリインポート

```
1   # Matplotlib 中の pyplot ライブラリのインポート
2   import matplotlib.pyplot as plt
3
4   # Matplotlib 日本語化対応ライブラリのインポート
5   import japanize_matplotlib
```

　Matplotlibは厳密にいうと複数のグラフ描画用ライブラリ群の総称です。その中には、例えば動画表示用のライブラリ（animation）もあります。通常のグラフ描画で用いるのは、そのライブラリ群の中のpyplotというライブラリです。NumPyのときと同様、このライブラリは「plt」という別名で呼び出して使うことが慣用なので、できるだけ従うようにしてください。以上が2行目のコードの意味になります。

　5行目は、Matplotlib日本語化ライブラリのインポート文です。コード2-3-1の

「!pip install japanize-matplotlib」とこのコード5行目の「import japanize_ma
tplotlib」と、2つのコードがセットになっていないと、グラフの日本語表示はでき
ません。また、pipコマンドでは「-」、import文では「_」と、区切り記号が微妙
に違う点も注意してください。

Matplotlib変数の初期設定

NumPy同様にMatplotlibにも、デフォルトの振る舞いを規定する変数が数多く
あります。次のコード2-3-3は、そのうちの2つの値を初期設定しています。

コード2-3-3　Matplotlib変数の初期設定

```
1   # グラフのデフォルトフォントサイズ指定
2   plt.rcParams["font.size"] = 14
3
4   # サイズ設定
5   plt.rcParams['figure.figsize'] = (6, 6)
```

2行目は、グラフ内にテキストを表示する場合のデフォルトのフォントサイズを
指定しています。単位はpt（ポイント）です。

5行目は、グラフ描画領域全体の大きさを指定しています。最初の数字が幅を、
次の数字が高さを意味していて、単位はそれぞれインチです。

他にも数多くの変数があって、同じような形式でデフォルト値を設定可能です。

2.3.3　散布図の描画（scatter関数）

Matplotlibは数多くの種類のグラフを描画できますが、その中でデータ分析で
最もよく利用されるのが、**散布図**です。データの特定の項目値をx座標、別の項目
値をy座標として、1件のデータを2次元平面上の点で表現します。複数のデータ
をこのやり方で表示した集合体が散布図で、2つの項目間の関係を視覚的に理解で
きます。

Matplotlibで散布図を表示するのは非常に簡単で、シンプルなグラフなら、後
ほど示す通り実質1行のプログラムで描画できます。

データ準備

　グラフ描画プログラムで一番手間がかかるのは、実は描画するためのデータの準備です。今回は手順を極力簡略化するため、機械学習（AI）モデルでよく用いられる「**公開データセット**」のうち「アイリスデータセット」を利用します。どのようなデータセットかはこの後説明します。

　次のコード2-3-4が、アイリスデータセットを入手するための実装です。

コード2-3-4　散布図描画用のデータ準備

```
1   # グラフ描画用のデータをライブラリを用いて取得する
2   from sklearn.datasets import load_iris
3   iris = load_iris()
4   x, y = iris.data, iris.target
5   columns = iris.feature_names
6
7   # x、y、columns の型を確認
8   print(type(x), type(y), type(columns))
```

```
<class 'numpy.ndarray'> <class 'numpy.ndarray'> <class 'list'>
```

　このコードの意味は詳細までわからなくて大丈夫です。2〜5行目は、アイリスデータセットを入手するための呪文だと思ってください。ただし、最後のprint関数の出力には注目してください。xとyにはNumPy変数が、columnsにはリスト変数が入っていることになります。

　次のコード2-3-5で3つの変数の内容を詳しく調べてみます。

コード2-3-5　3つの変数の内容確認

```
1   # 読み込んだデータの確認
2
3   # x と y の shape 確認
4   print(x.shape, y.shape)
5
6   # x の先頭 5 行
7   print(x[:5])
8
```

```
 9   # y の先頭 5 行
10   print(y[:5])
11
12   # columns の内容
13   print(columns)
```

```
(150, 4) (150,)
[[5.1000 3.5000 1.4000 0.2000]  ← 0 番目のアヤメの測定結果（x[0]）
 [4.9000 3.0000 1.4000 0.2000]
 [4.7000 3.2000 1.3000 0.2000]
 [4.6000 3.1000 1.5000 0.2000]
 [5.0000 3.6000 1.4000 0.2000]]
[0 0 0 0 0] ← 0～4 番目のアヤメの種類（y[:5]）
['sepal length (cm)', 'sepal width (cm)', 'petal length (cm)', ↘
'petal width (cm)']
```

　x.shapeの結果は(150, 4)であり、データが150行4列の表データだとわかります。その先頭5行の内容を表示したのが次のprint関数です。4列の各項目の意味は、最後のcolumnsのprint関数で調べています。このデータセットは3種類のアヤメの花のがく片（sepal）、花弁（petal）の長さ（length）、幅（width）を測定した結果です。変数yは、アヤメの種類を示す0～2の整数値が入っています。yの値の表示結果から、xの最初の5行で示しているアヤメの種類はどれも0でした。

簡単な散布図

　前置きが長くなってしまいましたが、これでデータの準備は完了です。次にいよいよ散布図を表示してみます。実装はコード2-3-6です。

コード 2-3-6　簡単な散布図表示

```
1   # 簡単な散布図
2
3   # scatter 関数呼び出し
4   plt.scatter(x[:,0], x[:,2])
5
6   # 描画
7   plt.show()
```

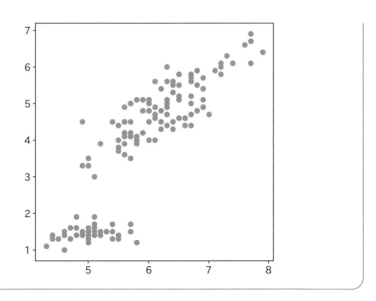

　scatter関数の必須パラメータはx座標を意味する第1引数と、y座標を意味する第2引数の2つです。それぞれにxの0列目（「sepal length (cm)」に該当）と2列目（「petal length (cm)」に該当）を割り当てたのが、4行目のコードの意味になります。

　つまり今回の散布図では、がく片の長さ（x座標）と花弁の長さ（y座標）の関係を視覚的に示しました。150個のアヤメを測定した傾向がひと目でわかります。

　7行目の**show関数**は、グラフ描画で必要な関数呼び出しが全部終わったことを示すお作法と理解してください。つまり、実質たった1行のコード（4行目）で上の散布図表示ができたことになります。

☞データ分析のためのポイント

データ分析で最もよく利用されるMatplotlibのグラフは散布図で、2つの項目間の関係性を視覚的に理解できる。Matplotlibでは、シンプルな表現形式でよければ1行の実装コードでグラフ表示が可能。

やや複雑な散布図

　簡単にグラフが描けるのは便利でいいのですが、先ほど出力したグラフは、x/y軸のラベルもなければ、グラフ全体のタイトルもありませんでした。そうした各項

目を好みに応じて表示するための関数がMatplotlibには豊富に用意されています。
次のコード2-3-7に具体的な実装例を示します。

コード 2-3-7　やや複雑な散布図表示

```
 1   # やや複雑な散布図
 2
 3   # scatter 関数呼び出し（y の値で色を変える）
 4   plt.scatter(x[:,0], x[:,2], c=y, cmap='rainbow')
 5
 6   # 方眼表示
 7   plt.grid()
 8
 9   # 軸ラベル表示
10   plt.xlabel(columns[0])
11   plt.ylabel(columns[2])
12
13   # タイトル表示
14   plt.title('アイリスデータセットによる散布図')
15
16   # 描画
17   plt.show()
```

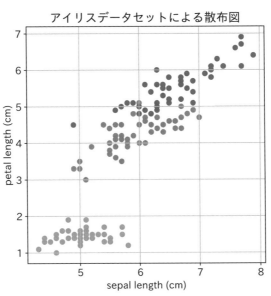

まず、4行目を見てください。先ほどと同じscatter関数なのですが、「c=y, cmap='rainbow'」というオプションを追加しています。このオプションを加えると、アヤメの種類ごとに色を変えて表示できます（cはcolorの略）。

7行目のgrid関数は、描画エリアに方眼表示をするオプションです。

10、11行目では、**xlabel関数**、**ylabel関数**を呼ぶことで、x軸とy軸のラベルを表示しています。

14行目では、title関数でグラフのタイトルを設定しています。

全体のプログラム行数は長くなりましたが、やりたいことと利用する関数の対応付けはわかりやすいです。使い方に慣れれば、容易に複雑なグラフも描画できるようになります。

2.3.4 関数グラフの描画（plot関数）

Matplotlibでは、関数のグラフを描画する機能もよく利用されます。数学の教科書に出ている $y = f(x)$ のグラフのことです。

こちらに関してもMatplotlibの場合、データの準備までできていれば、plot関数の呼び出し1行でグラフ描画が可能です。先ほどと同様、データの準備から確認していきましょう。

本項では、2.2.5項でユニバーサル関数を説明するときに用いた次のルート関数のグラフを描画することにします。

$$y = \sqrt{x}$$

データ準備

データ準備の実装コードは下記ですが、実はこれはユニバーサル関数を説明する際に用いたものとまったく同一です。

コード2-2-21　（再掲）ユニバーサル関数を使って関数値を同時に計算

```
1   # x の配列の準備
2   x = np.linspace(0, 2, 11)
3   print(x)
4
5   # y=sqrt(x) の計算
```

```
6  y = np.sqrt(x)
7  print(y)
```

```
[0.0000 0.2000 0.4000 0.6000 0.8000 1.0000 1.2000 1.4000 1.600 ↴
0 1.8000
 2.0000]
[0.0000 0.4472 0.6325 0.7746 0.8944 1.0000 1.0954 1.1832 1.264 ↴
9 1.3416
 1.4142]
```

このようにNumPyのユニバーサル関数は、関数グラフ描画時のデータ準備に便利な機能です。

簡単な関数グラフ

簡単な関数グラフの描画の実装が次のコード2-3-8です。

コード2-3-8　簡単な関数グラフの描画

```
1  # 簡単な関数グラフ描画
2
3  # plot 関数呼び出し
4  plt.plot(x, y)
5
6  # 描画
7  plt.show()
```

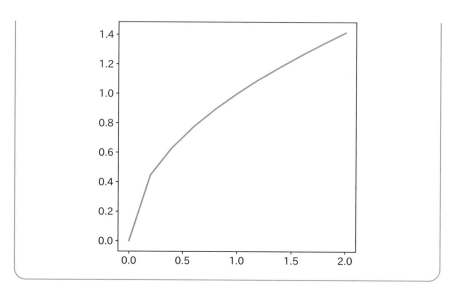

　散布図を描画したコード 2-3-6 と比較すると、関数名が scatter から plot に変わっただけで、あとは同じ構造です。データの準備さえできれば、非常に簡単に関数グラフも描画できます。

やや複雑な関数グラフ

　関数グラフに関してもやや複雑なパターンを試してみましょう。今回は、2つの関数グラフを1つの描画領域に重ね描きし、また、それぞれのグラフを区別するための凡例も表示することにします。

　まずは、データの準備です。実装を次のコード 2-3-9 に示します。

コード 2-3-9　やや複雑な関数グラフ表示用のデータの準備

```
1    # データ準備
2
3    # x の配列の準備
4    x = np.linspace(0, 2, 101)
5
6    # y の配列の準備
7    y1 = np.sqrt(x)    # ルート関数
8    y2 = x ** 2        # 2次関数
```

4行目がx座標の配列を計算するコードですが、前回はゼロに近いところのグラフが角張っていたので、より滑らかなグラフにするため、区間分割数を前回の10から100に増やしました。また、7行目でルート関数の値を計算しているところは同じですが、2つめの関数として8行目で2次関数（$y = x^2$）の値も計算しています。

グラフ描画の実装コードは、次のコード2-3-10です。

コード2-3-10　やや複雑な関数グラフ表示の実装

```
1   # やや複雑な関数グラフの描画
2
3   # plot 関数を 2 回続けて呼び出すと重ね描きになる
4   # label 引数は、凡例表示をする場合に必要
5   plt.plot(x, y1, label=' ルート関数 ')
6   plt.plot(x, y2, label='2 次関数 ')
7
8   # 凡例表示
9   plt.legend()
10
11  plt.grid()
12  plt.xlabel('x')
13  plt.ylabel('y')
14  plt.title('2 つの関数グラフの重ね描き ')
15  plt.show()
```

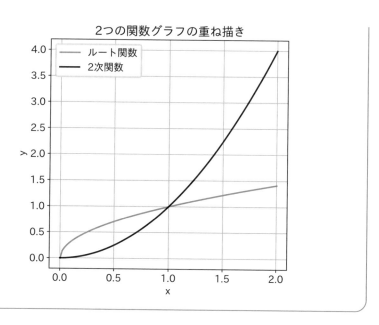

コード2-3-10については、今まで説明していない部分のみ説明します。まず、5行目と6行目です。このようにplot関数を2行続けて呼び出すと、自動的に同一の描画領域上でグラフが重ね描きされます。2つの呼び出しの間にshow関数を入れてしまうと、グラフ領域が別々になってしまうので注意してください。

5、6行目でもう1点重要なのが、前回はなかった**labelパラメータ**です。このパラメータは、これだけだと意味がないのですが、その後で**legend関数**による凡例表示をするときに、凡例の中で説明用に利用されるテキストとなります。逆にplot関数呼び出し時にlabelパラメータを指定せずに9行目のlegend関数を呼び出すとエラーになります。**plot関数のlabelパラメータとlegend関数はセット**になっていると考えてください。

その他の描画用関数

Matplotlibには、その他にも多くの描画用関数があります。その中でもよく利用するものを、下記の表2-3-1にあげました。

今までの実装コードを理解していればすぐに活用できると思いますし、細かい利用方法で不明な点はネットで検索すれば解説記事が見つかるはずです。

表 2-3-1　その他の描画用関数

目的	関数名	実装サンプル
x範囲指定	xlim	plt.xlim(-5, 5)
y範囲指定	ylim	plt.ylim(-5, 5)
x目盛り	xticks	plt.xticks(np.arange(-2,2,0.5))
y目盛り	yticks	plt.yticks(np.arange(-2,2,0.5))
補助目盛り	minorticks_on	plt.minorticks_on()

2.3.5　複数グラフの同時描画（subplot 関数）

　ここまで、簡単にグラフを描画するため、Matplotlibを関数呼び出し形式で利用する方法を紹介してきました。本項では、より細かい制御が可能な、メソッド呼び出し形式による描画方法を紹介します。

　メソッド呼び出しでないと描画できないケースもいろいろあるのですが、一番よく利用されるのが、1つの描画領域を、細かいサブ領域に分割し、それぞれのサブ領域でグラフを描画する方法です。その場合

　（1）サブ領域を表す変数（通常、変数名としてaxを使う）をsubplot関数で生成

　（2）変数axの持つ描画メソッドを用いてサブ領域それぞれにグラフを描画

という流れになります。

　これから示す例題では、描画領域をタテ1行、ヨコ3列の3領域に分割します。この場合に、描画領域全体とsubplot関数で生成されるサブ領域の関係を図で示すと、次の図2-3-1のようになります。

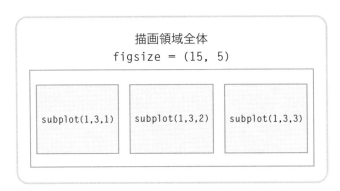

図 2-3-1　描画領域全体とサブ領域の関係

データ準備

今回も、2.3.3項と同じアイリスデータセットを使うことにして、データ取得のための実装コードを改めてコード2-3-11として示します。

コード2-3-11　アイリスデータセットによる描画用データ準備

```
1   from sklearn.datasets import load_iris
2   iris = load_iris()
3   x, y = iris.data, iris.target
4   columns = iris.feature_names
5   print(x[:5])
```

```
[[5.1000 3.5000 1.4000 0.2000]
 [4.9000 3.0000 1.4000 0.2000]
 [4.7000 3.2000 1.3000 0.2000]
 [4.6000 3.1000 1.5000 0.2000]
 [5.0000 3.6000 1.4000 0.2000]]
```

複数グラフの描画

2.3.3項では、アイリスデータセットの4つの項目のうち、'sepal length'（がく片の長さ）と'petal length'（花弁の長さ）の関係を示す散布図を表示しました。今回は、ループ処理を回すことにより、'sepal length'と残りの3項目すべての間の散布図を表示することにします。

この場合の実装コードは、次のコード2-3-12になります。

コード2-3-12　'sepal length'と残りの3項目間の散布図表示

```
1    # サイズ指定
2    plt.figure(figsize=(15, 5))
3
4    # 3回ループを回す
5    for i in range(1, 4):
6
7        # i番目のax変数取得
8        ax = plt.subplot(1, 3, i)
9
10       # 散布図表示
```

```
11        ax.scatter(x[:,0], x[:,i], c=y, cmap='rainbow')
12
13        # タイトル表示
14        ax.set_title(columns[0] + ' vs ' + columns[i])
15
16        ax.grid()
17    # 隣接オブジェクトとぶつからないようにする
18    plt.tight_layout()
19
20    # 描画
21    plt.show()
```

このコードの解説は、以下の通りです。

2行目：

figure関数は、全体の描画領域の大きさを指定する関数です。今回は全体の領域が横長となり、今までのデフォルトサイズでは合わないので、改めて設定しています。

8行目：

ループ処理の中で、**subplot関数**を用いて図 2-3-1 に示した描画領域の変数を順に生成し、axに保存しています。

11、14、16行目：

生成した変数axへのメソッド呼び出しで描画処理をしています。メソッド名は、**scatterメソッド**や**gridメソッド**のように、関数方式と同じ名前のものがほとんどですが、時々 **set_titleメソッド**のように名称が異なるケースがあり、区別しないといけない点がやや面倒な箇所です。

18行目：

tight_layout関数は、今回のように複数の領域でグラフを表示する場合、隣接

する領域間でグラフがぶつからないよう、調整してくれる関数です。

演習問題

問　題

　コード 2-3-11 によって、変数 x、y、columns が設定されているとします。このとき、4 つの項目すべての組み合わせで、次の図 2-3-2 のような 4 × 4 の散布図を表示するプログラムを作ってください。ひな型コードは、コード 2-3-13 に示します。
（ヒント）Matplotlib の subplot 関数を利用します。subplot 関数の呼び出し方に関しては、図 2-3-3 を参考にしてください。同じ項目同士の散布図は統計的には意味がないのですが、実装を簡単にするため、図 2-3-2 のようにそのまま表示して構わないものとします。

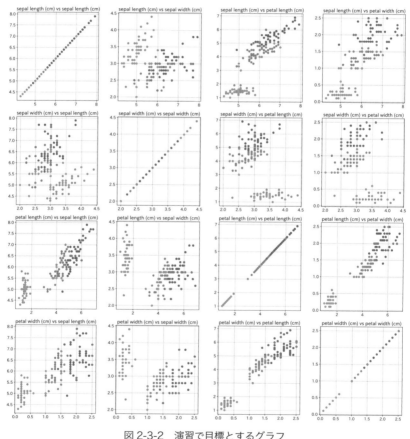

図 2-3-2　演習で目標とするグラフ

コード 2-3-13　ひな型コード

```
1   # 項目数の計算
2   N = x.shape[1]
3
4   # figsize 計算用パラメータ（1 要素あたりの大きさ）
5   u = 5
6
7   # 描画領域全体の設定
8   plt.figure(figsize=(u*N, u*N))
9
10  for i in range(N):
11      for j in range(N):
12          # この部分をコーディングします
13
14
15
16
17
18  # 隣接オブジェクトとぶつからないようにする
19  plt.tight_layout()
20
21  # 描画
22  plt.show()
```

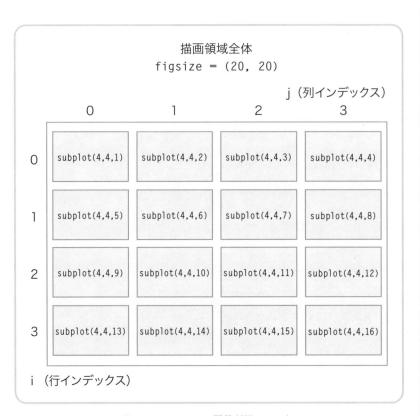

図 2-3-3　subplot 関数利用のヒント

コード 2-3-14　演習問題解答例

```
1   # 項目数の計算
2   N = x.shape[1]
3
4   # figsize 計算用パラメータ（1 要素あたりの大きさ）
5   u = 5
6
7   # 描画領域全体の設定
8   plt.figure(figsize=(u*N, u*N))
9
10  for i in range(N):
11      for j in range(N):
12          # この計算は、図 2-3-3 をヒントに考える
13          k = i * 4 + j + 1
14          ax = plt.subplot(N, N, k)
15
16          # 以下の 3 行は、2.3.5 項　コード 2-3-12 参照
17          ax.scatter(x[:, i], x[:, j], c=y, cmap='rainbow')
18          ax.set_title(columns[i] + ' vs ' + columns[j])
19          ax.grid()
20
21  # 隣接オブジェクトとぶつからないようにする
22  plt.tight_layout()
23
24  # 描画
25  plt.show()
```

　今回の演習の難しいところは、ループ処理が 10、11 行目のように 2 重構造になっている点です（このような構造を**2 重ループ**といいます）。ループ処理で用いている変数 i、j を 17、18 行目で正しく使う点が 1 つのポイントになります。

　そして、この実装で一番難しいのが 13 行目で、**subplot** 関数の 3 番目の引数 k を計算するところです。そのためのヒントが図 2-3-3 だったのですが、これを見て考えついたでしょうか？

　実業務のデータ分析案件では、2 重ループ、3 重ループの処理は当たり前に出てきます。慣れないと考えにくい面はあると思いますが、この実習を通じて、自力で実装できるようになってください。

☞ データ分析のためのポイント

実業務のデータ分析案件では2重ループはよく出てくる処理なので、できるだけ慣れるようにする。

Chapter 2

データ分析ライブラリ入門編

2.4　pandas 入門

pandas（パンダス）は、Python で構造化データ（表形式になっている数値データなど）を対象にデータ分析をする際、最も重要なライブラリです。その機能はデータの読み込みから、加工、統計的分析、可視化など多岐にわたっています。そこで本書では、本節で基本的な概念や操作方法を解説した後、次章で、データ分析機能そのものを詳しく説明する構成にしました。まずは本節を通じて pandas の概要を理解してください。

2.4.1　pandas の特徴

pandas とは何かを一言でいうと、「**表形式の構造化データを Python で分析するための仕組み**」です。同じ目的の仕組みで読者になじみの深いものを挙げると、Excel と、SQL という高機能な照会言語を持っている RDBMS があります。目的が同じなので、この 2 つのツールと似た機能を数多く持っていることも pandas の特徴の 1 つです。Excel や SQL に詳しい読者は、「あ、この機能は Excel の XXX と目的が同じだなあ」と考えながら本書を読み進めていくと、理解が早いと思います。

この話をすると、よく「**Excel、SQL** と pandas はどう使い分けるのか」という質問を受けます。筆者の主観を交えた形で 2 つの観点をお伝えすると

大量データへの適応力[1]：Excel < pandas < SQL
集計処理の試行錯誤のやりやすさ[2]：SQL < Excel < pandas

かと思っています。SQL vs pandas で見ると一長一短ありますが、Excel vs pandas では、どちらの面も pandas が優れていることになります。

---

[1] どれくらいの数を「大量」というのかについて感覚的なところを伝えると、Excel: 数千行まで、pandas: 数十万行までという感じかと思います。
[2] pandas は Google Colab（Jupyter Notebook）を利用して結果ログが全部残っていることが前提です。

pandasで何が問題かというと、使いこなすようになるまでの学習コストでしょう。読者は本書を通じてぜひ、この壁を突破してpandasを使いこなせるようになってください。

　もう1つ、本項で伝えるべきことがあります。それは、pandasで中心的な役割を持つ「データフレーム」のデータ構造に関してです。データフレームとは、pandasの中で、表形式のデータに対応した最も重要なデータ構造（クラス）です。次の図2-4-1を見てください。

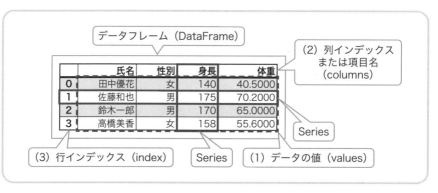

図2-4-1　データフレーム（DataFrame）のデータ構造

データフレームは

（1）データの値

（2）列インデックス（項目名)

（3）行インデックス

の3つの構成要素からなります。

　このうち「(1) データの値」の実体はNumPyです。データフレームの変数名をdfとすると **df.values** で参照できます。ここで、2.2節で詳しく学んだNumPyの知識が役立ちます。

　「(2) 列インデックス」は、RDBMSのテーブルでいうと「項目名」に該当します。列インデックスの一覧は **df.columns** で入手できます。列インデックスは、本書では項目名と呼びます。

　「(3) 行インデックス」はRDBMSでいうとユニークなID列にあたります。行インデックスの一覧は **df.index** で取得できます。

データフレームでは、この「列インデックス」「行インデックス」の2方向のインデックスを活用して、表の中のどの要素にも効率良くアクセスできる仕組みが実現されているのです。

pandasでもう1つ利用されるデータ構造としてSeriesがあります。Seriesは、図2-4-1に示したように、「**データフレームの中で特定の列または行の部分だけ抜き出したもの**」と考えてください。図2-4-1では、「身長」列を抜き出したSeriesと1行目を抜き出したSeriesの例を太枠で示しました[3]。

図2-4-1で示したデータフレームの概念の理解は、本節の実習を進める上でとても重要です。実習の内容で理解しづらい部分が出てきたら、図2-4-1を見直して、今、何をやろうとしているのかを確認すると見通しが良くなるはずです。

2.4.2　ライブラリの利用

本項からいよいよpandasの実習が始まります。実習コードでは今まで同様、前節までで説明済みのライブラリのインポートと、変数の設定を「共通処理」でまとめて実行します。この部分の解説は特にしません。

ライブラリのインポート

最初にpandasのライブラリをインポートします。実装はコード2-4-1です。

コード 2-4-1　pandas のライブラリのインポート

```
1   # ライブラリのインポート
2
3   # pandas 用ライブラリ
4   import pandas as pd
5
6   # データフレーム表示用関数
7   from IPython.display import display
```

ライブラリ名はpandasなのですが、今回も慣用とされている作法があり、「pd」

---

[3] 少し高度な話としては、上で説明したdf.columnsとdf.indexもまた、Seriesの一種として扱うことが可能で、この性質は3.5節で実際に活用することになります。

という別名で利用することが普通なのでその流儀に従います。

　2つめのdisplay関数は、Google Colab（Jupyter Notebook）からpandasを利用する場合に固有の話です。pandasのデータフレームの内容は、このdisplay関数を利用すると、きれいに整形された形で見られて便利です。なので本書では、今後、標準的にこの関数を利用することにします。

パラメータの初期化

　次のコード2-4-2は、NumPyとMatplotlibのときと同様で、pandasライブラリ利用ときの初期設定に関する実装です。

コード2-4-2　パラメータの初期化

```
1   # パラメータの初期化
2
3   # データフレームでの表示精度
4   pd.options.display.float_format = '{:.4f}'.format
5
6   # データフレームですべての項目を表示
7   pd.set_option("display.max_columns",None)
```

　4行目は、NumPyのときと同じで、浮動小数点数型のデータ表示を、小数点以下4桁で固定するためのものです。

　7行目は、display関数でデータフレームの内容を表示する際に、何項目あっても省略せずに全部表示させるための設定です。これらの設定も、今後のNotebookでは「共通処理」に含める形になります。

2.4.3　データフレームとSeriesの定義

　本項では、pandasのデータ構造であるデータフレームとSeriesのデータ定義の方法を説明します。

データフレームの定義

　最初に説明するのは、関数を使った定義方法です。データフレームの値部分の定義方式は何通りかありますが、ここではNumPyのときと同様に、2重構造のリ

ストを用いることにします。

最初のコード2-4-3では、データフレームの元となる2重リスト変数を定義します。

コード 2-4-3　2重リスト変数の定義

```
1   # 2重リスト変数の定義
2   data1 = [
3       ['田中優花', '女', 140, 40.5],
4       ['佐藤和也', '男', 175, 70.2],
5       ['鈴木一郎', '男', 170, 65.0],
6       ['高橋美香', '女', 158, 55.6],
7   ]
8
9   # 結果確認
10  print(data1)
```

```
[['田中優花', '女', 140, 40.5], ['佐藤和也', '男', 175, 70.2],
['鈴木一郎', '男', 170, 65.0], ['高橋美香', '女', 158, 55.6]]
```

次のコード2-4-4が、上で定義した2重リスト変数data1を用いた、データフレーム定義の実装です。

コード 2-4-4　2重リスト変数を用いたデータフレーム変数の定義

```
1   # データフレームの定義
2   df1 = pd.DataFrame(
3       data1, columns=['氏名', '性別', '身長', '体重']
4   )
5
6   # 型表示
7   print(type(df1))
8   print()
9
10  # display 関数による整形表示
11  display(df1)
```

```
<class 'pandas.core.frame.DataFrame'>
```

	氏名	性別	身長	体重
0	田中優花	女	140	40.5000
1	佐藤和也	男	175	70.2000
2	鈴木一郎	男	170	65.0000
3	高橋美香	女	158	55.6000

このコードの2～4行目で、データフレーム変数df1を生成しています。pd.DataFrameは「**コンストラクタ**[4]」という名前の、データフレーム型のデータを生成する特殊な関数の呼び出しになっています。このコードでは、事前に準備した2重リスト形式の変数data1以外に、columnsという引数を渡しています。この引数で、列インデックス（項目名）を定義します。

7行目では、こうやって作った変数df1の型をtype関数で確認しています。結果は、class 'pandas.core.frame.DataFrame' となっていて、これが、データフレームの型名称となります。

11行目では、df1を **display関数** に渡しています。その結果、整形された表形式のデータが出力されました。

次のコード2-4-5では、データフレームの各部品の内容を表示しています。

コード2-4-5　データフレームの各部品

```
 1  # データフレームの各部品表示
 2
 3  # 列インデックスと行インデックス
 4  print('列インデックス ', list(df1.columns))
 5  print()
 6
 7  print('行インデックス ', list(df1.index))
 8  print()
 9
10  # データの値
11  print('データの値 ')
12  print(df1.values)
```

---

[4] クラス名と同一の名前で、そのクラスのインスタンス（特定の型を持つ変数）を生成する特殊な関数をこのように呼びます。

```
列インデックス ['氏名', '性別', '身長', '体重']

行インデックス [0, 1, 2, 3]

データの値
[['田中優花' '女' 140 40.5]
 ['佐藤和也' '男' 175 70.2]
 ['鈴木一郎' '男' 170 65.0]
 ['高橋美香' '女' 158 55.6]]
```

　この結果を図2-4-1と見比べてください。df1.columns、df1.index、df1.valuesによって、データフレームdf1の各部品が取得できています。

　実はdf1.columnsとdf1.indexはIndexと呼ばれるpandas固有の型を持つデータです。ただし、その結果をコード2-4-5のように、list関数にかけると扱いやすいリスト型変数に変換されます。この変換方法自体、よく利用されるパターンなので覚えるようにしてください。

CSVファイルからのデータ読み込み

　ここまで、データフレームをまったく新しい状態から作る方法を説明してきましたが、実際のデータ分析タスクではCSVやExcelなどのファイルを取り込んで使うことの方が多いです。その方法について、これから説明します。

　最初はCSVファイルから読み込む方法です。

　Notebookから簡単に試せるように、次の実習で使うCSVファイルは、あらかじめインターネット上（正確にいうとGitHub）にアップしてあります[5]。

　次のコード2-4-6は、これから実習で使うCSVファイルのファイル名と、URLを定義しています。

---

[5] 自分のPC上のファイルをGoogle Colab環境に持っていく方法についても気になると思います。その方法は本節最後のコラムで解説します。

コード 2-4-6　CSV ファイルの名称と URL

```
1  # CSV ファイルの名称と URL
2  csv_fn = 'df-sample.csv'
3  csv_url = 'https://raw.githubusercontent.com/makaishi2/sam ⌐
   ples/main/data/' + csv_fn
4
5  print(csv_fn)
6  print(csv_url)
```

```
df-sample.csv
https://raw.githubusercontent.com/makaishi2/samples/main/data/ ⌐
df-sample.csv
```

次のコード2-4-7では、OSコマンドを実行しています。

コード 2-4-7　CSV ファイルのダウンロード

```
1  # インターネット上の CSV ファイルをダウンロード
2  !wget -nc $csv_url
3
4  # ダウンロードしたファイルの内容表示
5  !cat $csv_fn
```

```
--2022-09-24 03:54:24--  https://raw.githubusercontent.com/maka ⌐
ishi2/samples/main/data/df-sample.csv
Resolving raw.githubusercontent.com (raw.githubusercontent.com) ⌐
... 185.199.108.133, 185.199.109.133, 185.199.110.133, ...
Connecting to raw.githubusercontent.com (raw.githubusercontent. ⌐
com)|185.199.108.133|:443... connected.
HTTP request sent, awaiting response... 200 OK
Length: 132 [text/plain]
Saving to: 'df-sample.csv'

df-sample.csv      100%[====================>]     132  --.-KB ⌐
/s    in 0s

2022-09-24 03:54:25 (6.54 MB/s) - 'df-sample.csv' saved [132/132]

氏名,性別,身長,体重
田中優花,女,140,40.5
佐藤和也,男,175,70.2
```

```
鈴木一郎 ,男 ,170,65.0
高橋美香 ,女 ,158,55.6
```

2行目では、**wgetコマンド**を使って、インターネット上のCSVファイルをローカル（Google Colab上）にダウンロードしています。

5行目では、**catコマンド**を使ってダウンロードしたファイルの内容を表示しています[6]。先頭行に「氏名,性別,身長,体重」という項目名を含んだCSVファイルの内容が確認できました。

次のコード2-4-8が、CSVファイルからデータをデータフレームに読み込む実装です。

コード 2-4-8　CSV ファイルからの読み込み

```
1  # CSV ファイルからの読み込み
2
3  # データ読み込み
4  df2 = pd.read_csv(csv_fn)
5
6  # 結果確認
7  display(df2)
```

	氏名	性別	身長	体重
0	田中優花	女	140	40.5000
1	佐藤和也	男	175	70.2000
2	鈴木一郎	男	170	65.0000
3	高橋美香	女	158	55.6000

CSVファイルは**read_csv関数**で読み込みます。df2という変数に読み込んだ結果をセットし、7行目の**display関数**で内容を表示しています。コード2-4-7に示したCSVファイルの内容と比べて、どのような形式のファイルがどういうデータとして読み込まれたか、確認してください。

read_csv関数では、ローカルファイルだけでなくURLを引数にしてインターネ

[6] 各コマンドの引数で指定している「$csv_url」と「$csv_fn」は、Python変数の値をOSコマンドに渡す方法で、2.1節のコラムで解説しています。

ット上のCSVファイルを直接読み込むことも可能です。次のコード2-4-9は、そのやり方を示した実装です。

コード 2-4-9　URL指定によるCSVファイルの読み込み

```
1   # URL を直接指定することも可能
2   print(csv_url)
3
4   df2 = pd.read_csv(csv_url)
5
6   display(df2)
```

https://raw.githubusercontent.com/makaishi2/samples/main/data/ ⤵
df-sample.csv

	氏名	性別	身長	体重
0	田中優花	女	140	40.5000
1	佐藤和也	男	175	70.2000
2	鈴木一郎	男	170	65.0000
3	高橋美香	女	158	55.6000

　この方法を使えば、インターネット上に公開されたCSVファイルを、いったんローカルにダウンロードすることなく直接データフレームに読み込めます。

Excelファイルからのデータ読み込み

　データはExcelファイルからも読み込めます。実装を次のコード2-4-10で示します。

コード 2-4-10　Excelファイルからの読み込み

```
1   # Excel ファイルからの読み込み
2
3   # 読み込み元 URL
4   excel_url = 'https://github.com/makaishi2/samples/raw/main ⤵
    /data/df-sample.xlsx'
5
6   # データ読み込み
7   df3 = pd.read_excel(excel_url)
8
```

```
 9  # 結果確認
10  display(df3)
```

	氏名	性別	身長	体重
0	田中優花	女	140	40.5000
1	佐藤和也	男	175	70.2000
2	鈴木一郎	男	170	65.0000
3	高橋美香	女	158	55.6000

　read_excel関数も read_csv関数同様に、ローカルファイル、URLのどちらからでも読み込み可能です。この例では使っていませんが、Excelが複数のシートを含んでいる場合は、sheet_nameオプションで、どのシートから読み込むかも指定できます。

Series変数の定義

　次に、pandasで扱うもう1つのデータ構造である **Series変数** を定義します。具体的には、リスト変数から直接生成する方法と、既存のデータフレームから特定列や特定行を抽出して生成する方法の両方を取り上げることにします。

　最初はリスト変数から生成する方法です。次のコード2-4-11でSeries変数を定義しています。

コード2-4-11　リスト変数による Series 変数の定義

```
1  # リスト変数による Series 変数定義
2  s1 = pd.Series(
3      [140, 175, 170, 158],
4      name='身長')
5
6  print(type(s1))
7  print(s1)

<class 'pandas.core.series.Series'>
0    140
1    175
2    170
3    158
Name: 身長, dtype: int64
```

Seriesと呼ぶコンストラクタを、リスト[140, 175, 170, 158]を引数にして呼び出し、生成します。Seriesは名前を持ちます。この名称は、コンストラクタの中でnameという引数で与えます。今回は「身長」という名称にしました。

6行目でSeries変数の型を確認しています。結果は、class 'pandas.core.series. Series'となります。

7行目ではSeries変数そのものをprint関数にかけました。結果は、上に示した通りです。

次のコード2-4-12は、既存のデータフレームから特定の列を抽出することで、Series変数を取得する方法です。この方法でSeries変数を取得できることは、図2-4-1で示しています。

コード 2-4-12　データフレームの特定列から Series 変数を抽出

```
1   # データフレームの特定列から Series 変数を抽出
2   s2 = df2['身長']
3
4   print(type(s2))
5   print(s2)
```

```
<class 'pandas.core.series.Series'>
0    140
1    175
2    170
3    158
Name: 身長 , dtype: int64
```

2行目がデータフレームからSeries変数を取得するための実装で「変数名['列名']」（今回のケースでは「df2['身長']」）という書き方をします。

4行目のprint関数の結果から、こうして抽出した結果が確かにSeries変数であることが確認できました。

最後に行インデックスを用いてデータフレームから特定の行を抽出した結果もまた、Series変数であることを確認します。実装は、次のコード2-4-13です。

コード 2-4-13　データフレームの特定行から Series 変数を抽出

```
1   # データフレームの特定行から Series 変数を抽出
2   s3 = df2.loc[1]
3
4   print(type(s3))
5   print(s3)
```

```
<class 'pandas.core.series.Series'>
氏名        佐藤和也
性別          男
身長         175
体重    70.2000
Name: 1, dtype: object
```

　ここでは、行インデックスを用いてデータフレームの特定行にアクセスするのに
「df2.loc[1]」という書き方をしています。この表記法によるアクセスについては、
3.6節で詳しく説明するので、今は文法面の詳細は理解しなくて結構です。

　ただし、コード2-4-13と図2-4-1を見比べて、「行インデックスを用いてデータ
フレームの特定行を抽出した場合、その結果もまたSeries変数である」点は、重
要なポイントとして頭に入れておいてください。

2.4.4　データフレームの参照

　データフレームの特徴の1つは、様々な方法で、データの一部を参照できること
です。本項では、その中でも特によく利用される重要な方法を説明していきます。

対象データ

　本項でも、今まで使ってきた次のデータフレームを対象とします（表2-4-1）。

表 2-4-1　参照対象のデータ

	氏名	性別	身長	体重
0	田中優花	女	140	40.5000
1	佐藤和也	男	175	70.2000
2	鈴木一郎	男	170	65.0000
3	高橋美香	女	158	55.6000

データ型の確認

データの内容を参照する前に、データ分析において重要なタスクとして、データの型を確認することがあります。

次のコード2-4-14にあるように、「変数名.dtypes」をprint関数で表示すると、データフレームの各項目のデータ型を確認できます[7]。

コード 2-4-14　データフレームの属性確認

```
1    # 各項目のデータ型確認
2    print(df2.dtypes)

氏名       object
性別       object
身長        int64
体重      float64
dtype: object
```

今回の場合、結果を見ると項目「身長」が整数型、「体重」が浮動小数点数型になっています。数値でない文字列データを読み込んだ場合、データ型は「object」と表示されるので注意してください。「氏名」「性別」は文字列型になっています。

☞ データ分析のためのポイント

対象データを読み込んだとき、dtypes属性により、各項目のデータ型を確認することが重要。文字列型は「object」と表示される。

列の絞り込み

最初に説明する参照方法は、データフレームを列単位で絞り込むというものです。実装を次のコード2-4-15に示しました。

---

[7] ややこしいのですが、dtypes属性もまた、Series変数としての性質を持っています。

コード 2-4-15　列単位の絞り込み

```
1   # 列リストで部分表を抽出
2
3   # 抽出したい項目名のリストを準備
4   cols = ['身長', '体重']
5
6   # 変数名[cols]の形で列抽出
7   df5 = df2[cols]
8
9   # 結果確認
10  display(df5)
```

	身長	体重
0	140	40.5000
1	175	70.2000
2	170	65.0000
3	158	55.6000

　まず、4行目のように抽出したい項目を、項目名のリストcolsとして用意します。次の7行目のように「変数名[cols]」と書くと、これだけで列単位の抽出ができます。

行の絞り込み

　次に行単位で絞り込む方法を説明します。何通りかやり方がありますが、今回紹介するのはコード2-4-16に示す**headメソッド**を用いる方法です。

コード 2-4-16　head メソッドで先頭 n 行の抽出

```
1   # head メソッドで先頭 n 行の抽出
2   display(df2.head(2))
```

	氏名	性別	身長	体重
0	田中優花	女	140	40.5000
1	佐藤和也	男	175	70.2000

headメソッドは、元のデータフレームの先頭n行を抽出します。nはパラメー

タとして指定しますが、指定しない場合のデフォルト値は5になります。

この結果を表2-4-1と見比べて、意図した結果になっていることを確認してください。

headメソッドと似た動きをするメソッドとして**tailメソッド**があります。名前から想像が付く通り、データフレームの最終n行を抽出するメソッドです。紙幅の都合で実装は示しませんが、自分でセルを足して動きを確認してみてください。

ここから紹介するのは、「**データフレーム中の特定列がある条件を満たす行のみを抽出する**」方法です。やや複雑な処理ですが、データフレーム処理で非常によく出てくるパターンなのでしっかり理解してください。以下の実装では**「性別が男」の行のみ抽出**することにします。

最初のステップは「性別が男」という判断を行単位にする処理です。実装は次のコード2-4-17になります。

Chapter 2 データ分析ライブラリ入門編

コード 2-4-17 「性別が男」の判断

```
1   # index1:「性別が男」の判断
2   index1 = df2['性別'] == '男'
3   print(index1)

0    False
1     True
2     True
3    False
Name: 性別, dtype: bool
```

「df2['性別'] == '男'」というコードは比較演算子による比較です。その左辺は今まで見てきた通り、Series変数です。これに対して右辺は、単なる文字列です。データフレーム変数やSeries変数の場合、NumPyで説明したのと同様に、ブロードキャスト機能が働いて、サイズの異なる変数間で演算が行われた場合、可能なら自動的に要素のコピーが行われ、演算が続けられます。上のコードはこのケースに該当し、その結果[False, True, True, False]というブール変数を要素として持つSeries変数が返ってきます。

次のステップは、今、求めたindex1を使って、元のデータフレームを行単位で絞り込む処理です。実装はコード2-4-18になります。

コード2-4-18　index1で行を絞り込む

```
1  # index1 で行を絞り込む
2  df6 = df2[index1]
3  display(df6)
```

	氏名	性別	身長	体重
1	佐藤和也	男	175	70.2000
2	鈴木一郎	男	170	65.0000

コード2-4-18の2行目が絞り込みの実装ですが、コード表記だけ見るとコード2-4-15の「df2[cols]」とまったく同じです。ちょっとややこしいところですが、この書式はコンテキストにより「列絞り込み」「行絞り込み」どちらにも解釈してくれるということになります。

コード2-4-18の結果を表2-4-1と見比べると、「性別」が男の行だけが抽出されており、当初の目的が実現できています。

今は、理解を助けるため抽出のステップを分割しましたが、通常、この2つのステップはまとめて1行で表現します。その実装が次のコード2-4-19です。

コード2-4-19　条件による行絞り込みを1行で表記

```
1  # まとめて1行で表現
2  df7 = df2[df2['性別'] == '男']
3  display(df7)
```

	氏名	性別	身長	体重
1	佐藤和也	男	175	70.2000
2	鈴木一郎	男	170	65.0000

慣れないとやや読みにくいコードですが、データ分析で非常によく出てくる実装パターンなので、いろいろな条件を自分で実装してみて、徐々に慣れるようにしてください。

行を絞り込むもう1つの方法としてloc/ilocを使う方法がありますが、こちらに関しては3.6節で説明することにします。

2.4.5　データフレームの操作

前項で説明したデータフレームの参照方法の概要は理解できたでしょうか。データフレームで一番難しいのが、前項の「参照」と本項の「操作」です。この2つをマスターすると、自在にいろいろなデータ加工ができるようになるので、頑張って理解するようにしてください。

本項では、データフレームに対する様々な「操作」を説明します。いずれも、実業務の分析でよく利用されるものです。

列の削除

データフレームで不要な列を削除したい場合、dropメソッドを利用します。df2に対して「氏名」の項目を削除する実装例をコード2-4-20に示しました。

コード 2-4-20　列削除

```
1   # 項目「氏名」を削除する
2
3   # データをコピーしてオリジナルに影響を与えないようにする
4   df9 = df2.copy()
5
6   # 項目「氏名」を削除し、結果を df9 に代入
7   df9 = df9.drop('氏名', axis=1)
8
9   # 結果を確認
10  display(df9)
```

	性別	身長	体重
0	女	140	40.5000
1	男	175	70.2000
2	男	170	65.0000
3	女	158	55.6000

4行目のcopyメソッドは、その名の通り、データフレームを丸ごとコピーする機能です。元のデータフレーム自体を加工してしまうと、元がどういう状態だった

かわからなくなることがよく起きます。その場合の備えとしてよく用いられます。

dropメソッドを利用する場合、削除が行方向なのか、列方向なのかを示すためaxisパラメータを追加します。今回は列方向の削除なので、axis=1となります。複数列を同時に削除することも可能で、その場合は['氏名', '性別']のように引数を項目名のリスト形式で渡します。

dropメソッドの動作イメージを、図2-4-2にも示しました。

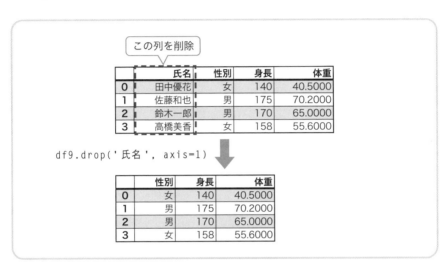

図 2-4-2　データフレームの列の削除

列の追加

次の操作は新しい列の追加です。ここでは、身長と体重から、「BMI = (体重)/(身長)^2」の式に従って、BMI値を算出し、これを新しい項目としてデータフレームに追加することを考えます（厳密にいうと、データフレームの身長はcm単位なので、BMI値を計算するためには身長を100で割ってm単位に換算することも必要です）。このように、データフレームの項目間である計算をして、計算結果を新しい項目にすることは、データ分析では非常によくあります。

この場合、まず、BMI値をどのように計算するかという問題があります。その問題の答えが、次のコード2-4-21です。

コード 2-4-21　体重と身長から BMI 値の計算

```
1   # BMI 値の計算
2   s4 = df2['体重'] / ((df2['身長']/100) ** 2)
3
4   # 結果確認
5   print(s4)
```

```
0    20.6633
1    22.9224
2    22.4913
3    22.2721
dtype: float64
```

NumPyのブロードキャスト機能と同じ考え方で計算を進めます。df2['体重']やdf2['身長']は、要素数がそろっているSeries型データです。このSeries型データに対して演算を繰り返すことで、計算結果として、同じ要素数のSeries型データが得られます。

次の問題は、この計算結果を、データフレームの新しい項目としてどのように追加するかです。次のコード2-4-22が対応方法になります。

コード 2-4-22　BMI 値を新しい項目として追加

```
 1   # BMI 列の追加
 2
 3   # データコピー
 4   df10 = df2.copy()
 5
 6   # 列追加
 7   df10['BMI'] = s4
 8
 9   # 結果確認
10   display(df10)
```

	氏名	性別	身長	体重	BMI
0	田中優花	女	140	40.5000	20.6633
1	佐藤和也	男	175	70.2000	22.9224
2	鈴木一郎	男	170	65.0000	22.4913
3	高橋美香	女	158	55.6000	22.2721

対応はとても簡単で、「変数名['新しい項目名'] =...」という形の代入式を作るだけで自動的に新しい項目を作ってくれます。

☞ データ分析のためのポイント

データ分析では既存項目間の計算で新しい項目を作ることが非常に多い。この場合、通常の代入式（コード2-4-22の7行目のような実装）で対応可能。

この方式を使う場合の考慮点は、新しい項目が既存のデータフレームの最後の項目となってしまう点です。データフレーム中の任意の場所に新しい項目を追加したい場合はinsertメソッドを利用します。具体的な実装を次のコード2-4-23に示します。

コード2-4-23　insertメソッドによる項目追加

```
1   # BMI列の追加 insertメソッドによる方法
2
3   # データコピー
4   df10 = df2.copy()
5
6   # 列追加
7   df10.insert(2, 'BMI', s4)
8
9   # 結果確認
10  display(df10)
```

	氏名	性別	BMI	身長	体重
0	田中優花	女	20.6633	140	40.5000
1	佐藤和也	男	22.9224	175	70.2000
2	鈴木一郎	男	22.4913	170	65.0000
3	高橋美香	女	22.2721	158	55.6000

7行目でinsertメソッドを呼び出しています。第1引数が**何列目**（先頭列の場合0を指定）に新しい列を挿入するか、第2引数が挿入する**列の名称**、そして第3引数が**挿入する値**です。第3引数については、先ほど求めたs4をそのまま使えます。結果を見ると、意図した通り、左から3番目に新しく追加した「BMI」列ができています。

列の結合

今まで作ってきたdf10の表データに対して、新たに「年齢」データが入手できたとします。新しいデータから、コード2-4-24のようなSeriesデータを作りました。

コード 2-4-24　年齢データの入手

```
1  # 年齢データの入手
2  s3 = pd.Series(np.array([10, 25, 45, 34]), name=' 年齢 ')
3  print(s3)


0    10
1    25
2    45
3    34
Name: 年齢 , dtype: int64
```

わかりやすいように、データの並び順は、df10と同じであるとします。この前提で、**既存のデータフレームに対して、新しいSeriesデータを列として追加**したいというのが、今回のテーマです。

この場合、**concat関数**を利用します。具体的な実装を次のコード2-4-25で示します。

コード 2-4-25　既存データフレームに新しい列の追加

```
1  # 既存データフレームに新しい列の追加
2  df11 = pd.concat([df10, s3], axis=1)
3
4  # 結果確認
5  display(df11)
```

	氏名	性別	BMI	身長	体重	年齢
0	田中優花	女	20.6633	140	40.5000	10
1	佐藤和也	男	22.9224	175	70.2000	25
2	鈴木一郎	男	22.4913	170	65.0000	45
3	高橋美香	女	22.2721	158	55.6000	34

concat関数では、**列連結をしたいデータフレームをリストの形でまとめて引数として渡**します。今回の例のように連結対象はSeries変数を含んでいても大丈夫

です。

利用時の注意点が2つあります。1つは連結対象のデータフレーム、Seriesで行インデックスがそろっていることです。今回は、どちらのデータも0から始まる自然なインデックスだったので問題ありませんでした。もう1つは、列方向の連結であることを示すため、axis=1のパラメータを渡すことです。

図2-4-3にも今回の操作の様子を示します。

図 2-4-3　concat 関数による列結合

行の追加

今度は、こんなケースを考えてみます。

新しく「氏名:山田太郎　性別:男　身長:165センチ　体重:64.2kg」というデータが入手できたので、df2のデータに対してこのデータを追加したい、というものです。

既存の表に対して新しい行を追加するという話になります。行の追加方法もいくつかあるのですが、ここでは**appendメソッド**による方法を紹介します。

実装は次のコード2-4-26になります。

コード 2-4-26　既存データフレームに新しい行の追加

```
1   # 新しい行の追加
2   df12 = df2.append({
```

```
        '氏名': '山田太郎', '性別': '男', '身長': 165, '体重': 64.2},
        ignore_index=True)

# 結果確認
display(df12)
```

	氏名	性別	身長	体重
0	田中優花	女	140	40.5000
1	佐藤和也	男	175	70.2000
2	鈴木一郎	男	170	65.0000
3	高橋美香	女	158	55.6000
4	山田太郎	男	165	64.2000

appendメソッドの引数は{項目名1: 値1, 項目名2: 値2, ...}という**辞書形式のデータ**です。ignore_index=Trueのオプションを付けることで、新しい行に対して新しいインデックスが振られるようになります。

今回の操作の様子を図2-4-4に示しました。

df2

	氏名	性別	身長	体重
0	田中優花	女	140	40.5000
1	佐藤和也	男	175	70.2000
2	鈴木一郎	男	170	65.0000
3	高橋美香	女	158	55.6000

氏名	性別	身長	体重
山田太郎	男	165	64.2000

```
df2.append({
    '氏名': '山田太郎', '性別': '男',
    '身長': 165, '体重': 64.2},
    ignore_index=True)
```

	氏名	性別	身長	体重
0	田中優花	女	140	40.5000
1	佐藤和也	男	175	70.2000
2	鈴木一郎	男	170	65.0000
3	高橋美香	女	158	55.6000
4	山田太郎	男	165	64.2000

図2-4-4　データフレームへの行の追加

演習問題

(1) 次のような変数 data1、data2、columns が定義されているとき、この変数を使って、データフレーム変数 df1 と df2 を定義してください。data1 と data2 はデータフレームのデータに該当する部分、columns は項目名のリストとします。

```
data1 = [
[' 田中優花 ',' 女 ', 140, 40.5],
[' 佐藤和也 ', ' 男 ', 175, 70.2],
]
data2 = [
[' 鈴木一郎 ', ' 男 ', 170, 65.0],
[' 高橋美香 ', ' 女 ', 158, 55.6]
]
columns=[' 氏名 ', ' 性別 ', ' 身長 ', ' 体重 ']
```

(2) df1 と df2 をタテ方向に連結して、新しいデータフレーム df3 を作ってください。

コード 2-4-27　演習問題（1）の解答ひな型

```
1  # (1) の解答
2  df1 =
3  df2 =
4
5  # (1) の結果確認
6  display(df1)
7  display(df2)
```

コード 2-4-28　演習問題（2）の解答ひな型

```
1  # (2) の解答
2  df3 =
3
4
5
6  # (2) の結果確認
7  display(df3)
```

（1）は、本節で提示したコードの復習なので難しくないです。（2）に関しては直接の答えになる実装例はないですが、メソッド呼び出しのオプションなどを細かく検討するとある仮説にたどり着くはずです。それを試してほしいという演習になります。

解答例

コード 2-4-29　演習問題（1）の解答例

```
1  # (1) の解答
2  # 2.4.3 項　コード 2-4-4 参照
3  df1 = pd.DataFrame(data1, columns=columns)
4  df2 = pd.DataFrame(data2, columns=columns)
5
6  # (1) の結果確認
7  display(df1)
8  display(df2)
```

	氏名	性別	身長	体重
0	田中優花	女	140	40.5000
1	佐藤和也	男	175	70.2000

	氏名	性別	身長	体重
0	鈴木一郎	男	170	65.0000
1	高橋美香	女	158	55.6000

コード 2-4-30　演習問題（2）の解答例

```
1  # (2) の解答
2  # 2.4.5 項　コード 2-4-25 及び図 2-4-3 参照
3  # ignore_index オプションは 2.4.5 項　コード 2-4-26 参照
4  df3 = pd.concat(
5      [df1, df2], axis=0,
6      ignore_index=True)
7
8  # (2) の結果確認
9  display(df3)
```

	氏名	性別	身長	体重
0	田中優花	女	140	40.5000
1	佐藤和也	男	175	70.2000
2	鈴木一郎	男	170	65.0000
3	高橋美香	女	158	55.6000

　いかがだったでしょうか。コード 2-4-25 は列方向の連結だったのですが、今回やりたいのは行方向の連結です。axis が向きを示すパラメータなので、「axis=0 とすればうまくいくのではないか？」という発想にたどり着けるかが、最初の関門です。

そこに気付いてもそのままだと、行インデックスが「0 1 0 1」ときれいに整理されていない状態になります。コード 2-4-26 を参考に「ignore_index オプションを使うと行インデックスがきれいになるのではないか」という点に気付くかが、2 つめのポイントでした。

 Google Colab環境上のファイルアクセス

　Google Colab は煩雑な Python 環境のセットアップ作業ゼロで、いきなり Python 実習ができる素晴らしい環境ですが、Anaconda などの PC でのローカル環境と比較するとファイル操作がややこしいのが難点です。今回の実習では、CSV ファイルや Excel ファイルをインターネットからダウンロードしましたが、自分で作ったデータで分析したいとき、どうしたらいいのかや、逆に、保存した CSV ファイルや Excel ファイル（Python でデータを CSV などに保存する方法については 3.2 節で説明します）をどうすれば、自分のパソコンに持ってこれるかといった点が、知りたくなると思います。

　当コラムでこの疑問に答えます。なお、Google Colab 環境を本格的に利用する場合、Google ドライブのフォルダを Google Colab 環境にマウントする方法が便利です。ただ、多少手順が煩雑になるため、当コラムでは、最短手順で可能な方法を示します。本格的な利用をしたい読者は、ネットで公開されている Google ドライブのマウント手順の情報などを参照してください。

これから紹介する方法の注意点

　これから紹介する方法の注意点は、「クラウド上のファイルは永続的でない」という点です。前の日に作ったファイルや、アップロードしたファイルは、次の日に Google Colab を利用するときにはなくなっています。その点は常に念頭に置くようにしてください。Google ドライブをマウントする方法では、永続性が保たれることになります。

フォルダアイコンをクリック

　最初のステップは、図 2-4-5 の画面左にあるフォルダアイコンをクリックすることです。

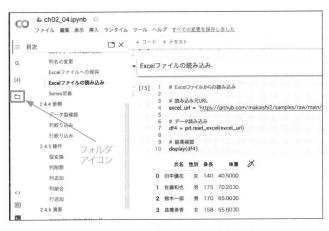

図 2-4-5　フォルダアイコンのクリック

すると、次の図 2-4-6 のようになります。

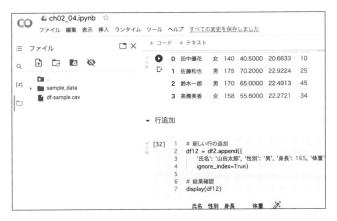

図 2-4-6　フォルダアイコンクリック後の画面

ダウンロード手順

　2.4 節の実習を一通り終えている場合、図 2-4-6 のように「df-sample.csv」
のファイルが見えているはずです。そのファイルにマウスポインタを合わせ、
右ボタンクリックします。すると図 2-4-7 のようにメニューが表示されます。

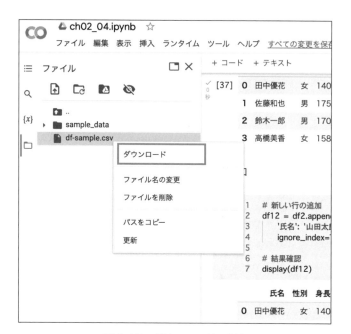

図 2-4-7　ダウンロードの方法

　ここで「ダウンロード」を選択すると、ファイルをダウンロードできます。

アップロード手順

　図 2-4-6 で見えている領域に向けて、エクスプローラなどからファイルをドラッグ＆ドロップすると、ファイルのアップロードが可能です。

注: アップロードしたファイルはランタイムのリサイクル時に削除されます。
詳細

OK

図 2-4-8　ワーニング表示

　最初に、上の図 2-4-8 のようなワーニングが表示されます。これは先ほど説明した、アップロードしたファイルに永続性がないという話です。OK をクリックするとファイルのアップロードが始まります。ここでアップロードした CSV ファイルや Excel ファイルは、2.4.3 項で説明した方法で、データフレームへ取り込めるはずなので、試してみてください。

3章
データ分析
ライブラリ中級編

3章 データ分析ライブラリ中級編

3.1 データ分析の主要タスク

┃┃ 本節で学ぶこと ┃┃

データ分析には、どんなタスクがあり、タスク間にどういう関係があるか
を理解します。また、それぞれのタスクにおいて、プログラミング上、重要
な点を理解します。

pandasはデータ分析を主目的としたライブラリです。本章の目的は、その機能
でも特にデータ分析で重要と思われる機能をピックアップし、理解することです
（一部seabornの機能も含まれます）。いよいよ本書の本題に取り組むことになり
ます。

ただし、pandasの機能は非常に多岐にわたります。そこで、見通しを良くする
ために、データ分析の主要タスクを整理し、各タスクにひも付く機能を説明してい
く流れにしました。

次の図3-1-1が、データ分析の主要タスクと、その流れになります。「3.2」など
は、本書の節番号です。データ分析の実践編である次の4章もこの流れに沿うの
で、4章の節番号も記載しています。

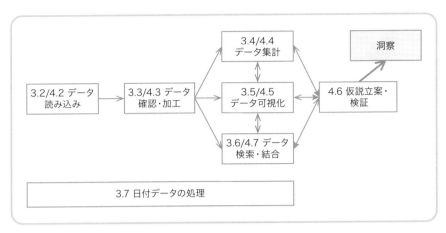

図 3-1-1　データ分析の主要タスクとタスク間の関係

それぞれのタスクの概要と、本書でのポイントは次のようになります。

3.2/4.2 データ読み込み

データ分析の出発点はデータの読み込みです。このタスクをpandasの関数と対応づけると、2.4.3項で説明したread_csv関数や、read_excel関数になります。これらの関数は数多くのオプションを持っていて、このオプションをうまく使うと、後工程の前処理が格段に楽になります。3.2節では、こうしたオプションをどのように使いこなすのか、公開データセットを用いた実ケースに基づいて説明をします。

3.3/4.3 データ確認・加工（前処理）

読み込みが終わったデータに対する次のステップは、データの状態を確認した上で、分析しやすい状態に加工することです。データ分析の世界ではこのタスクを「**前処理**」と呼ぶことが多いです。データ加工には、欠損値の除去のような基本的なタスクから、新しい特徴量の算出まで様々なものがあります。3.3節では、データ確認・加工の代表的なタスクと、それを実現するpandasの関数・メソッドを順番に紹介します。

3.4/4.4 データ集計

データ分析で何か知見を見いだすための2つの重要な手段は「**集計**」と「**可視化**」です。

1つめの集計とは、統計的な手法を用いて分析をするタスクです。ここで使われる手法としては、グループごとの集計や、クロス集計などがあります。pandasでは、それぞれの手法に対応した関数・メソッドが用意されています。3.4節では公開データセットを使って、そうした分析手法を学習します。

3.5/4.5 データ可視化

データ分析で知見を見いだすもう1つの有力な手法が「可視化」です。

pandasでは可視化を目的とした便利な関数・メソッドも数多く用意されています。3.5節では、その中でも特に有用な手法を選択して紹介します。**seaborn**という可視化ライブラリも活用します。

3.6/4.7 データ検索・結合

データフレームでは、「**検索**」「**結合**」など、SQLとほぼ同等のデータ処理が可能です。3.6節では、データフレームのSQLと同等の機能に焦点を絞って説明します。データ分析の過程で、データの特定の行を特に詳しく調べたいことがあります。そのような要件で利用する代表例であるqueryメソッドなどを紹介します。データ検索機能は、4章の実践編で解説する「深掘り分析」で力を発揮します。その具体例を4.7節で紹介します。

3.7 日付データの処理

以上で説明してきたデータ分析のタスクで、1つ技術的なポイントになるのが日付データの処理です。実業務のデータ分析で必ず出てくる重要なデータ型である一方で、Python・pandasで取り扱うのが難しい点がいくつかあります。3.7節では扱いの難しい日付データを簡単に扱うための「ツボ」を紹介します。

4.6 仮説立案・検証

以上、3章の各節の内容をデータ分析タスクと関連付けて紹介してきましたが、最後の残るタスクが「仮説立案・検証」です。

　このタスクが、データ分析で一番難しいです。データ分析の最終的な目的は、図3-1-1で右上にある「洞察」を導き出すことですが、闇雲に「集計」や「可視化」をしてもなかなか洞察は出てこないのです[1]。

　効果的に「洞察」を得る近道は業務への理解から出てくる「仮説」です。「集計」や「可視化」は仮説を裏付ける手段として使われるべきで、「仮説」「集計」「可視化」を試行錯誤で何度か繰り返して初めて意味のある「洞察」が導かれるのです。効果的な仮説を考える方法は簡単に説明できるものではないのですが、本書では、最後の4章で解説を試みます。公開データセットを用いた問題設定で、「仮説」と「仮説を検証する手段」としての「集計」「可視化」の例を示します。4章のストーリーを一通り理解して、「仮説検証」とはどんなことをすることなのか、イメージをつかんでください。

---

[1] ここで出てくる「洞察」は耳慣れない言葉かもしれません。洞察とは英語のinsightを訳した言葉です。データ分析の世界では非常に重要な概念で、現段階では「データ分析の結果に対して考察を加えることによって得られる業務上有益な情報」という意味合いだと理解してください。
　「洞察」が具体的にどんなものかは3、4章で説明していきます。具体例を通じて「洞察」の持つ意味が腹落ちしたら、本書の目標を達成できたことになります。

3.2　データ読み込み

3.2.1　ピッツバーグ・ブリッジ・データセット

　ピッツバーグ・ブリッジ・データセットは1818年以来、米ピッツバーグ市で建設された108の橋の情報に関するデータセットです。

https://archive.ics.uci.edu/ml/datasets/Pittsburgh+Bridgesより引用

このデータセットには、次の表3-2-1のような項目が含まれています。

表 3-2-1　ピッツバーグ・ブリッジ・データセットの項目

項目名（英語）	項目名（日本語）	データ型	項目値
ID	-	文字列型	-
RIVER	川コード	文字列型	A：アレゲニー川、M：モノンガヒラ川、O：オハイオ川
LOCATION	位置	整数型	1〜52
ERECTED	施工年	整数型	1818〜1986
PURPOSE	目的	文字列型	HIGHWAY（車道）、RR（鉄道）、WALK（歩道）、AQUEDUCT（水道）
LENGTH	長さ	整数型	804〜4558
LANES	車線数	整数型	1、2、4、6
CLEAR-G	垂直クリアランス	文字列型	N（未対応）、G（対応）
T-OR-D	道路位置	文字列型	THROUGH（構造体内部）、DECK（構造体上部）
MATERIAL	建築資材	文字列型	WOOD（木）、IRON（鉄）、STEEL（鋼鉄）
SPAN	長さ区分	文字列型	SHORT、MEDIUM、LONG
REL-L	相対長	文字列型	S：SHORT、SF：SHORT FULL、F：FULL
TYPE	橋種別	文字列型	WOOD（木造）、ARCH（アーチ）、SIMPLE-T（単純トラス）、SUSPEN（つり橋）、CANTILEV（片持ち梁橋）、CONT-T（連続トラス）

　読者は、自分が橋の改修計画を任されている市役所の担当者だと想像して、データに対する活用イメージを持ってみてください。

3.2.2　CSV ファイルの読み込み

共通処理

　3.2節用のNotebookを開き、まずは共通処理を実行します。

　2章で紹介してきた3つのライブラリのインポートや変数設定に関する処理は、今後、すべてのNotebookで「共通処理」として冒頭で実行することにします。今後は、この部分は特に説明しないことにします。

データの内容確認

　まずは、wgetコマンドで読み込み対象ファイルをローカルにダウンロードし、headコマンドでデータの一部を確認してみます。実装と結果は次のコード3-2-1です。

コード 3-2-1　ファイルの内容確認

```
1    # データの内容確認
2
3    # URL 指定
4    url = 'https://archive.ics.uci.edu/ml/machine-learning-dat↵
     abases/bridges/bridges.data.version1'
5
6    # ファイルダウンロード
7    !wget -nc $url
8
9    # 内容確認
10   !head -2 bridges.data.version1
```

```
--2022-08-18 11:18:35--  https://archive.ics.uci.edu/ml/machine↵
-learning-databases/bridges/bridges.data.version1
Resolving archive.ics.uci.edu (archive.ics.uci.edu)... 128.195.↵
10.252
Connecting to archive.ics.uci.edu (archive.ics.uci.edu)|128.195↵
.10.252|:443... connected.
HTTP request sent, awaiting response... 200 OK
Length: 6128 (6.0K) [application/x-httpd-php]
Saving to: 'bridges.data.version1'

bridges.data.versio 100%[===================>]    5.98K  --.-KB↵
```

```
/s      in 0s

2022-08-18 11:18:36 (88.2 MB/s) - 'bridges.data.version1' saved
[6128/6128]

E1,M,3,1818,HIGHWAY,?,2,N,THROUGH,WOOD,SHORT,S,WOOD
E2,A,25,1819,HIGHWAY,1037,2,N,THROUGH,WOOD,SHORT,S,WOOD
```

　青枠で囲んだ、ファイルの先頭2行の内容に注目してください。最初にわかるのは、このCSVデータは、**ヘッダ行を持っていない**ことです。

　こういう場合、次に示すように**read_csv関数**で**header=None**のオプションを付ける必要があります。さらに項目名は、外部で定義する必要があります。

read_csv関数の実行

　この方針に従って、read_csv関数を呼び出した結果が、次のコード3-2-2とコード3-2-3です。

コード 3-2-2　項目名リストの定義

```
1  # 列名定義
2  columns = [
3      'ID', 'RIVER', 'LOCATION', 'ERECTED', 'PURPOSE',
4      'LENGTH', 'LANES', 'CLEAR-G', 'T-OR-D', 'MATERIAL',
5      'SPAN', 'REL-L', 'TYPE'
6  ]
```

コード 3-2-3　最初の CSV ファイル読み込み

```
1  # データ読み込み
2  df1 = pd.read_csv(
3      url, header=None, names=columns
4  )
5  display(df1.head())
```

	ID	RIVER	LOCATION	ERECTED	PURPOSE	LENGTH	LANES	CLEAR-G
0	E1	M	3	1818	HIGHWAY	?	2	N
1	E2	A	25	1819	HIGHWAY	1037	2	N
2	E3	A	39	1829	AQUEDUCT	?	1	N
3	E5	A	29	1837	HIGHWAY	1000	2	N
4	E6	M	23	1838	HIGHWAY	?	2	N

	T-OR-D	MATERIAL	SPAN	REL-L	TYPE
0	THROUGH	WOOD	SHORT	S	WOOD
1	THROUGH	WOOD	SHORT	S	WOOD
2	THROUGH	WOOD	?	S	WOOD
3	THROUGH	WOOD	SHORT	S	WOOD
4	THROUGH	WOOD	?	S	WOOD

実際には上と左の表が横につながった形で表示される

コード3-2-2では、項目名の一覧を変数columnsとして定義しています。

コード3-2-3で、このcolumnsも使った上で、CSVファイルを読み込んでいます。そして5行目で、読み込んだデータの先頭5行をdisplay関数で表示しています。

display関数出力を見て気付くのは、青枠で囲んだ部分です。「?」は不明値を意味していそうだと想像されます。その場合、データフレーム上は明示的にヌル値（NaN[1]）で表現されていた方が、あとの分析が簡単になります。これは、read_csv関数に「**na_values='?'**」オプションを付けると実現できます。

na_valuesオプションの追加

それでは、このオプションを追加した形で、再度データフレームに読み込んでみましょう。実装はコード3-2-4になります。

コード 3-2-4　2度目の CSV ファイル読み込み

```
1   # na_values オプション追加
2   df2 = pd.read_csv(
3       url, na_values='?', header=None,
4       names=columns)
5   display(df2.head())
```

---

[1] 浮動小数点数にはNaN（Not a Number、非数）と呼ばれる、実数の異常な値を表す特殊な数があります。負数の平方根の計算などでできる「数」なのですが、データフレームでは、項目が空の場合に、そのことをこの「数」で表現するルールになっています。

	ID	RIVER	LOCATION	ERECTED	PURPOSE	LENGTH	LANES	CLEAR-G
0	E1	M	3.0000	1818	HIGHWAY	NaN	2.0000	N
1	E2	A	25.0000	1819	HIGHWAY	1037.0000	2.0000	N
2	E3	A	39.0000	1829	AQUEDUCT	NaN	1.0000	N
3	E5	A	29.0000	1837	HIGHWAY	1000.0000	2.0000	N
4	E6	M	23.0000	1838	HIGHWAY	NaN	2.0000	N

	T-OR-D	MATERIAL	SPAN	REL-L	TYPE
0	THROUGH	WOOD	SHORT	S	WOOD
1	THROUGH	WOOD	SHORT	S	WOOD
2	THROUGH	WOOD	NaN	S	WOOD
3	THROUGH	WOOD	SHORT	S	WOOD
4	THROUGH	WOOD	NaN	S	WOOD

先ほどの結果と比較すると、「?」だった箇所は「NaN」に置き換わっていて、意図した通りになっています。

index_colオプションの追加

以上でデータ読み込み時の最低限の加工はできたのですが、ここではもう一段階追加の加工をします。今回取り扱っているような構造化データでは、通常、各行を一意に識別するための「キー項目」（通し番号のようなもの）が存在します。今回のケースでは「ID」列が該当します。キー値に意味を持たせてしまっているようなごく一部の例外[2]を除いて、キー項目は分析対象になることはありません。そこで、データフレーム上でキー項目を行インデックスにそのまま割り当てると、いろいろと便利なのです。read_csv関数では、index_colオプションがその加工をしてくれるオプションになります。次のコード3-2-5でその実装例を示します。

コード3-2-5　index_col オプションの追加

```
1  # index_col オプションの追加
2  df3 = pd.read_csv(
3      url, na_values='?', header=None,
4      names=columns, index_col='ID')
5  display(df3.head())
```

---

[2] これは完全に余談ですが、「キー項目に意味を持たせてはいけない」というのはデータベース設計の鉄則であり、キー項目から意味のある情報が取れる場合、IT的には良くない設計といえます。

ID	RIVER	LOCATION	ERECTED	PURPOSE	LENGTH	LANES	CLEAR-G
E1	M	3.0000	1818	HIGHWAY	NaN	2.0000	N
E2	A	25.0000	1819	HIGHWAY	1037.0000	2.0000	N
E3	A	39.0000	1829	AQUEDUCT	NaN	1.0000	N
E5	A	29.0000	1837	HIGHWAY	1000.0000	2.0000	N
E6	M	23.0000	1838	HIGHWAY	NaN	2.0000	N

コード3-2-4の出力と、一番左の部分を見比べてください。前は、0から始まる数字の列がありました。これは、データフレームが自動的に採番した行インデックスです。今回は「ID」が列の見出しから消えて、行インデックスの役割を担っていることになります。

このような加工をしておくと、データフレームの特定の行にアクセスする場合も、3.6節で説明するlocを使って簡単にアクセスできますし、また、統計処理するときも、自動的に対象からID列を抜いてくれる点で便利です。

☞データ分析のためのポイント

キー項目は、データ読み込み時に index_col オプションを使って行インデックス化すると、あとの処理がいろいろと便利。

3.2.3　read_csv 関数のオプション

read_csv関数は数多くのオプションを利用可能です。前項で利用したものも含め、特に利用頻度の高いオプションを次の表3-2-2にあげました。

表 3-2-2　read_csv の有用なオプション

目的	パラメータ名	呼び出し例	解説
ヘッダ行の指定	header	header=None	CSVファイルにヘッダ行がない場合はこの指定をする
ヘッダ行の指定	header	header=6	ヘッダ行が（0を起点として）6行目にある。それ以前の行はスキップされる
冒頭の行の読み飛ばし	skiprows	skiprows=6	冒頭の6行を読み飛ばす
項目名リスト	names	names=columns	項目名の一覧をリスト変数columnsとする。ヘッダ行がないときに利用
ヌル値の指定	na_values	na_values='?'	文字列'?'をヌル値とみなす
インデックス列指定	index_col	index_col='ID'	CSVのID列をデータフレームの行インデックスにする
区切り文字指定	sep	sep=';'	セミコロンが区切り記号の場合
区切り文字指定	sep	sep='\t'	tsv（タブ区切り指定）の場合、このオプションを追加
区切り文字指定	sep	sep='\s+'	複数のブランク文字で区切りを表すときに利用（正規表現が使える）
データ型指定	dtype	dtype=object	読み込み時に整数型などへの自動変換をしない（項目単位の指定も可能）
文字列を示す引用符	quotechar	quotechar="'"	文字列を示す引用符としてシングルクオートを指定
エスケープ文字指定	escapechar	escapechar='\\'	バックスラッシュをエスケープ文字として指定
True値の指定	true_values	true_values=['yes']	True値として読み込む文字列をリスト形式で指定
False値の指定	false_values	false_values=['no']	False値として読み込む文字列をリスト形式で指定
日付項目の読み込み	parse_dates	parse_dates=[5,6]	5列目6列目の項目を日付データとして読み込む（0を起点）
文字コード指定	encoding	encoding='shift-jis'	UTF-8（デフォルト値）以外の文字コードファイルを読み込むときに利用

　この表は、本節の演習問題でも活用することになります。日付データを読み込む方法など、本書ではこれ以降、read_csvの様々なオプションを利用しますが、本書で出てくる利用パターンはすべてこの表に入れたので、リファレンスとしても利用してください。

　2.4節で説明したread_excel関数も基本的に同じオプションが利用可能です。この他pandasには、read_sql関数やread_json関数も用意されているので、必要に

応じて使い分けてください[3]。

3.2.4　CSV・Excelファイルへの出力

データフレームのデータは、逆にCSVやExcelのファイルにも出力できます。次のコード3-2-6はCSVファイルに出力する方法です。

コード3-2-6　CSVファイルへの出力　その1

```
1  # データフレーム df2 を CSV ファイルとして保存
2  # df2 の場合は index=False オプションを付ける
3  df2.to_csv('bridge2.csv', index=False)
```

データフレームの**to_csvメソッド**が、データフレームのデータをCSVファイルに出力するメソッドになります。引数は出力先のファイル名です。

CSVで保存するときは、オプションの「**index=False**」を付けるかどうかをいつも意識するようにしてください。今回のサンプルで出力元にしているdf2は、コード3-2-4の出力からわかるように、0から始める自動採番の値を行インデックスにしています。この場合、インデックス値の出力は無駄なので、このオプションを付けてカットします。逆のケースが、次にサンプルで示すコード3-2-7です。

コード3-2-7　CSVファイルへの出力　その2

```
1  # データフレーム df3 を CSV ファイルとして保存
2  # 今回は index=False は付けない
3  df3.to_csv('bridge3.csv')
```

今回の出力対象のdf3は、行インデックスがID列となるよう、読み込み時に加工をしたものでした。この場合は、「index=False」を付けると、ID列が情報とし

---

[3] この2つの関数の使い方はやや複雑なので、具体的な実装は他の書籍などを参照してください。今は、データベースやJSONといったデータソースからもデータフレームは作れることだけ理解してもらえれば大丈夫です。

てなくなってしまいます。なので、このオプションを付けてはいけません[4]。

☞データ分析のためのポイント

データフレームのデータをファイル保存するときは、「index=False」のオプション
を付けるべきかどうかを常に意識するようにする。

あるいは、次のコード3-2-8のように、データフレームのデータをExcel形式に
出力することも可能です。

コード 3-2-8　Excel ファイルへの出力

```
1   # データフレーム df2 を Excel として保存
2   df2.to_excel('bridge2.xlsx', index=False)
```

このコードではto_csvメソッドの代わりに**to_excelメソッド**を呼び出していま
す。これがExcelに出力するメソッドです。

書き出したファイルを次のコード3-2-9で確認します。

コード 3-2-9　書き出したファイルの確認

```
1   # 結果確認
2   !ls
```

```
bridge2.csv   bridge2.xlsx   bridge3.csv    bridges.data.version1 ⤵
sample_data
```

青枠で囲んだ3つのファイルが、今、出力したファイルです。ここで2.4節のコ
ラムで説明した方法を使えば、これらのファイルをPCにダウンロードできます。
次の図3-2-1は、その手順でPCにダウンロードしたxlsxファイルをExcelで読み

---

[4] indexオプションのデフォルト値はTrueなのでこのような動きになります。

込んだ結果です。

図 3-2-1　to_excel メソッドで作成した Excel

　CSV出力とExcel出力をどう使い分けるかですが、データフレームのデータを
Excelでも分析する可能性がある場合はExcelに出力するのがいいでしょう。CSV
出力をExcelで取り込むこともできますが、日本語が含まれている場合エンコーディ
ングに注意する必要があります。どちら側でも合わせられますが、データフレー
ムはデフォルトUTF-8でExcelはデフォルトSJISなので、デフォルトの設定のま
まで連携すると文字化けが発生します。

　出力対象のデータフレームの行数が数万行から数十万行の場合、そもそもExcel
で分析することが困難です。このようなケースではCSVに保存しておくのが無難
です。

Chapter 3

データ分析ライブラリ中級編

演習問題

問　題

　演習問題の最初のセルを実行すると、演習で利用するファイル ch03-02-exam. tsv がダウンロードされます。

コード 3-2-10　演習用ファイルのダウンロード

```
1   # 演習問題用ファイルのダウンロード
2   url = 'https://raw.githubusercontent.com/makaishi2/samples▼
    /main/data/ch03-02-exam.tsv'
3   !wget -nc $url
```

```
--2022-08-19 13:34:22--  https://raw.githubusercontent.com/maka▼
ishi2/samples/main/data/ch03-02-exam.tsv
Resolving raw.githubusercontent.com (raw.githubusercontent.com)▼
... 185.199.108.133, 185.199.109.133, 185.199.110.133, ...
Connecting to raw.githubusercontent.com (raw.githubusercontent.▼
com)|185.199.108.133|:443... connected.
HTTP request sent, awaiting response... 200 OK
Length: 382 [text/plain]
Saving to: 'ch03-02-exam.tsv'

ch03-02-exam.tsv    100%[====================>]      382  --.-KB▼
/s    in 0s

2022-08-19 13:34:22 (8.37 MB/s) - 'ch03-02-exam.tsv' saved [382▼
/382]
```

　次のセルを実行すると、演習で利用するファイル ch03-02-exam.tsv の内容が 表示されます。

コード 3-2-11　演習用ファイルの内容表示

```
1   # 演習問題用ファイルの内容確認
2   !cat ch03-02-exam.tsv
```

3.2節　演習問題用 TSV ファイル
注意すべき点
(1) 先頭の余分な行を読み取り対象から取り除く
(2) 区切り文字はタブ
(3) ID 列は「0001」とゼロを残した状態で読み取りたい

```
- - - - - -
ID      氏名     性別      身長      体重
0001    田中優花  女       140      40.5
0002    佐藤和也  男       175      70.2
0003    鈴木一郎  男       170      65.0
0004    高橋美香  女       158      55.6
```

以上の前提のもとで、演習問題の内容は次の通りです。

---

ch03-02-exam.tsv を読み込んでデータフレーム変数 df4 に代入してください。区切り文字はタブです。ID 列は「0001」のようにゼロを残した状態にしてください。

解答のひな型は以下のセルになります。

コード 3-2-12　解答ひな型セル

```
1   # 次の行を実装します
2   df4 =
3
4
5
6   # 結果確認
7   display(df4)
```

以下のコード 3-2-13 が解答例になります。

コード 3-2-13　演習問題解答例

```
1   # 次の行を実装します
2   df4 = pd.read_csv(
3       'ch03-02-exam.tsv',
4       skiprows=6, sep='\t', dtype=object)
5
6   # 結果確認
7   display(df4)
```

	ID	氏名	性別	身長	体重
0	0001	田中優花	女	140	40.5
1	0002	佐藤和也	男	175	70.2
2	0003	鈴木一郎	男	170	65.0
3	0004	高橋美香	女	158	55.6

　skiprows、sep、dtype が今回新たに利用したオプションです。いずれも、3.2.3 項で示した表 3-2-2 に記載しているので、表と見比べて各オプションの意味と目的を確認してください。

　特にポイントとなるのが dtype で、これを指定しないと ID 列が「1」のように 0 が取れた状態で読み込まれてしまいます。これは実際の分析業務でもよく起きる問題です。read_csv 関数は読み込み時に項目ごとにデータ型を自動判別するのですが、誤って「ID 列は整数型」と判断してしまうためこの事象が起きます。それを防ぐ手段が「dtype=object」のオプションになります。

　ただ、この解決策には 1 つ問題があります。すべての項目の型を一律に object にしてしまったため、「身長」や「体重」も文字列型になってしまい、このままの状態では「身長」や「体重」としての数値計算ができないのです[5]。この問題を解決する方法が、次のコード 3-2-14 で示す別解です。

コード 3-2-14　演習問題　別解

```
1   # 別解
2   # このように列単位で dtype 指定をすると、他の項目に影響を与えないです
3   # 文字列であることを明示的に示す場合 object の代わりに str を使います
```

[5] 3.3節で説明するastypeメソッドで対応することは可能です。

```
4   df5 = pd.read_csv(
5       'ch03-02-exam.tsv',
6       header=6, sep='\t', dtype={'ID': str})
7
8   # 結果確認
9   display(df5)
```

	ID	氏名	性別	身長	体重
0	0001	田中優花	女	140	40.5000
1	0002	佐藤和也	男	175	70.2000
2	0003	鈴木一郎	男	170	65.0000
3	0004	高橋美香	女	158	55.6000

　このコードでは、dtype の引数を辞書型にして、ID 列のみ指定をしています。こうすることで、2.4 節のときと同じように「身長」は整数型、「体重」は浮動小数点数型に自動変換されます。型の指定は object の代わりに文字列型を意味する「str」としても、同じ動作になります。

　また、header オプションは None 以外に「何行目をヘッダ行とする」という整数値を指定することも可能です。この指定をした場合それまでの行は飛ばされるので、結果的に skiprows と同じ動きになります。

3.3 データ確認・加工（前処理）

本節で学ぶこと

　読み込みが終わった直後のデータがそのまま分析に使えることはまれで、通常は分析の前段階でデータの状態を確認し、必要に応じて様々な加工をします。その加工のことを「**データ前処理**」と呼ぶこともあります。本節では典型的なデータ確認・加工のタスクとそれを実現するデータフレームの関数・メソッドを紹介していきます。

3.3.1　実習の前提条件

　本節の実習は、前節の続きで、「ピッツバーグ・ブリッジ・データセット」を対象とします。前節では、何度かデータフレームを作り直していますが、最後に作ったdf3を改めて本節の実装コードのdf1とし、これをデータ確認・加工の出発点にします。データ読み込みの実装は省略し、display関数の結果のみ次の図3-3-1に示します。各データ項目の意味は、3.2.1項で説明しています。

ID	RIVER	LOCATION	ERECTED	PURPOSE	LENGTH	LANES	CLEAR-G
E1	M	3.0000	1818	HIGHWAY	NaN	2.0000	N
E2	A	25.0000	1819	HIGHWAY	1037.0000	2.0000	N
E3	A	39.0000	1829	AQUEDUCT	NaN	1.0000	N
E5	A	29.0000	1837	HIGHWAY	1000.0000	2.0000	N
E6	M	23.0000	1838	HIGHWAY	NaN	2.0000	N

ID	T-OR-D	MATERIAL	SPAN	REL-L	TYPE
E1	THROUGH	WOOD	SHORT	S	WOOD
E2	THROUGH	WOOD	SHORT	S	WOOD
E3	THROUGH	WOOD	NaN	S	WOOD
E5	THROUGH	WOOD	SHORT	S	WOOD
E6	THROUGH	WOOD	NaN	S	WOOD

図3-3-1　データ読み込み結果

3.3.2　項目名の変更

「CSVにヘッダ行があるので最初から項目名付きのデータフレームはできているが、項目名をわかりやすいものに差し替えたい」という話がよくあります。そのときの対応方法を示すのが、次のコード3-3-1です。

コード 3-3-1　項目名変更

```
1   # 差し替え用項目名リスト
2   cols_jp = [
3       '川コード', '位置', '竣工年', '目的', '長さ', '車線数', ⤵
    '垂直クリアランス',
4       '道路位置', '建築資材', '長さ区分', '相対長', '橋種別'
5   ]
6
7   # 加工用の別データフレームの用意
8   df2 = df1.copy()
9
10  # 列名の差し替え
11  df2.columns = cols_jp
12
13  # 結果確認
14  display(df2.head())
```

ID	川コード	位置	竣工年	目的	長さ	車線数	垂直クリアランス
E1	M	3.0000	1818	HIGHWAY	NaN	2.0000	N
E2	A	25.0000	1819	HIGHWAY	1037.0000	2.0000	N
E3	A	39.0000	1829	AQUEDUCT	NaN	1.0000	N
E5	A	29.0000	1837	HIGHWAY	1000.0000	2.0000	N
E6	M	23.0000	1838	HIGHWAY	NaN	2.0000	N

ID	道路位置	建築資材	長さ区分	相対長	橋種別
E1	THROUGH	WOOD	SHORT	S	WOOD
E2	THROUGH	WOOD	SHORT	S	WOOD
E3	THROUGH	WOOD	NaN	S	WOOD
E5	THROUGH	WOOD	SHORT	S	WOOD
E6	THROUGH	WOOD	NaN	S	WOOD

2〜5行目で、差し替え後のデータ項目をリスト形式で用意しています。項目数

は、差し替え対象のデータフレームの列数とそろわないといけないことに注意してください。

8行目では、**copyメソッド**を用いて、データフレームのコピーを作っています。2.4節でも説明したように、データフレームを加工する際、元データがわからなくなって混乱しないようにする目的でよく利用される手法です。

11行目が実際に項目名を差し替えているコードです。データフレームでは「**変数名.columns**」でデータ項目の一覧が取得できることはすでに説明していますが、実はこの表現は**代入文の代入先でも利用**できます。それが11行目のコードの意味になります。

14行目では、差し替えが終わった状態で改めてdisplay関数を呼び出して結果を確認しています。項目名が日本語になっただけで、なじみにくい海外のデータセットも、わかりやすくなった感じがします。

☞ データ分析のためのポイント

データ加工前に copy メソッドでデータフレームのコピーを作り、コピー先に対して加工をかけるのが、データ分析での常道。

3.3.3　欠損値（確認・除去）

データ分析では、分析対象データで本来あるべき項目値が欠けていることがあります。そのことを「**欠損値**」と呼びます。

欠損値があることの影響は、目的によって様々です。単なる可視化や統計的分析が目的の場合、欠損値を含んだ状態でその先に進める場合もあります。一方で、例えば、scikit-learnという機械学習用のライブラリを用いて機械学習を行う場合、1つでも欠損値があるとモデルが作れません。

欠損値対応の必要性の判断は、データ分析タスクで重要なポイントの1つです。しかし、これを網羅的に説明するのは簡単ではないので、本節では欠損値があるとうまくいかない例を3.3.4項の最後に例示するにとどめます。

本項では、欠損値への対応が必要なときに、実施しなければならない具体的な2つの方法を説明します。「**どうすれば欠損値の存在を確認できるのか**」と「**どうすれば欠損値を除去できるのか**」の2つです。

欠損値の確認方法

　次のコード3-3-2を見てください。これは、これから欠損値を調査しようとしているデータフレームdf2に対して**isnullメソッド**を呼び出したときの結果です。

コード 3-3-2　isnull メソッドの呼び出し

```
1   # isnull メソッドで要素ごとにヌル値かどうかを判断
2   df2.isnull()
```

ID	川コード	位置	竣工年	目的	長さ	車線数	垂直クリアランス
E1	False	False	False	False	True	False	False
E2	False	False	False	False	False	False	False
E3	False	False	False	False	True	False	False
E5	False	False	False	False	False	False	False
E6	False	False	False	False	True	False	False
...	...	...	...	...	...	...	...
E84	False	False	False	False	False	False	False
E91	False	False	False	False	False	False	False
E90	False	False	False	False	False	False	False
E100	False	False	False	False	True	True	False
E109	False	False	False	False	True	True	False

　表の各要素がTrue/Falseの値になっていて、その前のコード3-3-1の結果と比較すると元の表で「NaN」になっている箇所がTrueに、そうでない箇所がFalseになっています。この計算結果が、欠損値の状況を調べる最初のステップです。次にこの結果を列ごとに集計して、Trueの個数をカウントしてみます。そのための実装が次のコード3-3-3になります。

コード 3-3-3　項目ごとの欠損値数のカウント

```
1   # isnull メソッドの結果に対して sum メソッドをかけると、
2   # 項目単位で何件ヌル値があったかがわかる
3   # (メソッドチェイン呼び出し)
4   df2.isnull().sum()
```

```
川コード          0
位置            1
```

```
竣工年              0
目的                0
長さ               27
車線数             16
垂直クリアランス      2
道路位置            6
建築資材            2
長さ区分           16
相対長             5
橋種別             2
dtype: int64
```

コード3-3-3の4行目でその実装をしています。「df2.isnull()」の計算結果もまたデータフレームなので、そのデータフレームの **sum メソッド**をさらに呼び出しています。**複数のメソッドをつなげることで連続的にメソッドを呼び出す**この手法は**メソッドチェイン**と呼ばれることがあり、本書でもこのあと度々登場するので、覚えるようにしてください。

　いずれにしても、データフレームの変数に対して「変数名.isnull().sum()」という呼び出し方で、データフレームの項目ごとの欠損値がいくつあるかを調べられます。慣れないうちは、「2つのメソッド呼び出しのセットで項目ごとの欠損値の状況を調べる」と覚えてしまうのがいいかと思います。

☞データ分析のためのポイント

欠損値の確認には「.isnull().sum()」とセットで1つのメソッドとして覚えるとよい。

　ちなみにisnullと逆に「欠損値でない場合にTrue」を返す**notnull メソッド**もあります。実習コードは略しますが、自分のNotebookで実験してみてください。

欠損値の除去方法

　欠損値を除去する方法としては、行ごと削除してしまう方法と、何らかの値を埋める方法があります。これから紹介するのは、最もシンプルな、行ごと削除する方法です。わかりやすい方法ではありますが、注意点としては、欠損値があまりに多数ある場合、分析対象のデータ件数が大幅に減ってしまうのでその点は意識してください。

ここでは、1つだけ欠損値がある項目「位置」に対して除去の操作をして欠損値がない状態にします。このときに利用するメソッドが**dropnaメソッド**で、実装はコード3-3-4になります。

コード 3-3-4　項目「位置」の欠損値除去

```
1    # 項目「位置」に欠損値がある行を削除する
2    df3 = df2.copy()
3    df3 = df3.dropna(subset=[' 位置 '])
4    df3.isnull().sum()
```

```
川コード              0
位置                 0
竣工年               0
目的                 0
長さ                27
車線数              15
垂直クリアランス       2
道路位置             5
建築資材             2
長さ区分            16
相対長              5
橋種別              2
dtype: int64
```

　コード3-3-4の3行目で実際に欠損値を除去しています。subsetオプションは、どの列の欠損値を除去するかを指定するためのものです。このパラメータなしで呼び出すことも可能で、その場合は、どの項目であっても1つでも欠損値があれば、その行を削除するという動きになります。

　コード3-3-4では、4行目で欠損値削除の終わったデータフレームdf3に対して再度欠損値の状態を調べてみました。確かに項目「位置」の欠損値がなくなっています。

3.3.4　データ型（確認・変換）

　データ前処理で重要なタスクの1つは、各項目でデータの型がどうなっているか確認し、意図していないデータ型になっている場合は、それを望む形に変換するこ

とです。本項では、その一連のタスクを実習で学びます。

データ型の確認

最初のステップはデータ型の確認で、2.4節で説明した通り、**dtypes属性**を用います。今回のケースでの実装コードは次のコード3-3-5になります。

コード 3-3-5　データ型の確認

```
1   # 各項目のデータ型確認
2   df3.dtypes
```

```
川コード          object
位置            float64
竣工年          int64
目的            object
長さ            float64
車線数          float64
垂直クリアランス     object
道路位置         object
建築資材         object
長さ区分         object
相対長          object
橋種別          object
dtype: object
```

今回も青枠で囲んだ項目である「位置」に注目します。この項目は3.2.1項のデータ項目の説明で確認してみると、「位置、1〜52」となっていて、**場所を示す整数値**であるはずです。それがなぜ浮動小数点数型になっているかですが、1つ思いあたるのが、先ほど削除した欠損値です。データフレームでは、本来整数型であるべき項目値に欠損値が含まれている場合、データ型は自動的に浮動小数点数型に変換されます。

データ型の変更

先ほど、項目「位置」の欠損値は除去したので、現段階では項目「位置」は整数型に変換できるはずです。そのことを次のコード3-3-6で確認してみます。

コード 3-3-6　項目「位置」を整数型に変換

```
1   #「位置」のデータ型を整数型に直す
2   df3['位置'] = df3['位置'].astype('int')
3   print(df3.dtypes)
4   display(df3.head(2))
```

```
川コード          object
位置            int64
竣工年           int64
目的            object
長さ            float64
車線数           float64
垂直クリアランス      object
道路位置          object
建築資材          object
長さ区分          object
相対長           object
橋種別           object
dtype: object
```

ID	川コード	位置	竣工年	目的	長さ	車線数	垂直クリアランス
E1	M	3	1818	HIGHWAY	NaN	2.0000	N
E2	A	25	1819	HIGHWAY	1037.0000	2.0000	N

コード3-3-6の2行目が、データ型を変換しているところで、**astypeメソッド**を、「.astype('int')」のような形で呼び出します。引数の'int'が変換後の型を意味します。'int'の他に浮動小数点数型の'float'や、文字列型の'str'などが利用できます。

その後のdtypes属性の結果や、display関数の結果から、項目「位置」が望んだ通り整数型に変換されていることが確認できます。

ここで1つ実験をしてみます。それは、欠損値除去をする前の状態のデータフレームであるdf2に対して、同じ整数化の処理をするとどうなるかです。実装コードと結果は次のコード3-3-7になります。

Chapter 3

データ分析ライブラリ中級編

238

コード 3-3-7　欠損値を含んだ状態で項目「位置」を整数型に変換

```
  1   # 欠損値をなくす前の df2 では、この処理はできない
  2   df2['位置'] = df2['位置'].astype('int')


------------------------------------------------------------
-------------
IntCastingNaNError                          Traceback (most recen
t call last)
<ipython-input-16-fb55d44971c2> in <module>
      1 # 欠損値をなくす前の df2 では、この処理はできない
----> 2 df2['位置'] = df2['位置'].astype('int')

7 frames
/usr/local/lib/python3.7/dist-packages/pandas/core/dtypes/cast.
py in astype_float_to_int_nansafe(values, dtype, copy)
   1212     if not np.isfinite(values).all():
   1213         raise IntCastingNaNError(
-> 1214             "Cannot convert non-finite values (NA or i
nf) to integer"
   1215         )
   1216     return values.astype(dtype, copy=copy)

IntCastingNaNError: Cannot convert non-finite values (NA or inf)
 to integer
```

　今度はエラーになってしまいました。メッセージの本質は枠で囲んだ部分で、**「NA値（ヌル値）は整数型に変換できない」**という意味になります。逆にいうと、浮動小数点数型ならNA値を扱えるということです。それで、ヌル値（欠損値）を含む本来整数型のデータ項目のデータ型が浮動小数点数型になっていたのでした。

☞データ分析のためのポイント

本来整数型の項目が浮動小数点数型になっている場合は欠損値があることを疑う。

　今回は、前項と本項を通じて、特に項目「位置」に特化した形で欠損値と、データ型の問題を詳しく調べました。結論として、

「項目『位置』に欠損値が含まれていると、本来整数型のはずのデータ型が浮動小

数点数型になってしまう」

というのが、欠損値があることによる困りごとの内容となります。この先、「位置」
を使って整数でないとできない処理をしたいなら、欠損値を処理する必要がある
し、そうでないなら、とりあえずそのままでも構わない可能性があるということで
す。

　欠損値処理に関しては、何も考えずにすべて処理するということではなく、必
要に応じて可否を判断するようにしてください。

3.3.5　統計量計算（describe メソッド）

　次にデータの各項目の統計的な性質を確認する手段として **describe** メソッド
を紹介します。このメソッドの最もよく使われる、シンプルな利用法は次のコード
3-3-8のように、引数なしで呼び出す方法です。

コード 3-3-8　引数なしの describe メソッド呼び出し

```
1   # 引数なしの describe メソッド呼び出し
2   df2.describe()
```

	位置	竣工年	長さ	車線数
count	107.0000	108.0000	81.0000	92.0000
mean	25.9785	1905.3148	1567.4691	2.6304
std	13.6659	37.1737	747.4915	1.1647
min	1.0000	1818.0000	804.0000	1.0000
25%	15.5000	1884.0000	1000.0000	2.0000
50%	27.0000	1903.0000	1300.0000	2.0000
75%	37.5000	1928.0000	2000.0000	4.0000
max	52.0000	1986.0000	4558.0000	6.0000

　それぞれの項目の意味は次の表3-3-1の通りです。

表 3-3-1　引数なし describe メソッドの出力の意味

名称	意味	別の呼び方
count	データ件数	
mean	平均	
std	標準偏差	
min	最小値	0パーセンタイル
25%	25パーセンタイル値	
50%	50パーセンタイル値	中央値
75%	75パーセンタイル値	
max	最大値	100パーセンタイル

　データ件数、平均、標準偏差については、特に説明の必要はないと思います。

　その後の5つの項目のうち、最小値、最大値以外は見慣れない言葉かもしれません。「Nパーセンタイル値」とは、「100個のデータを小さい順に並べたときのN番目の値」と考えるといいです。ちょうど中間の順位の値を**50パーセンタイル値**または**中央値**といいます。最小値と中央値のさらに中間の順位の値を**25パーセンタイル値**、中央値と最大値の中央値を**75パーセンタイル値**と呼びます。いずれも統計学では重要な意味を持つ値なので、describeメソッドでまとめて全部表示されるようになっているのです。

　例えば、コード3-3-8の結果の中で竣工年に関して最小値1818、最大値1986、50パーセンタイル値1903という値を見ることで、竣工年の項目がおおよそどの範囲に存在しているのかがわかります。ここでわかった事実は、このあと、3.3.7項で活用することになります。

　この呼び出し方をするときに注意する点は、整数型と浮動小数点数型という数値型の項目のみが、統計処理の対象になる点です。文字列型を対象にしたい場合は、次のコード3-3-9のように、引数として「include='O'」を追加します[1]。

コード 3-3-9　文字列型項目への describe メソッド呼び出し

```
1  # 文字列型項目への describe メソッド呼び出し
2  df2.describe(include='O')
```

---

[1] 'O'はobjectを意味しています。

	川コード	目的	垂直クリアランス	道路位置	建築資材	長さ区分	相対長	橋種別
count	108	108	106	102	106	92	103	106
unique	4	4	2	2	3	3	3	7
top	A	HIGHWAY	G	THROUGH	STEEL	MEDIUM	F	SIMPLE-T
freq	49	71	80	87	79	53	58	44

今回は、件数を意味するcount以外の表示項目が、先ほどと異なります。**uniq ue**は、ユニークな値の数、**top**はその中で最も件数の多い項目、**freq**はその項目の件数をそれぞれ意味します。「建築資材」の列に注目すると、

- 全部で3つの値がある
- 一番件数が多い項目が「STEEL」
- 「STEEL」の件数は79件

ということが読み取れます。

3.3.6 値の出現回数 (value_counts メソッド)

統計値を調べる手段でdescribeメソッドと並んでよく用いられるのが、次のコード3-3-10で示す**value_countsメソッド**です。特定の項目に対して、「**どの項目値が何回出てくるか**」をまとめて表示してくれます。

コード 3-3-10　値の出現回数のカウント

```
1  # 値の出現回数カウント
2  df2['建築資材'].value_counts()
```

```
STEEL    79
WOOD     16
IRON     11
Name: 建築資材 , dtype: int64
```

上の例では、「建築資材」について調べています。その結果、項目値「STEEL」が79回、項目値「WOOD」が16回、項目値「IRON」が11回出てくることがわかりました。コード3-3-9のdescribeメソッドの結果からも、ある程度「建築資

材」の様子はわかりましたが、コード3-3-10の結果からは、より詳細な状況が読み取れます。

　実際のデータ分析案件では、describeメソッドと、value_countsメソッドを目的により使い分けることで、統計的な確認をすることになります。

> **☞データ分析のためのポイント**
>
> 文字列型項目に対して統計的な調査をするメソッドは describe メソッド（include='O' オプション付き）と value_counts メソッドの2つ。両者は目的により使い分ける。

3.3.7　特徴量計算（map メソッド）

　データ加工でよくあるタスクの1つが、既存の項目にある加工を加え、その結果を新しい列にすることです。このような加工処理は**「特徴量計算」**と呼ばれます。

　本項では、現在対象にしているデータセットに対して、簡単な特徴量計算をして、実装イメージを持つことにします。

　具体的には「竣工年」を加工して**「竣工年区分」**を新しい特徴量として作ることにします。竣工年は「1818」など、西暦による年の値ですが、全体の中のおおよその位置がわかれば十分で、1年や2年の違いが大きな意味を持つとは考えられません。このような場合、大まかなグループに分けて、どのグループに属するかの値を分析に使う手法がよく用いられ、データ分析の世界では**「ビニング処理」**と呼ばれます。

　ビニング処理を簡単にできる関数もあるのですが[2]、今回は原理から理解するため、この処理を四則演算レベルの計算でやってみることにします。

　コード3-3-8の結果を図3-3-2として改めて示します。

---

[2] pandasのpd.cut関数が、これから説明するのとほぼ同じビニング処理をする関数です。使い方を知りたい読者はネットで調べてみてください。

	位置	竣工年	長さ	車線数
count	107.0000	108.0000	81.0000	92.0000
mean	25.9785	1905.3148	1567.4691	2.6304
std	13.6659	37.1737	747.4915	1.1647
min	1.0000	1818.0000	804.0000	1.0000
25%	15.5000	1884.0000	1000.0000	2.0000
50%	27.0000	1903.0000	1300.0000	2.0000
75%	37.5000	1928.0000	2000.0000	4.0000
max	52.0000	1986.0000	4558.0000	6.0000

図 3-3-2 「竣工年」の統計情報

この中で、青枠で囲んだ領域の値に注目してください。この5つの値が、「竣工年」の値がどの範囲に分布しているのかを押さえる手がかりになります。

値の範囲としては、1818年から1986年に収まっています。およそ1900年を中心に前後90年程度の広がりがあるようです。そこで、1850年、1900年、1950年を区切りの値（境界値）として、この区切りから見たときにどの場所にあるのかによって、区分値を求めることにします。3つの境界値[1850, 1900, 1950]を定めることで、1から4までの4つの区分値が定まる様子を次の図3-3-3に示しました。

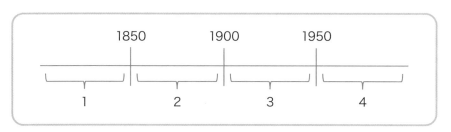

図 3-3-3 境界値と区分値の関係

この計算をする処理を get_year_cd という関数で実装することにします。
具体的な実装は次のコード3-3-11です。

コード 3-3-11　１から４までの竣工年区分を返す関数

```
1    # 西暦年から１から４までの竣工年区分を返す関数
2    def get_year_cd(x):
3        thres = [1850, 1900, 1950]
4        thres_np = np.array(thres)
5        return (thres_np < x).sum() + 1
```

コード 3-3-11 は、境界値の値や個数が変わってもそのまま使えるよう、汎用的な実装にしてみました。具体的に x = 1870、x = 1920 のときに途中経過がどうなっているか、図 3-3-4 に示してみたので、コードではわかりづらかった読者はこの図を参考に処理ロジックを追いかけてみてください。

```
thres_np = [1850 1900 1950]
```

	x = 1870	x = 1920
thres_np < x	[True False False]	[True True False]
（整数に自動変換）	[1 0 0]	[1 1 0]
(thres_np < x).sum()	1	2
(thres_np < x).sum() + 1	2	3

図 3-3-4　コード 3-3-11 による区分値計算の様子

ここまでの準備ができたら、やや高度なメソッドである **map メソッド**の出番です。次のコード 3-3-12 を見てください。

コード 3-3-12　map メソッド呼び出し

```
1    # map メソッドを使い、すべての行に対して「竣工年区分」を計算
2    df3['竣工年'].map(get_year_cd)

ID
E1       1
E2       1
E3       1
```

```
E5       1
E6       1
         ..
E84      4
E91      4
E90      4
E100     4
E109     4
Name: 竣工年 , Length: 107, dtype: int64
```

「df3['竣工年']」と、竣工年の列をSeries変数として抜き出した状態で、先ほど定義したget_year_cdという**関数を引数**として**mapメソッド**を呼び出します。「**関数を引数**」というところがポイントです。Pythonではこのような関数の使い方が可能で、その使い方ができるmapメソッドのような処理を「**高階関数**」と呼ぶこともあります。この実装により、抜き出した**「竣工年」のすべての値に対して同時にget_year_cd関数をかけられる**のです。

あとは、今の計算結果をデータフレームの新しい項目として代入するだけです。実装は次のコード3-3-13になります。

コード 3-3-13　竣工年区分の計算

```
1    # 新しい特徴量「竣工年区分」の計算
2    df3[' 竣工年区分 '] = df3[' 竣工年 '].map(get_year_cd)
3
4    display(df3.head(2))
5    display(df3.tail(4))
```

ID	川コード	位置	竣工年	目的	長さ	車線数	垂直クリアランス
E1	M	3	1818	HIGHWAY	NaN	2.0000	N
E2	A	25	1819	HIGHWAY	1037.0000	2.0000	N

ID	道路位置	建築資材	長さ区分	相対長	橋種別	竣工年区分
E1	THROUGH	WOOD	SHORT	S	WOOD	1
E2	THROUGH	WOOD	SHORT	S	WOOD	1

ID	川コード	位置	竣工年	目的	長さ	車線数	垂直クリアランス
E91	O	44	1975	HIGHWAY	3756.0000	6.0000	G
E90	M	7	1978	HIGHWAY	950.0000	6.0000	G
E100	O	43	1982	HIGHWAY	NaN	NaN	G
E109	A	28	1986	HIGHWAY	NaN	NaN	G

ID	道路位置	建築資材	長さ区分	相対長	橋種別	竣工年区分
E91	THROUGH	STEEL	LONG	F	ARCH	4
E90	THROUGH	STEEL	LONG	F	ARCH	4
E100	NaN	NaN	NaN	F	NaN	4
E109	NaN	NaN	NaN	F	NaN	4

　コード3-3-13では新しく作った「竣工年区分」を含むデータフレームの先頭2行と後ろ4行をdisplay関数で表示してみました。それぞれ意図した値になっていて、正しく計算ができていることが確認できました。

　以上の処理で重要なのは、**加工用の関数をあらかじめ用意**しておき、その**関数を引数にmapメソッドを呼び出す**点です。mapメソッドのような高階関数は、慣れないと使い方が難しい点はあるのですが、ぜひ使いこなして効率の良い特徴量計算ができるようになってください。

☞データ分析のためのポイント

特定の項目からの計算によって新しい項目を作りたい場合、計算用関数を用意してmapメソッドにその関数を渡す。

演習問題

問題

　ここまで加工したデータフレーム df3 について、さらに次の処理をしてください。
（1）「車線数」の欠損値を取り除きます。
（2）「車線数」のデータ型を整数型に変換します。

解答のひな型コードは、次のコード 3-3-14 とコード 3-3-15 です。

コード 3-3-14 「車線数」の欠損値を取り除く　演習問題（1）の解答ひな型

```
1   # (1)「車線数」の欠損値を取り除く
2   # データフレームコピー
3   df4 =
4
5   # 車線数の欠損値除去
6   df4 =
7
8   # 結果確認
9   df4.isnull().sum()
```

コード 3-3-15 「車線数」のデータ型を整数型に変換する　演習問題（2）の解答ひな型

```
1    # (2)「車線数」のデータ型を整数型に変換する
2    # データフレームコピー
3    df5 =
4
5    # データ型の変換
6
7
8    # 結果確認
9    print(df5.dtypes)
10   df5.head(2)
```

今回は、今まで説明したメソッド・関数をそのまま使えばできるので、かなりやさしめの問題かと思います。

解答例は以下の通りです。

解答例

コード 3-3-16 「車線数」の欠損値を取り除く　演習問題（1）の解答例

```
1   # (1)「車線数」の欠損値を取り除く
2   # データフレームコピー
3   df4 = df3.copy()
4
5   # 車線数の欠損値除去
6   df4 = df4.dropna(subset=['車線数'])
7
8   # 結果確認
9   df4.isnull().sum()
```

```
川コード           0
位置             0
竣工年           0
目的             0
長さ            20
車線数           0
垂直クリアランス       1
道路位置          2
建築資材          0
長さ区分         10
相対長           5
橋種別           0
dtype: int64
```

コード 3-3-17 「車線数」のデータ型を整数型に変換する　演習問題（2）の解答例

```
1    # (2)「車線数」のデータ型を整数型に変換する
2    # データフレームコピー
3    df5 = df4.copy()
4
5    # データ型の変換
6    # 3.3.4項　コード 3-3-6 参照
7    df5['車線数'] = df5['車線数'].astype('int')
8
9    # 結果確認
10   print(df5.dtypes)
11   df5.head(2)
```

```
川コード            object
位置               int64
竣工年             int64
目的               object
長さ               float64
車線数             int64
垂直クリアランス        object
道路位置            object
建築資材            object
長さ区分            object
相対長             object
橋種別             object
dtype: object
```

ID	川コード	位置	竣工年	目的	長さ	車線数	垂直クリアランス
E1	M	3	1818	HIGHWAY	NaN	2	N
E2	A	25	1819	HIGHWAY	1037.0000	2	N

「車線数」に関しても、この値が浮動小数点数型であることは変なので、まず欠損値を除去し、その後で整数型に変換しました。

3.4 データ集計

▌▌ 本節で学ぶこと ▌▌

　3.1節で説明した通り、データ分析の最終的な目標である洞察を引き出すための具体的な手段として有力なのが「**データ集計**」です。pandasでは、この目的で利用可能な関数・メソッドが数多く用意されています。本節ではその中でも特に利用頻度の高い機能をピックアップして紹介します。

　本節で紹介するデータ集計機能はExcelが備えるものと重なる点が多いです。どちらがいいかは好みによる部分もありますが、筆者は使い方に慣れてしまえば、すぐに結果を出せるpandasの方が便利かと思っています。すでにExcelのデータ分析機能を活用している読者は、本節を読み終わった段階で、今後、どちらを使っていくか考えてみるといいでしょう。

3.4.1 　銀行マーケティングデータセット

　本節で分析していく「銀行マーケティングデータセット」は、ポルトガルの銀行のダイレクトマーケティングキャンペーンに関連したデータです（図3-4-1）。

Machine Learning Repository
Center for Machine Learning and Intelligent Systems

Check out the beta version of the new UCI Machine Learning Repository we are currently testi
try out the new site.

Bank Marketing Data Set
Download: Data Folder, Data Set Description

Abstract: The data is related with direct marketing campaigns (phone calls) of a Portuguese banking institution. The classificatio

Data Set Characteristics:	Multivariate	Number of Instances:	45211	Area:	Business
Attribute Characteristics:	Real	Number of Attributes:	17	Date Donated	2012-02-14
Associated Tasks:	Classification	Missing Values?	N/A	Number of Web Hits:	1817162

図 3-4-1　銀行マーケティングデータセットのホームページ
https://archive.ics.uci.edu/ml/datasets/Bank+Marketing

　次の表3-4-1のようなデータ項目があり、電話営業の結果（y）が成功するかど
うかを予測するモデルを作る目的でよく利用されます[1]。

---

[1] 筆者自身、このデータセットは別の書籍「Pythonで儲かるAIをつくる」でも取り上げており、その際
は、「今回販促結果」(y)を予測する「2値分類モデル」を構築しました。

表3-4-1　銀行マーケティングデータセットのデータ項目一覧

項目名(英語)	項目名(日本語)	データ型	項目値
age	年齢	整数型	18〜95
job	職業	文字列型	admin.、blue-collar、entrepreneurなど
marital	婚姻	文字列型	married、single、divorced[*1]
education	学歴	文字列型	primary、secondary、tertiary[*2]
default	債務不履行	ブール型	True、False
balance	平均残高	整数型	-8019〜102127
housing	住宅ローン	ブール型	True、False
loan	個人ローン	ブール型	True、False
contact	連絡手段	文字列型	cellular、telephone[*3]
day	最終通話日	整数型	1〜31
month	最終通話月	文字列型	jan、feb、mar、apr、mayなど
duration	最終通話秒数	整数型	0〜4918
campaign	通話回数_販促中	整数型	1〜63
pdays	前回販促後_経過日数	整数型	-1〜871[*4]
previous	通話回数_販促前	整数型	0〜275
poutcome	前回販促結果	文字列型	success、failure、other
y	今回販促結果	ブール型	True、False

*1　divorcedは離婚　　*2　初等、中等、高等　　*3　携帯電話、固定電話　　*4　-1はコンタクトしていない

　本節では、機械学習モデルの構築まで踏み込まず、pandasのデータ集計でどの程度の洞察が得られるかにトライしてみます。

　読者は、自分がこの電話営業をする担当員であり、いかに効率良く営業活動をするかが業務課題であると想定して、以下の話を読み進めてください。

3.4.2　ファイルのダウンロード

　本節の主題はデータ集計ですが、新しいデータセットを扱うので、最初にデータ読み込みとデータ確認・加工（前処理）を実施していきます。

　それでは実装コードを見ていきましょう。共通処理に関しては、いつもの通り説明を省略します。

コード 3-4-1　ファイルのダウンロードと解凍

```
1  # URL 指定
2  zip_url = 'https://archive.ics.uci.edu/ml/machine-learning ↗
   -databases/00222/bank.zip'
3  fn = 'bank-full.csv'
4
5  # 公開データのダウンロードと解凍
6  !wget $zip_url
7  !unzip -o bank.zip
```

```
--2022-08-28 02:14:07--  https://archive.ics.uci.edu/ml/machine ↗
-learning-databases/00222/bank.zip
Resolving archive.ics.uci.edu (archive.ics.uci.edu)... 128.195. ↗
10.252
Connecting to archive.ics.uci.edu (archive.ics.uci.edu)|128.195 ↗
.10.252|:443... connected.
HTTP request sent, awaiting response... 200 OK
Length: 579043 (565K) [application/x-httpd-php]
Saving to: 'bank.zip'

bank.zip            100%[====================>] 565.47K   --.-KB ↗
/s    in 0.05s

2022-08-28 02:14:07 (11.3 MB/s) - 'bank.zip' saved [579043/5790 ↗
43]

Archive:  bank.zip
  inflating: bank-full.csv
  inflating: bank-names.txt
  inflating: bank.csv
```

　コード 3-4-1 は UCI（カリフォルニア大学アーバイン校）のデータリポジトリの
サイトから wget コマンドで該当データをダウンロードし、unzip コマンドで zip ファ
イルを解凍しています。次のコード 3-4-2 では、head コマンドで、解凍後の ba
nk.csv ファイルの先頭 5 行の内容を表示します。

コード 3-4-2　ファイルの先頭 5 行の内容表示

```
1    # ファイルの先頭 5 行の内容確認
2    !head -5 bank.csv
```

```
"age";"job";"marital";"education";"default";"balance";"housing";
"loan";"contact";"day";"month";"duration";"campaign";"pdays";"pr
evious";"poutcome";"y"
30;"unemployed";"married";"primary";"no";1787;"no";"no";"cellula
r";19;"oct";79;1;-1;0;"unknown";"no"
33;"services";"married";"secondary";"no";4789;"yes";"yes";"cellu
lar";11;"may";220;1;339;4;"failure";"no"
35;"management";"single";"tertiary";"no";1350;"yes";"no";"cellul
ar";16;"apr";185;1;330;1;"failure";"no"
30;"management";"married";"tertiary";"no";1476;"yes";"yes";"unkn
own";3;"jun";199;4;-1;0;"unknown";"no"
```

この結果から次のことが読み取れます。

- ヘッダ行あり
- 区切り文字はセミコロン
- ヌル値は 'unknown'
- True / False は 'yes' / 'no'
- 文字列のクオートはダブルクオート（これはオプション指定不要）

これらの結果は、この後の read_csv 関数の呼び出しにおいて、オプション指定で対応することになります。

3.4.3　CSV ファイルの読み込み

前項でわかったことを基に、read_csv 関数でデータを読み取ります。実装は次のコード 3-4-3 です。

コード 3-4-3　read_csv 関数によるデータ読み込み

```
1    # bank-full.csv をデータフレームに取り込み
2    df = pd.read_csv(
3        fn,
4        sep=';',
5        na_values='unknown',
6        true_values=['yes'],
7        false_values=['no'])
8
9    # 結果確認
10   display(df.head(2))
```

	age	job	marital	education	default	balance	housing	loan	contact
0	58	management	married	tertiary	False	2143	True	False	NaN
1	44	technician	single	secondary	False	29	True	False	NaN

	day	month	duration	campaign	pdays	previous	poutcome	y
0	5	may	261	1	-1	0	NaN	False
1	5	may	151	1	-1	0	NaN	False

　それぞれのオプションがどういう目的と意味なのかについては、3.2節の表3-2-2でまとめていますが、今回利用したオプションだけ抜き出すと、次の表3-4-2のようになります。

表 3-4-2　コード 3-4-3 で利用しているオプションの目的

目的	パラメータ名	呼び出し例	解説
区切り文字指定	sep	sep=';'	区切り文字としてセミコロンを指定
ヌル値の指定	na_values	na_values='unknown'	文字列'unknown'をヌル値とみなす
True値の指定	true_values	true_values=['yes']	文字列'yes'をTrue値とみなす
False値の指定	false_values	false_values=['no']	文字列'no'をFalse値とみなす

　コード3-4-3のデータフレーム出力結果と、コード3-4-2のCSV出力結果を見比べてください。意図した通り、'unknown'だった項目がヌル値を意味する「NaN」に、'yes'、'no'だった項目が「True」/「False」に置き換わっています。

　こうした変換は、3.3節で紹介したmapメソッドを使って「前処理」としても

実行できるのですが、実装コードをシンプルにする目的で、read_csv関数のオプションで対応できるものは極力そちらに寄せてしまうのがお勧めです。

☞データ分析のためのポイント

read_csv 関数は数多くの変換機能を持っている。前処理として読み込み後にできる変換であっても、実装をシンプルにする目的で極力 read_csv 関数に寄せるのがお勧め。

3.4.4　データ確認・加工 (前処理)

続けて、わかりやすくする目的で項目名を日本語に差し替えます。実装は次のコード3-4-4です。

コード 3-4-4　項目名を日本語に差し替え

```
1   # 項目名の日本語定義
2   columns = [
3       '年齢', '職業', '婚姻', '学歴', '債務不履行', '平均残高',
4       '住宅ローン', '個人ローン', '連絡手段', '最終通話日',
5       '最終通話月', '最終通話秒数', '通話回数 _ 販促中',
6       '前回販促後 _ 経過日数', '通話回数 _ 販促前', '前回販促結果',
7       '今回販促結果'
8   ]
9   # 項目名差し替え
10  df2 = df.copy()
11  df2.columns = columns
```

次のコード3-4-5は、項目の順番を入れ替えて、不要な項目を削除するためのものです。

コード 3-4-5　項目順番入れ替え

```
1   # 項目順番入れ替え
2   # 一番後ろの「今回販促結果」を一番前にする
3   # 「個人ローン」より後ろの項目を落とす
```

```
4    columns1 = list(df2.columns)
5    print(columns1)
6    columns2 = columns1[-1:] + columns1[:-9]
7    print(columns2)
8    df2 = df2[columns2]
```

['年齢', '職業', '婚姻', '学歴', '債務不履行', '平均残高', '住宅ロー
ン', '個人ローン', '連絡手段', '最終通話日', '最終通話月', '最終通話秒数',
'通話回数_販促中', '前回販促後_経過日数', '通話回数_販促前', '前回販促結
果', '今回販促結果']
['今回販促結果', '年齢', '職業', '婚姻', '学歴', '債務不履行', '平均
残高', '住宅ローン', '個人ローン']

今回のデータセットで最も重要なのは、「今回販促結果」です（機械学習モデル
を作る場合は「目的変数」になります）。まず、この最も重要な項目を末尾から先
頭に移動します。

コード3-4-4にある日本語項目のうち、「連絡手段」以下は、これからの実習で
一切使わず不要なので削除します。

コード3-4-5では、6、8行目が本質的な部分です。6行目では、1.7節で説明し
たリストに対するスライス指定機能を活用しています。5、7行目で途中経過の変
数をprint関数で出力しているので、この出力を参考に6、8行目で何をやってい
るか読み解いてください。

データ内容の確認

ここまで加工した結果をdisplay関数で確認します。実装と結果はコード3-4-6
です。

コード3-4-6　データ加工の結果確認

```
1    # データ内容確認
2    display(df2.head())
```

	今回販促結果	年齢	職業	婚姻	学歴	債務不履行	平均残高	住宅ローン	個人ローン
0	False	58	management	married	tertiary	False	2143	True	False
1	False	44	technician	single	secondary	False	29	True	False
2	False	33	entrepreneur	married	secondary	False	2	True	True
3	False	47	blue-collar	married	NaN	False	1506	True	False
4	False	33	NaN	single	NaN	False	1	False	False

　意図した通り、今後の分析に際して最も重要な「今回販促結果」が先頭の列になり、この後で実施する分析に利用しない不要な列も消された状態になっています。本節の今後の分析は、このデータフレーム df2 に対して行うこととします。

☞データ分析のためのポイント

データ分析をするにあたって、当面使う予定のない項目は落としてしまった方がその後の見通しが良くなる。重要な項目を先頭に持ってくる操作も、分析効率化の観点で地味に重要。

データ型の確認

　次にここまで整形してきたデータフレーム df2 のデータ型を確認します。実装と結果はコード 3-4-7 です。

コード 3-4-7　データ型確認結果

```
1  # データ型確認
2  df2.dtypes
```

```
今回販促結果      bool
年齢           int64
職業          object
婚姻          object
学歴          object
債務不履行       bool
平均残高        int64
住宅ローン       bool
個人ローン       bool
dtype: object
```

True/Falseの値を持つ「今回販促結果」「債務不履行」「住宅ローン」「個人ローン」の4項目がブール型、「年齢」と「平均残高」という数値データの項目が整数型、それ以外の項目は文字列型を意味するobjectになっており、意図通りのデータ型になっていることが確認できました。

欠損値の確認

その次に欠損値を確認します。実装と結果はコード3-4-8です。

コード3-4-8　欠損値確認結果

```
1    # 欠損値確認
2    df2.isnull().sum()

今回販促結果            0
年齢                  0
職業                288
婚姻                  0
学歴               1857
債務不履行            0
平均残高              0
住宅ローン            0
個人ローン            0
dtype: int64
```

欠損値があるのは「職業」と「学歴」の2つでした。本節の分析では、件数カウントと平均処理しか行わないので、欠損値には特に対応しない方針とします。

統計情報の確認（数値項目）

今度は統計情報のうち数値項目の確認をします。統計情報の確認には前節で説明した通り **describe メソッド**を使います。実装と結果はコード3-4-9です。

コード3-4-9　数値項目の統計情報確認

```
1    # 統計値
2    df2.describe()
```

	年齢	平均残高
count	45211.0000	45211.0000
mean	40.9362	1362.2721
std	10.6188	3044.7658
min	18.0000	-8019.0000
25%	33.0000	72.0000
50%	39.0000	448.0000
75%	48.0000	1428.0000
max	95.0000	102127.0000

　この結果から「年齢」に関しては18歳以上、95歳以下であることが、「平均残高」に関しては最低がマイナス8019、最高が102127であることがわかりました。

統計情報の確認（文字列型項目）

　データ確認の最後として、文字列型項目の統計情報を確認します。実装と結果は、コード3-4-10です。

コード 3-4-10　文字列型項目の統計情報確認

```
1   # 統計値（文字列型）
2   df2.describe(include='O')
```

	職業	婚姻	学歴
count	44923	45211	43354
unique	11	3	3
top	blue-collar	married	secondary
freq	9732	27214	23202

　「職業」は全部で11種類、「学歴」は3種類あることがわかります。紙幅の関係で省略しますが、value_countsメソッドを用いれば、各項目のより詳しい値の分布も調べられます。

3.4.5　グループごとの集計 (groupby メソッド)

　データ確認・加工が一通り終わったので、いよいよ本節の本題であるデータ集計の具体的内容に入ります。

　最初に本項で紹介するのは、**groupby メソッド**です。メソッドの引数で渡され

た**項目の値でグループ分けして、そのグループごとに集計処理**をするメソッドになります[2]。このメソッドでどのような処理をするのか、イメージを図3-4-2に示しました。

```
df2.groupby('学歴').mean()
```

① df2を「学歴」でソート（並べ替え）

	今回販促結果	年齢	職業	婚姻	学歴	債務不履行
9387	False	48	blue-collar	divorced	primary	False
26639	False	49	blue-collar	single	primary	False
:					:	
33107	False	31	blue-collar	single	primary	False
30798	False	28	unemployed	single	primary	False
24338	False	54	admin.	divorced	secondary	False
33166	False	30	unemployed	single	secondary	False
:					:	

② 「学歴」が同じ行の間で集約計算（今回は平均処理）

図3-4-2　groupbyメソッドの実装イメージ

実習コードでは、「学歴」でグループ化し、集約のメソッドとしては、平均を計算するmeanメソッドを選びました。実装と結果はコード3-4-11です[3]。

コード3-4-11　「学歴」による集計結果

```
#「学歴」による集計結果
df_gr1 = df2.groupby('学歴').mean()

# 結果確認
display(df_gr1)
```

学歴	今回販促結果	年齢	債務不履行	平均残高	住宅ローン	個人ローン
primary	0.0863	45.8656	0.0185	1250.9499	0.5684	0.1495
secondary	0.1056	39.9643	0.0197	1154.8808	0.6050	0.1855
tertiary	0.1501	39.5936	0.0149	1758.4164	0.4795	0.1341

2 SQLをご存じの読者なら、SQLの「GROUP BY句」と同じ機能と聞けばわかるでしょう。
3 集約メソッドとしては他に、合計を計算するsumメソッドがよく利用されます。

　「今回販促結果」はTrue/Falseの値を取るブール型の項目なのですが、groupbyメソッドとmeanメソッドが呼ばれると、True/Falseを整数の1/0に自動的に変換して、平均を計算します。なので、コード3-4-11の「今回販促結果」の列は、それぞれのグループの「今回販促成功率」と読み取れます。

　すると、学歴がprimary（初等教育）の顧客の平均成功率が8.63%であるのに対して**tertiary（高等教育）の顧客の場合、成功率が15.01%に上がっている**ことがわかります。この事実は電話営業の際に有用な洞察の1つになりそうです。

　今度は、「職業」でグループ化し、同じように「今回販促結果」の成功率がどう違うか確認してみましょう。職業は全部で11もあるので、結果を見やすくするため、**sort_valuesメソッド**を用いて「今回販促結果」の値が大きい順にソートもかけることにします[4]。実装と結果は次のコード3-4-12です。

コード3-4-12　「職業」による集計結果

```
1   #「職業」による集計結果
2   df_gr2 = df2.groupby('職業').mean(
3   ).sort_values('今回販促結果', ascending=False)
4
5   # 結果確認
6   display(df_gr2)
```

職業	今回販促結果	年齢	債務不履行	平均残高	住宅ローン	個人ローン
student	0.2868	26.5426	0.0032	1388.0608	0.2655	0.0128
retired	0.2279	61.6268	0.0115	1984.2151	0.2169	0.1365
unemployed	0.1550	40.9616	0.0230	1521.7460	0.4167	0.0837
management	0.1376	40.4496	0.0173	1763.6168	0.4946	0.1325
admin.	0.1220	39.2899	0.0143	1135.8389	0.6154	0.1916
self-employed	0.1184	40.4845	0.0209	1647.9709	0.4845	0.1450
technician	0.1106	39.3146	0.0171	1252.6321	0.5417	0.1723
services	0.0888	38.7403	0.0181	997.0881	0.6659	0.2013
housemaid	0.0879	46.4153	0.0177	1392.3952	0.3210	0.1226
entrepreneur	0.0827	42.1910	0.0370	1521.4701	0.5844	0.2394
blue-collar	0.0727	40.0441	0.0207	1078.8267	0.7242	0.1730

---

[4] sort_valuesメソッドについては3.6節で詳しく解説します。

ちょっと意外な結果です。「今回販促結果」の**成功率が一番高いのは28.68％の**「**student**」でした。しかし、平均年齢を見ると26.54歳となっているので、日本でイメージする「学生」とは意味合いが違うのかもしれないです[5]。その次に成功率が高いのは「retired」（退職者）で、これはなんとなくわかる気がします。いずれにしても、「学歴」とは別の「職業」という切り口で分析したことにより、もう1つ電話営業に有益な洞察が得られました。

> **☞データ分析のためのポイント**
>
> データ分析で洞察を得る1つのパターンは、特定の軸（学歴、職業など）でグループ化したときに、目的となる項目(今回販促結果)の平均値の違いを調べること。データフレームでこの分析パターンを適用したい場合は、groupbyメソッドを用いる。

3.4.6 出現頻度のクロス集計（crosstab 関数）

前項で「学歴」と「職業」が今回の分析の目的である「今回販促結果」と関連があることがわかりました。この洞察が得られると、もう一歩踏み込んだ分析として「学歴」と「職業」を組み合わせたときについても調べたくなります。

このように、2つの軸を組み合わせて分析することをデータ分析の用語では「**2軸で分析する**」と呼びます。データフレームでは、この目的の関数/メソッドも用意されていて、具体的には**crosstab関数**と**pivot_table メソッド**になります。本項と次項でこの2つを順番に紹介していきます。

本項で紹介するcrosstab関数の目的を端的に表現すると、「**2軸分析におけるvalue_counts メソッド**」です。3.3節で紹介したvalue_counts メソッドは、「特定の項目に注目した際、どの項目値がいくつ存在するか」を返してくれるメソッドでした。2軸で分析する場合、タテヨコの2軸の広がりを持った表形式で件数を整理する必要があります。この違いを、次の図3-4-3で示しました[6]。

---

[5] ヨーロッパでは一度社会に出た人がもう一度学校で学び直すことが多いと聞いたことがあり、それが数字に表れているのかと想像しました。
[6] 図で1軸での件数と、2軸での各行の合計(All)が合っていませんが、例えば職業が「admin.」で学歴が欠損値という場合、1軸のケースではカウントされて、2軸ではカウント外になることが理由です。

1軸での件数カウント

```
df2[' 職業 '].value_counts()
```

2軸での件数カウント

```
pd.crosstab(index=df2[' 職業 '],
            columns=df2[' 学歴 '],
            margins=True)
```

```
blue-collar     9732
management      9458
technician      7597
admin.          5171
services        4154
retired         2264
self-employed   1579
entrepreneur    1487
unemployed      1303
housemaid       1240
student          938
Name: 職業 , dtype: int64
```

学歴 職業	primary	secondary	tertiary	All
admin.	209	4219	572	5000
blue-collar	3758	5371	149	9278
entrepreneur	183	542	686	1411
housemaid	627	395	173	1195
management	294	1121	7801	9216
retired	795	984	366	2145
self-employed	130	577	833	1540
services	345	3457	202	4004
student	44	508	223	775
technician	158	5229	1968	7355
unemployed	257	728	289	1274
All	6800	23131	13262	43193

図 3-4-3　value_counts メソッドと crosstab 関数の比較

　以上で、crosstab関数がどんなことをする関数であるかは理解できたと思います。それでは、次のコード3-4-13で実装方法を見ていきましょう。

コード 3-4-13　「職業」「学歴」2軸での件数カウント

```
1  # 出現頻度のクロス集計
2  #「職業」「学歴」の 2 軸で頻度を集計する
3  df_crosstab = pd.crosstab(
4      index=df2[' 職業 '],
5      columns=df2[' 学歴 '],
6      margins=True)
7
8  # 結果確認
9  display(df_crosstab)
```

学歴 職業	primary	secondary	tertiary	All
admin.	209	4219	572	5000
blue-collar	3758	5371	149	9278
entrepreneur	183	542	686	1411
housemaid	627	395	173	1195
management	294	1121	7801	9216
retired	795	984	366	2145
self-employed	130	577	833	1540
services	345	3457	202	4004
student	44	508	223	775
technician	158	5229	1968	7355
unemployed	257	728	289	1274
All	6800	23131	13262	43193

　indexとcolumnsという2つの引数に、データフレームの特定の行／列を抜いた
Series変数を渡すだけです。「margins=True」のオプションを追加すると、タテ
ヨコそれぞれに合計の欄を作ってくれます。簡単に集計できることがわかります。
　今回想定している業務シナリオの電話営業のケースでいうと、上の表で意味の
あるのはそれぞれの組み合わせの絶対的な件数です。例えば、2軸分析で「職業＝
A」「学歴＝B」の組み合わせが一番有効（営業成功率が高い）ということがわか
ったとしても、営業対象の候補となる件数が少ないと、他の組み合わせ候補も探さ
ないといけないことになるからです。
　一方、上の結果は、社会学的見地からも興味深い表です。その場合は絶対的な
数より、「ブルーカラーの何％の学歴が高等教育なのか」など、ヨコでの合計を分
母として比率を見たい場合もありえます。そのような場合は、コード3-4-14のよ
うに、関数にオプションを追加すればいいです。

コード3-4-14　クロス集計　行方向の比率計算

```
1    # 出現頻度のクロス集計
2    #「職業」「学歴」の2軸で頻度を集計する
3    # 行方向の比率計算とする
4    df_crosstab2 = pd.crosstab(
5        index=df2['職業'],
6        columns=df2['学歴'],
7        normalize='index',
8        margins=True)
```

```
 9
10   # 結果確認
11   display(df_crosstab2)
```

学歴 職業	primary	secondary	tertiary
admin.	0.0418	0.8438	0.1144
blue-collar	0.4050	0.5789	0.0161
entrepreneur	0.1297	0.3841	0.4862
housemaid	0.5247	0.3305	0.1448
management	0.0319	0.1216	0.8465
retired	0.3706	0.4587	0.1706
self-employed	0.0844	0.3747	0.5409
services	0.0862	0.8634	0.0504
student	0.0568	0.6555	0.2877
technician	0.0215	0.7109	0.2676
unemployed	0.2017	0.5714	0.2268

今回は先ほどの関数呼び出しに「normalize='index'」というオプションを追加しています。今回の場合、ヨコ1行分の3つの値を全部足すと1になっていることを確認してください[7]。ちなみに、先ほど言及した「ブルーカラー」でかつ学歴が「高等教育」の人は、ブルーカラー全体の1.61%と少ないことがわかりました。

3.4.7 項目値のクロス集計 (pivot_table メソッド)

クロス集計をするにあたって、事象の件数だけでなく特定の項目値を対象に集計処理をしたい場合があります。そのような場合に利用するのが、本項で紹介する**pivot_table**メソッドです。その処理イメージを図3-4-4で表現しました。

---

[7] タテ1列を足すと1になるような加工も可能で、その場合は「normalize='columns'」と指定します。

```
df_pivot = df2.pivot_table(
    index='職業',
    columns='学歴',
    values='今回販促結果',
    aggfunc='mean')
```

① df2 を「職業」「学歴」でソート

Index	今回販促結果	年齢	職業	婚姻	学歴
45	False	36	admin.	single	primary
500	False	46	admin.	married	primary
:		:			:
44143	False	72	admin.	married	primary
44780	True	72	admin.	married	primary
10	False	41	admin.	divorced	secondary
11	False	29	admin.	single	secondary

② 「職業」「学歴」が同じグループで項目「今回販促結果」の集約計算
（例）職業 =admin. 学歴 =primary の「今回販促結果」の平均値は 0.0574

③ 出力表の該当セルに計算結果を記入

学歴 職業	primary	secondary	tertiary
admin.	0.0574	0.1190	0.1731
blue-collar	0.0580	0.0806	0.1611
:	:	:	

④ すべての「職業」「学歴」の組み合わせで同じ処理を繰り返す

図 3-4-4　pivot_table メソッドの処理イメージ

　前項で、**crosstab 関数**は「**value_counts メソッドのクロス集計版**」という説明をしました。

　同じたとえを使うなら、本項で説明している **pivot_table メソッド**は「**group by メソッドのクロス集計版**」といえます。

　groupby メソッドの場合は、複数の列で同時に集計処理ができたのですが、今回は 2 軸の集計なので、1 つのグループの集計で使えるマス目は 1 つだけです。なので集約処理対象の項目（今回販促結果）を特定する必要があることも上の図から読み取れます。

この処理の実装コードとその結果は、次のコード3-4-15になります。

コード 3-4-15　「職業」「学歴」2軸で「今回販促結果」のクロス集計

```
1  #「職業」と「学歴」を軸とした、「今回販促結果」のクロス集計
2  df_pivot = df2.pivot_table(
3      index='職業',
4      columns='学歴',
5      values='今回販促結果',
6      aggfunc='mean')
7
8  # 結果確認
9  display(df_pivot)
```

職業 \ 学歴	primary	secondary	tertiary
admin.	0.0574	0.1190	0.1731
blue-collar	0.0580	0.0806	0.1611
entrepreneur	0.0656	0.0959	0.0758
housemaid	0.0781	0.0861	0.1272
management	0.0748	0.0865	0.1454
retired	0.2239	0.2104	0.2760
self-employed	0.0385	0.0745	0.1609
services	0.0841	0.0856	0.1238
student	0.3636	0.2972	0.2646
technician	0.0823	0.0991	0.1453
unemployed	0.1323	0.1484	0.1938

　コード3-4-15の中で、5行目の「values='今回販促結果'」は集約処理対象の項目が「今回販促結果」であることを、6行目の「aggfunc='mean'」は、集約関数が「平均」であることを意味しています。やや複雑な計算ですが、図3-4-4と見比べてどのような計算をしているか理解してください。

　今回の業務目的である「電話営業の最適化」の観点で、コード3-4-15の集計結果を解釈してみます。まず驚くのが青枠で囲んだ「student」の集計結果です。コード3-4-11の集計結果でわかっていたように、全体的な傾向として学歴に関しては「初等」「中等」「高等」の順に、後者のものほど成功率が高いです。他の職業のほとんどでもこの傾向は保たれているのに、studentだけは順番が逆になっています。筆者はこの傾向を説明する仮説を考えられなかったのですが、何か理由があるはずです。「student」「初等」の属性で実際に契約をしてもらった顧客にインタ

ビューをすると、その理由がわかるかもしれません。また、その理由が妥当な場合、営業時に話す内容にその要素を含ませると、より成約率が上がる可能性もあります。

いずれにしても、「ある軸でグループ分け」「グループ単位の平均計算」という、数学的には非常に単純な処理だけで、業務観点ではとても意味のある洞察が得られました。また、そのような計算をする際にデータフレームは、本当に単純な呼び出し方で試すことが可能です。いろいろな仮説を立てて、手軽にそれを検証できることもわかったと思います。

以上で説明した手法は、処理内容が単純であるが故に極めて適用範囲が広い方法です。読者もぜひ、日常の業務でこの方法を活用してもらえればと思います。

もう一点、補足しておきたいことがあります。3.4.4項のコード3-4-8で確認した通り、今回深掘りして調査した項目である「学歴」「職業」はそれぞれ、かなりの数の欠損値があります。この欠損値をそのままの状態で扱っても、問題なく分析が可能でした。もちろん弊害はあって、図3-4-3の脚注で説明した2つの数字が一致しない問題は、まさにこのことに起因しているのですが、欠損値があるから分析が致命的にできないということはないのです。前の話の繰り返しですが、欠損値処理をする場合は、その必要性を確認してからということを習慣づけるようにしてください。

演習問題

問　題

分析対象のデータフレームは実習と同じ df2 を使います。このとき、以下の内容に沿った実装コードを作ってください。

(1)「住宅ローン」の有無が、「今回販促結果」に影響するかどうかを、groupby メソッドで調べてください。
(2)「住宅ローン」「学歴」の 2 軸で頻度分析をしてください。
(3)「住宅ローン」「学歴」の 2 軸で「今回販促結果」のクロス集計をしてください。

解答ひな型コード

コード 3-4-16　演習問題（1）の解答ひな型

```
1  # (1)「住宅ローン」の有無が、「今回販促結果」に影響するか
2  df_gr =
3
4  # 結果確認
5  display(df_gr)
```

コード 3-4-17　演習問題（2）の解答ひな型

```
1  # (2)「住宅ローン」「学歴」の2軸で頻度分析
2  df_crosstab =
3
4
5
6  # 結果確認
7  display(df_crosstab)
```

コード 3-4-18　演習問題（3）の解答ひな型

```
1  # (3)「住宅ローン」「学歴」の2軸で「今回販促結果」のクロス集計
2  df_pivot =
3
4
5
6  # 結果確認
7  display(df_pivot)
```

解答例

コード 3-4-19　演習問題（1）の解答例

```
1  # (1)「住宅ローン」の有無が、「今回販促結果」に影響するか
2  # 参照 3.4.5 項　コード 3-4-11
3  df_gr = df2.groupby(' 住宅ローン ').mean()
4
5  # 結果確認
6  display(df_gr)
```

住宅ローン	今回販促結果	年齢	債務不履行	平均残高	個人ローン
False	0.1670	43.1399	0.0189	1596.5013	0.1433
True	0.0770	39.1753	0.0173	1175.1031	0.1738

コード 3-4-20　演習問題（2）の解答例

```
1  # (2)「住宅ローン」「学歴」の 2 軸で頻度分析
2  # 参照 3.4.6 項　コード 3-4-13
3  df_crosstab = pd.crosstab(
4      index=df2[' 住宅ローン '],
5      columns=df2[' 学歴 '],
6      margins=True)
7
8  # 結果確認
9  display(df_crosstab)
```

学歴 住宅ローン	primary	secondary	tertiary	All
False	2957	9164	6923	19044
True	3894	14038	6378	24310
All	6851	23202	13301	43354

コード 3-4-21　演習問題（3）の解答例

```
1  # (3)「住宅ローン」「学歴」の 2 軸で「今回販促結果」のクロス集計
2  # 参照 3.4.7 項　コード 3-4-15
3  df_pivot = df2.pivot_table(
4      index=' 住宅ローン ',
5      columns=' 学歴 ',
6      values=' 今回販促結果 ',
```

```
7          aggfunc='mean')
8
9   # 結果確認
10  display(df_pivot)
```

学歴 住宅ローン	primary	secondary	tertiary
False	0.1238	0.1542	0.1996
True	0.0578	0.0739	0.0963

　今回の演習問題は、実習コードから項目名を置き換えるだけなので、特に難しい点はなかったと思います。それぞれの解釈例は、以下の通りです。

問題（1）　**「住宅ローンに入っている顧客は、そうでない顧客と比べて金融商品の勧誘に入りにくい」**というのは、常識的に考えられる仮説です。**この仮説が数字から実証された**ということになります。

問題（2）　**「学歴が高等教育の顧客が住宅ローンに入っている比率が最も低い」**という洞察が得られます。

問題（3）　「住宅ローン」の有無、「学歴」で6つの顧客グループに分割した場合、**最も狙い目のグループは「住宅ローンなし」「学歴が高等教育」**のグループでその場合の**成功率は約19.96%** ということになります。

3.5　データ可視化

本節で学ぶこと

　本節では、前節で学んだ「集計」と並んで、データから洞察を得る重要な手段の1つである「可視化」の手法について学びます。

　可視化の手段として、2.3節ではMatplotlibを解説しました。グラフは基本的にMatplotlibを用いて描画できるのですが、構造化データが対象の場合、pandasでも描画可能で、ほとんどのケースではpandasを使った方が簡単です。そこで、本節ではpandasを使ったグラフ描画の方法について説明します。

　本節の後半ではseabornというライブラリも紹介します。seabornではより高度な描画が可能です。数多くの種類のグラフ描画が可能ですが、その中でも特に有用な4種類のグラフを紹介します。

3.5.1　CSVファイルの読み込み

　本節では、3.2節と3.3節で利用した「ピッツバーグ・ブリッジ・データセット」を再び利用します。簡単に項目を日本語化するため、次のコード3-5-1のように、読み込み時点で項目名を日本語にしました。

コード3-5-1　ピッツバーグ・ブリッジ・データセットの読み込み

```
1  url = 'https://archive.ics.uci.edu/ml/machine-learning-dat ⬆
   abases/bridges/bridges.data.version1'
2  cols_jp = [
3      'ID', '川コード', '位置', '竣工年', '目的', '長さ', '車線 ⬆
   数', '垂直クリアランス',
4      '道路位置', '建築資材', '長さ区分', '相対長', '橋種別'
5  ]
6
7  # データ読み込み
8  df = pd.read_csv(
```

```
 9        url, header=None,
10        names=cols_jp, na_values='?',
11        index_col='ID')
12
13   display(df.head())
```

ID	川コード	位置	竣工年	目的	長さ	車線数	垂直クリアランス
E1	M	3.0000	1818	HIGHWAY	NaN	2.0000	N
E2	A	25.0000	1819	HIGHWAY	1037.0000	2.0000	N
E3	A	39.0000	1829	AQUEDUCT	NaN	1.0000	N
E5	A	29.0000	1837	HIGHWAY	1000.0000	2.0000	N
E6	M	23.0000	1838	HIGHWAY	NaN	2.0000	N

ID	道路位置	建築資材	長さ区分	相対長	橋種別
E1	THROUGH	WOOD	SHORT	S	WOOD
E2	THROUGH	WOOD	SHORT	S	WOOD
E3	THROUGH	WOOD	NaN	S	WOOD
E5	THROUGH	WOOD	SHORT	S	WOOD
E6	THROUGH	WOOD	NaN	S	WOOD

3.5.2 ヒストグラム (hist メソッド)

まず、ヒストグラムがどんなグラフであるか説明します。

ヒストグラムは、ピッツバーグ・ブリッジ・データセットにおける「竣工年」のように、連続的に変化する数値データに対して、細分化した値の範囲を事前に定め、それぞれの範囲に何件のデータがあるかを棒グラフで示したものです。図3-5-1にヒストグラムの作り方を模式的に示しました。

①元データ

ID	川コード	位置	竣工年
E1	M	3	1818
E2	A	25	1819
E3	A	39	1829
E5	A	29	1837
E6	M	23	1838

竣工年
に注目 ➡

②値の範囲を定め、
その範囲の件数をカウント

竣工年の範囲	件数
1818-1827	2
1828-1837	2
1838-1847	4
1848-1857	6
1858-1867	4
:	:

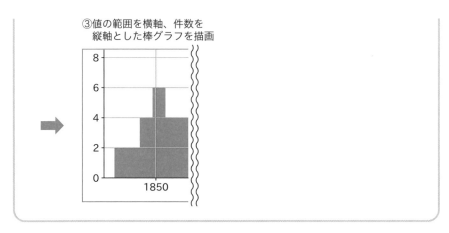

図 3-5-1　ヒストグラムの作り方

図3-5-2に実際のヒストグラムのサンプルを示します。

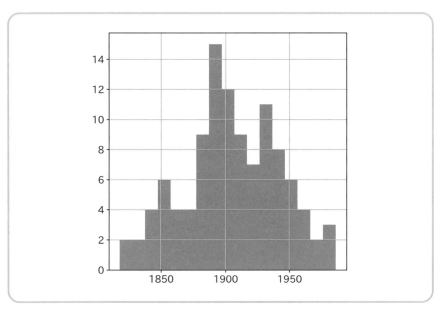

図 3-5-2　ヒストグラムのサンプル

　ヒストグラムは**連続的に変化する数値項目のデータに対して、数値の分布状況を確認**するのに便利なグラフです。そのため、データ分析では非常によく利用されます。

データフレームの**histメソッド**は、データフレームのすべての数値項目に対してまとめてヒストグラムを表示してくれるメソッドです。簡易的な利用方法としては、次のコード3-5-2のように、実質1行で表示できます。

コード 3-5-2　簡易的なヒストグラム表示

```
1  # 数値項目のヒストグラム表示（簡易版）
2  df.hist()
3  plt.show()
```

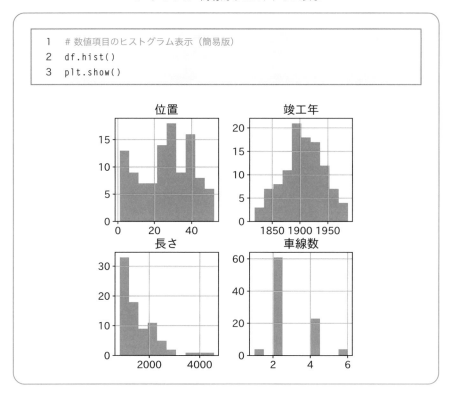

だいたいの様子を確認するのには上のコードで十分ですが、もっと見た目を良くしたい場合もあります。見た目に配慮したコードの例を次のコード3-5-3に示します。

コード 3-5-3　見た目を配慮したヒストグラム表示

```
1  # 数値項目のヒストグラム表示（見た目を配慮した版）
2  plt.rcParams['figure.figsize'] = (15, 4)
3  df.hist(bins=20, layout=(1, 4))
4  plt.tight_layout()
```

```
5  plt.show()
```

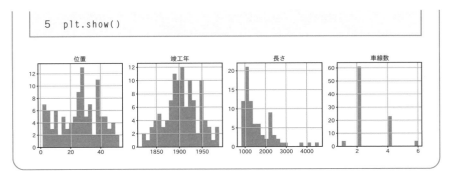

新たに追加したオプションの目的と該当実装箇所はそれぞれ次の通りです。

表 3-5-1　追加オプションそれぞれの意味

コード行	目的	実装
2行目	描画領域を横長に設定	`plt.rcParams['figure.figsize'] = (15,4)`
3行目	ヒストグラムの区切りを細かくする	`bins=20`
3行目	1行4列の配置にする	`layout=(1,4)`
4行目	グラフ同士がぶつからないよう調整	`plt.tight_layout()`

　データフレームのメソッド「df.hist()」と、Matplotlibの関数「plt.tight_layout()」が混在している点がわかりにくい箇所ですが、実は、histメソッドなどのデータフレームの描画メソッドは、内部でMatplotlibの関数を呼び出しているだけです。この裏の仕組みを理解すると、**大まかな描画はデータフレームのメソッドで行い、見た目の微調整をMatplotlibの関数でする**という描画パターンも使いこなせると思います。

☞ データ分析のためのポイント

データフレームの描画メソッドを使うとき、見た目の微調整には Matplotlib の関数を使うとよい。

　コード3-5-3で得られた可視化の結果ですが、どのような活用方法があるでしょうか。

　例えば、左から2つめの竣工年のヒストグラムを見てください。3.3節では、竣工年を年単位よりもっと大きなグループに分けるため、describeメソッドの出力値を参考に1850、1900、1950を境界値と設定しました。

コード3-5-3の結果のグラフと、1850、1900、1950の値を見比べることで、この境界値で分けられる4つのグループにそれぞれ一定数のデータが入ることが確認でき、区切る基準として適切であることをより正確に確認できます。これが可視化結果の活用法の1つになります。

> ☞データ分析のためのポイント
>
> 境界値を定めてグループ化処理をする際、設定した境界値が適切かどうかをグラフと見比べて確認することがヒストグラムの活用法の1つ。

3.5.3 棒グラフ (plot メソッド)

一方、文字列型の項目[1]はどのように可視化すればいいでしょうか。文字列型の項目に対しては、メソッド呼び出し1つで簡単に可視化するわけにはいかず、多少のコーディングが必要です。その原理を示すため、まず、「長さ区分」のみを抽出して可視化するコードを次に示します。

コード 3-5-4 「特定の文字列型項目」の可視化

```
1  #「長さ区分」の頻度表示
2  plt.rcParams['figure.figsize'] = (4, 4)
3  c = '長さ区分'
4  df[c].value_counts().plot(kind='bar', title=c)
5  plt.show()
```

[1] ここまで大雑把に「文字列型」と説明してきましたが、文字列型のデータも厳密には「建築資材」のように特定の値のいずれかを取る項目と、「ID」や「氏名」のようにそれぞれがユニークな値を取る項目があり、前者は統計学的には「カテゴリ型」と呼ばれます。以降の話は「カテゴリ型」に対するものと考えてください。

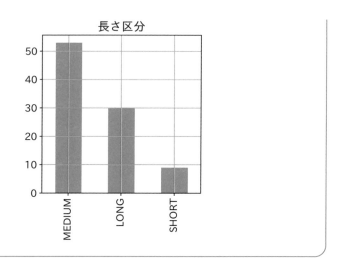

コード3-5-4の4行目が、グラフ表示の本質的な部分です。

「df[c].value_counts()」で出てきている **value_counts メソッド**は、3.3節で説明した通り、特定の項目に関して、どの値がいくつあるのかをカウントするメソッドです。

この集計結果にさらにメソッドチェインでグラフ表示を指示する **plot メソッド**を呼び出すことでグラフを表示しています。引数の「kind='bar'」は棒グラフの表示を、「title=c」はタイトルの表示を意味しています。

すべての文字列型項目に対して可視化をするためには、ループを回して上で説明した実装を順番に行えばいいです。その準備作業として、元のデータフレーム df から文字列型項目だけのデータフレーム df2 を抽出します。具体的な実装は次のコード3-5-5です。

コード 3-5-5　データフレームから文字列型項目のみを抽出

```
1   # データフレームの項目名を抽出
2   col = df.columns
3
4   # データ型が object の項目のみ抽出
5   col2 = col[df.dtypes == object]
6
```

```
 7    # データフレームを該当列のみに絞り込み
 8    df2 = df[col2]
 9
10    # 結果確認
11    display(df2.head(2))
```

ID	川コード	目的	垂直クリアランス	道路位置	建築資材	長さ区分	相対長	橋種別
E1	M	HIGHWAY	N	THROUGH	WOOD	SHORT	S	WOOD
E2	A	HIGHWAY	N	THROUGH	WOOD	SHORT	S	WOOD

　この実装はやや複雑なので1行1行説明します。

　2行目は元のデータフレームから項目の一覧を抽出しているところで、この実装についてはすでに説明しました。

　今まで説明を省略していましたが、ここで抽出した変数colはそれ自身がSeriesとしての性質を持っています。なので、5行目のような書き方で、元の一覧からデータ型がobjectの項目の一覧を抽出することが可能です。

　このように絞り込んだ項目一覧であるcol2ができれば、8行目の書き方で、元のデータフレームdfから、対象を絞り込んだデータフレームdf2を作れます。11行目のdisplay関数で、意図した結果になっていることを確認しました。

　コード3-5-4とコード3-5-5の結果をすべて織り込んで、データフレーム内のすべての文字列型項目を棒グラフで表示する実装が次のコード3-5-6になります。

コード3-5-6　すべての文字列型項目の可視化

```
 1    # ループを回して全カテゴリ項目で頻度表示をする
 2
 3    # グラフ描画領域の調整
 4    plt.rcParams['figure.figsize'] = (12, 8)
 5
 6    # 対象項目の絞り込み
 7    df2 = df[df.columns[df.dtypes == object]]
 8
 9    # ループ処理で、ヒストグラムの表示
10    for i, c in enumerate(df2.columns):
```

```
11      ax = plt.subplot(2, 4, i+1)
12      df2[c].value_counts().plot(
13          kind='bar', title=c, ax=ax)
14  # レイアウトの調整
15  plt.tight_layout()
16  plt.show()
```

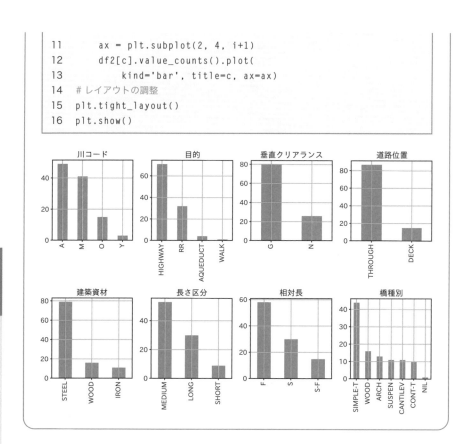

こちらもやや複雑なコードなので、1行ずつ説明します。

7行目：コード3-5-5で確認した、元のデータフレームdfから、データ型が文字列型の項目のみを抽出し、結果をdf2に代入する実装を1行にまとめています。

10行目：df2の項目（df2.columns）を使ってループ処理をします。enumerate関数を使うことにより、変数cには項目名が、変数iには何番目かを示す整数が入ります。このとき、変数iはゼロから始まることに注意してください。

11行目：描画位置を示す変数axを、subplot関数と変数iを使って生成します。その前の「2, 4」という数字は今回表示対象の文字列型項目が全部で8個あることと、それを「2行4列で表示したい」と考えた結果から決まります。

12〜13行目：基本的にはコード3-5-4で説明した実装ですが、11行目で生成したaxも新たにパラメータで追加し、描画位置を指定します。

いろいろな関数・メソッドが含まれていますが、すでに説明した機能の組み合わ

せで実装できていることになります。

3.5.4　箱ひげ図（boxplot 関数）

ここから先は、今まで扱っていないライブラリであるseabornの関数を紹介します。seabornは、Matplotlib同様にPython上の可視化ライブラリです。機能面でいうと、Matplotlibより高度な関数が多いです。seabornの機能を1つひとつ丁寧に紹介していると1冊の本ができるくらい多くの機能があるのですが、本書ではその中でも使われることの多い4つの機能に絞り込んで紹介します。

最初に紹介するのは箱ひげ図です。実装を説明する前に、「箱ひげ図」自体の説明をします。

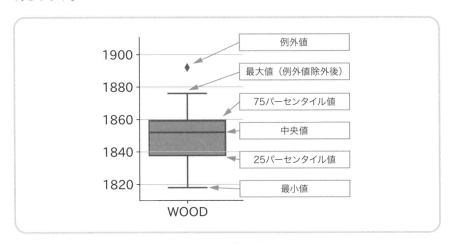

図 3-5-3　箱ひげ図

図3-5-3を見てください。この図は、材質が木で作られた橋の竣工年の分布を「箱ひげ図」で示したものです。

箱ひげ図を描く場合にベースになるのは、3.3節で説明したパーセンタイル値です。

対象のデータ（今回の例だと竣工年）を小さい順にソートして、一番小さな値（最小値）、真ん中の順番の値（中央値）、一番大きな値（最大値）を調べます。さらに、最小値と中央値の中間の順番の値（25パーセンタイル値）、最大値と中央値の中間の順番の値（75パーセンタイル値）も調べます。そして、25パーセンタイル値と75パーセンタイル値の領域を長方形で示し、中央値の値を横線で示しま

す。

最後に、最小値と最大値の値を横棒で示すのですが、追加のルールがあります。長方形の境界からの長さが、長方形の幅（75パーセンタイル値と25パーセンタイル値の差）の1.5倍を超えるような値は、「例外値」として最小値・最大値に含めないのです。図3-5-3の場合、1900に近い値が、例外値扱いされていることになります。

箱ひげ図の使い方ですが、全体の50%のデータが長方形の領域に含まれる形になります。このことを利用して、データがおよそどこに含まれているかを視覚的に把握するときによく用いられます。

ここから実装コードの説明に入りますが、その前にライブラリのインポートが必要です。次のコード3-5-7になります。

コード 3-5-7　seaborn ライブラリのインポート

```
1    # seaborn のインポート
2    import seaborn as sns
```

今まで出てきたライブラリと同様に、seaborn も決まり文句の略称である sns があります。この略称に関しても、今後、慣習に従い利用することにします。

次のコード3-5-8が、seaborn の boxplot関数を使って箱ひげ図を表示した実装です。

コード 3-5-8　boxplot 関数を用いた箱ひげ図表示

```
1    # 箱ひげ図の描画
2    plt.rcParams["figure.figsize"] = (6, 6)
3    sns.boxplot(
4        x='建築資材 ', y='竣工年 ', data=df,
5        order=['WOOD', 'IRON', 'STEEL'])
6    plt.title(' 建築資材と竣工年の関係 ')
7    plt.show()
```

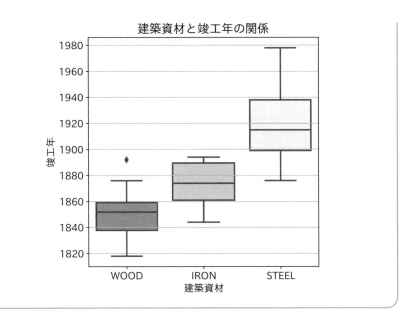

3〜5行目が、箱ひげ図を表示している部分です。

まず、「data=df」で表示に利用するデータフレームを指定します。

「x='建築資材'」では、どの項目値でグループ分けするかを示します。

「y='竣工年'」は、箱ひげ図の分析対象となる、項目を指定します。

これらの引数だけで箱ひげ図の表示は可能ですが、「order=['WOOD', 'IRON', 'STEEL']」とすることで、横軸の項目値の表示順を指定できます。箱ひげ図の機能自体は、Matplotlibにもあるのですが、seabornを用いることで、よりわかりやすく見やすいグラフを簡潔に表示できます。

この図から、多少のオーバーラップはあるものの、時代とともに橋の建築資材の主力が「WOOD（木）」→「IRON（鉄）」→「STEEL（鋼鉄）」と変遷していったことが読み取れます。

3.5.5 　散布図（scatterplot 関数）

次にseabornのscatterplot関数を使って散布図を表示してみます。Matplotlibでも散布図は表示できます。2.3節でMatplotlibによる散布図表示をした際、多少

トリッキーな方法[2]で、花の種類別に色分け表示もしていたのですが、あれが限界です[3]。seabornを使った散布図では、凡例付き、マーカーも変えた上で種類ごとの色分け表示ができます。実装は、次のコード3-5-9です。

コード3-5-9　scatterplot関数を用いた散布図表示

```
1  # scatterplot 関数による散布図
2  plt.rcParams['figure.figsize'] = (6, 6)
3  sns.scatterplot(
4      x='竣工年', y='長さ', data=df, hue='建築資材',
5      hue_order=['WOOD', 'IRON', 'STEEL'],
6      s=150, style='建築資材')
7  plt.title('竣工年と長さの関係')
8  plt.show()
```

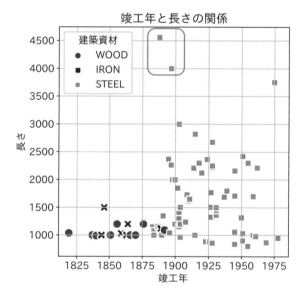

それぞれのパラメータの意味は次の通りです。

---

[2] 元々花の種類を示している値(0, 1, 2)をc(color)の引数として直接渡しているところが無理矢理なところです。
[3] Matplotlibを使ったまっとうな描き分け方法としては、描画対象データフレームを花の種類を基準に3つに分割し、それぞれ個別にscatter関数を呼び出す方法があります。ここでは「それを1行のコードで表現できるか」を論点にしています。

hue: 色分けの基準になる項目

hue_order: 凡例表示のときの表示順

s: マーカーの大きさ

style: マーカーの種類（●、×、■など）をどの項目で変えるか

　今回は、hueとstyleに同じ項目「建築資材」を指定していますが、例えば、「style='長さ区分'」のように別の項目を指定することも可能です。その場合、凡例はhue用、style用と2種類表示される形になります。

　このグラフの青枠で囲んだ2つの橋のデータから、こんな仮説が考えられます。「青枠で囲んだ2つの橋は、元々、橋を作りたいという要望が高かった地点の橋。しかし、長すぎるため、素材が木材や鉄では耐久性の観点で建設が難しく見送られていた。鋼鉄製の橋を作ることが可能になった1880年代以降に、耐久性の問題が解決できたので、真っ先に建設された」。

　このような仮説は、元々2次元の散布図に第3の情報として「橋素材」の情報も表現できて初めて可能になったものです。つまり、seabornのscatterplot関数の特徴を活用することで、導出できた洞察と言えます。

3.5.6　ヒストグラム（histplot関数）

　データフレームを用いたヒストグラムの描画方法については3.5.2項で説明していますが、seabornにもヒストグラム表示を目的とした**histplot関数**があります。本項ではこの関数の使い方について紹介します。

　データフレームのhistメソッドと比較すると、この関数の特徴は、scatterplot関数と同様にhueパラメータが使える点です。次のコード3-5-10でその実装を示します。

コード 3-5-10　竣工年による建築資材の推移

```
1  # 竣工年による建築資材の推移
2  plt.rcParams['figure.figsize'] = (8, 4)
3  sns.histplot(
4      data=df,  x=' 竣工年 ', hue=' 建築資材 ',
```

```
5        palette=['blue', 'cyan', 'grey'], multiple='dodge',
6        shrink=0.7)
7   plt.title(' 竣工年による建築資材の推移 ')
8   plt.show()
```

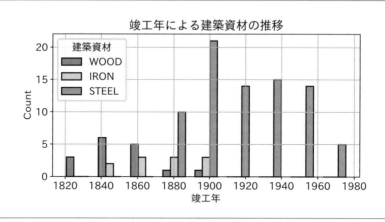

コード3-5-10では竣工年ごとの橋の建築数を、「建築資材」をhueに指定して描き分けてみました。箱ひげ図のときにもある程度わかった「WOOD」→「IRON」→「STEEL」という資材の変遷の様子が、よりはっきりとわかるかと思います。

「multiple='dodge', shrink=0.7」のパラメータを変更すると、グラフの見え方が変わりますが、慣れないうちは、このパラメータを決め打ちで使うことをお勧めします。「palette=['blue', 'cyan', 'grey']」は、それぞれのグループを何色で表現するかを指定しています。

3.5.7 ヒートマップ (heatmap 関数)

散布図という2次元の情報にもう1つ別の軸の情報をhueパラメータによって表現できるのが、scatterplot関数の特徴でした。似た考え方を、カテゴリ型のデータに対して実現するのがこれから紹介するヒートマップです。

まず、次のコード3-5-11を見てください。

コード 3-5-11 「橋種別」「長さ区分」で橋の個数をクロス集計

```
1    # クロス集計表の生成
2    pv = pd.crosstab(
3        index=df['長さ区分'], columns=df['橋種別'])
4    display(pv)
```

橋種別 長さ区分	ARCH	CANTILEV	CONT-T	SIMPLE-T	SUSPEN	WOOD
LONG	6	7	6	8	3	0
MEDIUM	7	4	4	28	5	5
SHORT	0	0	0	2	2	5

　このコードは、3.4.6項で説明した方法を用いて、橋の個数を「橋種別」「長さ区分」でクロス集計しています。

　ここでやりたいことは、この表の数字の大小を色の濃さで表現できないかということです。その要望を実現するのが、これから紹介するヒートマップということになります。具体的な実装は次のコード3-5-12を見てください。

コード 3-5-12　heatmap 関数による色表示

```
1    # ヒートマップ表示
2    plt.rcParams['figure.figsize'] = (6, 6)
3    sns.heatmap(
4        pv,square=True,annot=True,
5        fmt='d',cmap='Blues', cbar=False)
6    xlabel = pv.columns.name
7    ylabel = pv.index.name
8    plt.title(xlabel+ ' vs '+ylabel)
9    plt.xlabel(xlabel)
10   plt.ylabel(ylabel)
11   plt.show()
```

橋種別 vs 長さ区分

このコードの3〜5行目がヒートマップを描画する、heatmap関数を呼び出している本質的な部分です。

最初にpvという事前に準備してあったクロス結果表を引数で渡しています。それ以降のパラメータで重要なものを説明すると

fmt='d': 数値の表示形式を指定します。今回のように整数値が対象の場合は'd'を、浮動小数点数値が対象の場合はfmt='.03f'（小数点以下3桁表示）のように指定します。

cbar=False: 色の濃さと数値の対応表を表示するかどうかの指定です。今回はFalseなので非表示ですが、Trueに変更すると表示されます。

それ以外のパラメータは、決め打ちでいつも今回と同じパラメータを指定してもらって問題ないです。

このコードで工夫している点が、6、7行目です。ここでは「橋種別」「長さ区分」という軸見出しと、タイトルに表示する文字列を、データフレームから取ってきています。この工夫をしておくと、分析対象の項目名が変わっても、まったく同じコードが使えるようになります。

このヒートマップから読み取れる点を1つあげると、橋種別「SIMPLE-T（単純トラス）」、長さ区分「MEDIUM」の組み合わせの橋が最も多いことです。例えば、今後「橋種別に管理方法を検討したい」というテーマがあった場合、この組み合わせパターンから着手すると効率が良さそうです。

「ピッツバーグ・ブリッジ・データセット」に関しては3.2節、3.3節、3.5節と3節にわたって様々な処理を行い、本項の可視化の結果、多くのことがわかってきました。

ここで、3.2節の冒頭の設定である「自分が橋の改修計画を任されている市役所の担当者だと想像」することに立ち戻ってみましょう。読者が市役所の担当者なら、今までの結果からどのようなことを考え、計画を立案するでしょうか?

筆者の場合、こう考えました。

「一番古い時期に作られた木造の橋が一番危険なのではないか」

ただ、実はまだ強度が十分な可能性もあります。そこで、コード3-5-8の箱ひげ図を市長のところに持っていき、木造の橋の全数に対して、「橋の危険度を調査する予算を付けてほしい」という話をするのはどうかと考えました。一部の橋が危険であることがわかった場合、危険度に応じた優先順位を付け、橋の改修計画を立案することになります。

あくまで想定の話ではありますが、こうしたことが、「データ分析から得られた洞察」に該当するのです。

☞データ分析のためのポイント

データ分析で得られる洞察の1パターンは、「対象の絞り込み」。今回のケースでは可視化の結果から「木造＝竣工年が古い」→「危険性が高い」という仮説に基づき、**誰もが納得できる対象の絞り込みができた。**

演習問題

問 題

(1) 実習で使ったデータフレーム df を対象に、「目的」と「橋種別」を軸とする出現頻度のクロス集計表を作り、結果を display 関数で表示してください。

(2) (1) で作ったクロス集計表をヒートマップ表示してください。

今回の演習問題もとても簡単です。実習のコードを使い、分析対象の項目名だけ差し替えると、それだけで上の問題に示した分析ができます。読者も慣れてくると「Excel よりこっちの方が簡単」と思えてくるはずです。

コード 3-5-13　演習問題（1）の解答ひな型

```
1   # (1)「目的」と「橋種別」を軸とする出現頻度のクロス集計表
2
3   pv =
4
5   display(pv)
```

コード 3-5-14　演習問題（2）の解答ひな型

```
1   # (2) (1)で作ったクロス集計表のヒートマップ表示
2
3
4
5
6
7
8   plt.show()
```

解答例

コード 3-5-15　演習問題（1）「目的」「橋種別」を軸とする出現頻度クロス集計解答例

```
1  # (1)「目的」と「橋種別」を軸とする出現頻度のクロス集計表
2  # 参照：3.4.6 項　コード 3-4-13
3
4  pv = pd.crosstab(
5      index=df['目的'], columns=df['橋種別'])
6  display(pv)
```

橋種別 目的	ARCH	CANTILEV	CONT-T	NIL	SIMPLE-T	SUSPEN	WOOD
AQUEDUCT	0	0	0	0	0	1	3
HIGHWAY	13	9	9	0	18	9	11
RR	0	2	1	1	26	0	2
WALK	0	0	0	0	0	1	0

コード 3-5-16　演習問題（2）「目的」「橋種別」クロス集計のヒートマップ解答例

```
1  # (2)(1)で作ったクロス集計表のヒートマップ表示
2  # 参照：3.5.7 項　コード 3-5-12
3
4  plt.rcParams['figure.figsize'] = (6, 6)
5  sns.heatmap(
6      pv,square=True,annot=True,
7      fmt='d',cmap='Blues', cbar=False)
8  xlabel = pv.columns.name
9  ylabel = pv.index.name
10 plt.title(xlabel+ ' vs '+ylabel)
11 plt.xlabel(xlabel)
12 plt.ylabel(ylabel)
13 plt.show()
```

橋種別 vs 目的

目的	ARCH	CANTILEV	CONT-T	NIL	SIMPLE-T	SUSPEN	WOOD
AQUEDUCT	0	0	0	0	0	1	3
HIGHWAY	13	9	9	0	18	9	11
RR	0	2	1	1	26	0	2
WALK	0	0	0	0	0	1	0

橋種別

　コード 3-5-16 では、3.5.7 項で解説したように、ラベルの取得で工夫をしていたので、完全なコピペでやりたいことができてしまいました。読者も、普段の実装で、こういう再利用性のあるコードを組めるよう心がけてください。

　ちなみに、このヒートマップから橋種と目的の組み合わせの中で、「SIMPLE-T（単純トラス）」「RR（鉄道）」の組み合わせが際立って多いことが読み取れます。理屈の上では、コード 3-5-15 の表形式のデータと同じ情報量のはずですが、色の濃淡情報が付加されると、それだけで理解が早くなることが実感できるはずです。これも可視化の効果の 1 つといえます。

☞データ分析のためのポイント

ヒートマップは、表形式の数値情報に対して、特徴的な場所を瞬時に見つけるのに有力な手法。

3.6　データ検索・結合

本節で学ぶこと

　MySQLなどのデータベースシステム上で動くSQLという問い合わせ言語では、表の検索、結合など表データに関する様々な操作が可能です。データフレームは、SQLでできることがほとんどそのままできるという、データ検索エンジンの一面も持ち合わせています。本節では、データフレームのそのような機能に焦点を絞って解説します。

3.6.1　DVD レンタルデータセット

　本節も他と同様に公開データセットから題材を取るつもりだったのですが、表の結合ができるデータセットが意外に見つからなく、「DVDレンタルデータセット」と呼ばれるデータを使うことにしました。

　データの出典は下記になります。

https://code.google.com/archive/p/sakila-sample-database-ports/
Copyright 2011, DB Software Laboratory Ltd

　このデータセットは、データベースのサンプルアプリを開発する目的で作られ、MySQLをはじめとする様々なデータベースにサンプルデータとして移植されています。特徴は、**「正規化」**と呼ばれるデータの保守性を良くするための設計が、実業務（レンタルビデオの管理アプリ）を動かせるレベルでされている点と、約16,000件ものトランザクションデータ（貸出情報）が存在していることです。

　前者の特徴に関してどのような正規化がされているかは、図3-6-1に示される**ER図**を見るとわかります[1]。

---

[1] 「結合」「正規化」「ER図」などの用語は、いずれもデータベースの基礎概念です。本書では3.6.7項で簡単な概念を紹介しているので、なじみのない読者は本項の説明はいったん軽く読み流して、3.6.7項を読んだあとで改めて本項を読んでください。また、これらの概念をしっかり理解したい読者は別の書籍を参考にしてください。

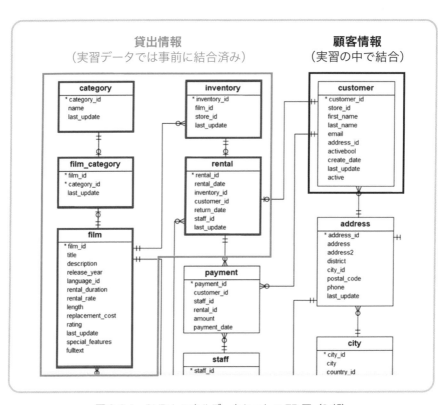

図 3-6-1　DVD レンタルデータセットの ER 図（1 部）

出典：https://www.postgresqltutorial.com/postgresql-getting-started/postgresql-sample-database/ より引用

　実際の「**貸出情報**」を表現しているテーブルは「rental」ですが、レンタルされたビデオがどのカテゴリに属するものか知りたい場合、本節で後ほど説明する「**結合**」という処理を4回繰り返して、一番左上の「category」というテーブルまで追いかける必要があります。

　4回の結合処理を実習の題材にするとコードが煩雑になってしまうので、実習では「貸出情報」は結合済みのデータ（図3-6-1の青枠部分）を用います。

　3.6.7項で解説する「結合」の実習は、この結合済みの「貸出情報」と、図3-6-1の右上に示されている「**顧客情報**（customer）」を対象とします。

　データセットのもう1つの特徴である16,000件のトランザクションデータに関しては、本節や次節の演習問題でその特徴を生かし、トランザクションデータを用

いた実業務に近い分析シナリオを作ってみました。今までの演習問題よりやや難しめの設定になっていますが、データ分析スキルを身に付けたい読者はぜひ自力で解いてみてください。

3.6.2　CSVファイルの読み込み・確認

いつものように共通処理の解説は省略します。前節で初めて紹介したライブラリであるseabornは、本節から標準的にインポートしているので、その点だけ注意してください。

CSVファイルの読み込み

実習で最初にやることは、CSVファイルのインポートです。今回は、元々データベースに入っていたデータが対象なので、ファイルの中身を見てオプションを決めることはせず、インターネット上に筆者が公開しているCSVファイルを、オプションなしでいきなり読み込むことにします。実装は、次のコード3-6-1です。

コード3-6-1　CSVファイル読み込み

```
1   # URL 定義
2
3   # 貸出情報
4   url1 = 'https://github.com/makaishi2/samples/raw/main/data
    /rental5-jp.csv'
5
6   # 顧客情報
7   url2 = 'https://github.com/makaishi2/samples/raw/main/data
    /customer-jp.csv'
8
9   # CSV ファイル読み込み
10
11  # 貸出情報
12  df1 = pd.read_csv(url1)
13
14  # 顧客情報
15  df2 = pd.read_csv(url2)
```

読み込む表データは「貸出情報」と「顧客情報」の2つです。図3-6-1と対応付

けると、左側の青で囲んだ枠内が「貸出情報」、右上の黒枠の部分が「顧客情報」に該当します。

貸出情報の確認

それぞれのデータの中身をdisplay関数で見てみましょう。最初は貸出情報です。実装と結果は、コード3-6-2になります。

コード3-6-2 「貸出情報」の確認結果

```
1  # 貸出情報確認
2  print('貸出情報')
3  print('件数: ', len(df1))
4  print('内容')
5  display(df1.head())
```

貸出情報
件数: 15862
内容

	貸出ID	DVD_ID	顧客ID	映画ID	貸出日時
0	361	6	587	1	2005-05-27 07:03:28
1	14624	4	344	1	2005-08-21 18:32:42
2	10883	4	301	1	2005-08-02 00:47:19
3	12651	8	34	1	2005-08-18 18:36:16
4	10141	8	8	1	2005-07-31 22:08:29

	タイトル	概要	公開年	レンタル代	カテゴリ名
0	ACADEMY DINOSAUR	A Epic Drama of a Feminist And a Mad Scientist...	2006	0.99	Documentary
1	ACADEMY DINOSAUR	A Epic Drama of a Feminist And a Mad Scientist...	2006	0.99	Documentary
2	ACADEMY DINOSAUR	A Epic Drama of a Feminist And a Mad Scientist...	2006	0.99	Documentary
3	ACADEMY DINOSAUR	A Epic Drama of a Feminist And a Mad Scientist...	2006	0.99	Documentary
4	ACADEMY DINOSAUR	A Epic Drama of a Feminist And a Mad Scientist...	2006	0.99	Documentary

このデータベースに貸出情報は15862件あることがわかります。ただし、データの並びが貸出日時で見たときにバラバラなようです。この問題は、次項で対応することになります。

顧客情報の確認

同じように、顧客情報の内容も確認します。実装と結果はコード3-6-3です。

コード 3-6-3 「顧客情報」の確認結果

```
1   # 顧客情報確認
2   print('顧客情報')
3   print('件数: ', len(df2))
4   print('内容')
5   display(df2.head())
```

顧客情報
件数: 599
内容

	顧客ID	店舗ID	名	姓	メール
0	1	1	MARY	SMITH	MARY.SMITH@sakilacustomer.org
1	2	1	PATRICIA	JOHNSON	PATRICIA.JOHNSON@sakilacustomer.org
2	3	1	LINDA	WILLIAMS	LINDA.WILLIAMS@sakilacustomer.org
3	4	2	BARBARA	JONES	BARBARA.JONES@sakilacustomer.org
4	5	1	ELIZABETH	BROWN	ELIZABETH.BROWN@sakilacustomer.org

	住所ID	有効	作成日	更新日
0	5	1	2006-02-14 22:04:36	2021-03-06 15:53:36
1	6	1	2006-02-14 22:04:36	2021-03-06 15:53:36
2	7	1	2006-02-14 22:04:36	2021-03-06 15:53:36
3	8	1	2006-02-14 22:04:36	2021-03-06 15:53:36
4	9	1	2006-02-14 22:04:36	2021-03-06 15:53:36

このテーブルには、架空のメールアドレスが含まれています。DVDの未返却などで顧客に連絡したい場合、この情報が使えそうなことがわかりました。

3.6.3　ソート (sort_values メソッド)

ソート処理

コード3-6-2の貸出情報の結果を見ると、貸出日時がバラバラでした。

SQLではこのような場合「ソート処理」をしてデータの並び順をきれいにできます。データフレームでも同じ機能が提供されているので、その動作を確認してみます。実装は次のコード3-6-4です。

コード 3-6-4　ソート処理

```
1    # ソート
2    df3 = df1.copy()
3    df3 = df3.sort_values(' 貸出日時 ')
4
5    # 結果確認
6    display(df3.head())
```

	貸出ID	DVD_ID	顧客ID	映画ID	貸出日時	タイトル
1256	1	367	130	80	2005-05-24 22:53:30.000	BLANKET BEVERLY
5271	2	1525	459	333	2005-05-24 22:54:33.000	FREAKY POCUS
5905	3	1711	408	373	2005-05-24 23:03:39.000	GRADUATE LORD
8489	4	2452	333	535	2005-05-24 23:04:41.000	LOVE SUICIDES
7203	5	2079	222	450	2005-05-24 23:05:21.000	IDOLS SNATCHERS

　ソート処理を実際に実行しているのは3行目で、**sort_values メソッド**を利用しています。引数は、ソート対象の項目名です。今回はソートのキーを「貸出日時」にしました。デフォルトは昇順でのソートになります。

　降順としたい場合は「**ascending=False**」をオプションとして追加します。

　また、引数を「by=['顧客ID', '映画ID']」のような書き方にするとソートキーを複数指定することもできます。

　display関数による出力結果を、コード3-6-2の場合と見比べると、前の場合にはバラバラだった貸出日時がきれいな順番にそろい、併せて「貸出ID」も1から始まるきれいな順番になったことがわかります。逆に一番左の行インデックスは、先ほどそろっていたのに対して今回は順番がバラバラになっています。

3.6.4　インデックス初期化 (reset_index メソッド)

ソート後・検索後のインデックス初期化

　ソート処理や、3.6.6項で紹介する検索処理をすると、データフレームの行インデックスはバラバラな状態になります。このインデックスを改めてきれいな順番に振り直したいことが時々あります。その場合に利用するのが、次のコード3-6-5に示す、**reset_index メソッド**です。

コード 3-6-5　行インデックスの初期化

```
1   # ソート後・検索後のインデックスの初期化
2
3   # drop=True の指定をしないと、
4   # 前のインデックスも項目（index）として残る
5   df4 = df3.reset_index(drop=True)
6
7   # 結果確認
8   display(df4.head())
```

	貸出ID	DVD_ID	顧客ID	映画ID	貸出日時	タイトル
0	1	367	130	80	2005-05-24 22:53:30.000	BLANKET BEVERLY
1	2	1525	459	333	2005-05-24 22:54:33.000	FREAKY POCUS
2	3	1711	408	373	2005-05-24 23:03:39.000	GRADUATE LORD
3	4	2452	333	535	2005-05-24 23:04:41.000	LOVE SUICIDES
4	5	2079	222	450	2005-05-24 23:05:21.000	IDOLS SNATCHERS

コード 3-6-5 の 5 行目で、実際に reset_index メソッドを呼び出しています。

このメソッドのデフォルトの挙動としては、**行インデックスは一番左の新しい列の値として保持**します。今回のように古いインデックスが不要な場合は「drop=True」のオプションを付けて、古いインデックスを保持しないようにします。

コード 3-6-5 とコード 3-6-4 の結果表を見比べて、一番左のインデックスの列（青枠で囲んだ部分）のみ値が変わっていることを確認してください。

groupby メソッドの後処理としての reset_index メソッド

今紹介した reset_index メソッドがよく使われるデータ分析パターンが 1 つあるので、ここで紹介します。それは、groupby メソッドの後処理として利用するパターンです。

まず、次のコード 3-6-6 を見てください。これは典型的な groupby メソッドの利用例です。

コード 3-6-6　groupby メソッドの利用例

```
1   # 分析に必要な項目のみ抽出
2   df5 = df4[['カテゴリ名', 'レンタル代']]
3
4   # カテゴリ別の売上集計
5   df6 = df5.groupby('カテゴリ名').sum()
6
7   # 結果確認
8   display(df6.head(2))
```

カテゴリ名	レンタル代
Action	2924.0500
Animation	3155.5500

　コード3-6-6の結果を見ると、groupbyメソッドで分析軸として利用した項目（カテゴリ名）はこの段階でデータフレームのインデックスになっています。この状態を分析前の項目名に戻すために使う機能がやはりreset_indexメソッドになります。次のコード3-6-7にその実装を示します。

コード 3-6-7　groupby メソッドの後処理としての reset_index メソッド

```
1   # カテゴリ名をインデックスから項目に戻す
2   df7 = df6.reset_index()
3
4   # 結果確認
5   display(df7.head(2))
6
7   # レンタル代（降順）、カテゴリ名（昇順）の複合キーでソート
8   df8 = df7.sort_values(
9       by=['レンタル代', 'カテゴリ名'],
10      ascending=[False, True])
11
12  # 結果確認
13  display(df8.head(2))
```

	カテゴリ名	レンタル代
0	Action	2924.0500
1	Animation	3155.5500

	カテゴリ名	レンタル代
14	Sports	3574.3600
6	Drama	3344.4700

　コード3-6-7の2行目が具体的な実装です。この場合は、インデックスに最も重要な情報が含まれているので先ほどの「drop=True」オプションは付けません。

　この段階でデータフレームがどうなっているかを5行目のdisplay関数で確認します。その結果、「カテゴリ名」が、groupbyメソッドによる集計前と同じ状態になっていることが確認できました。

　この状態になっていれば、例えば、8〜10行目のように、項目「レンタル代」「カテゴリ名」の複合キーで改めてソートをかけ直すことも可能になります。

3.6.5　特定の行参照（loc属性、iloc属性）

　表形式のデータを扱う場合、特定の行のみ参照したいことがよくあります。本項では、そのようなケースで利用されるloc属性、iloc属性[2]を紹介します。

loc属性

　次のコード3-6-8がloc属性の利用例です。このコードと、その次のコード3-6-9では、locとilocの挙動の違いを明確にするため、あえて行インデックスの並び順をきれいにしたdf4でなく、行インデックスがバラバラな状態のdf3を使っていることに注意してください。

コード 3-6-8　loc 属性を用いた特定行へのアクセス

```
1  # loc による参照
2
3  # 1 行全体の参照
4  print(df3.loc[1])
```

[2] 大変ややこしいのですが、この2つの機能は「メソッド」でなく「属性」になります。参照するときのインデックスを()でなく、リストや辞書のように[]で指定するからです。

```
 5   print()
 6
 7   # 行インデックスと列インデックスの同時指定
 8   print(df3.loc[1, '貸出日時'])
```

```
貸出ID                             14624
 DVD_ID                              4
顧客ID                              344
映画ID                               1
貸出日時               2005-08-21 18:32:42.000
タイトル                     ACADEMY DINOSAUR
概要        A Epic Drama of a Feminist And a Mad Scientist...
公開年                              2006
レンタル代                           0.9900
カテゴリ名                      Documentary
Name: 1, dtype: object

2005-08-21 18:32:42.000
```

　コード3-6-8の4行目がloc属性を利用している箇所です。この結果をコード3-6-4の元の表データと見比べると、今回出力した行がどこにあるのかわからず戸惑います。その答えは、もっと前のコード3-6-2の結果表にあります。コード3-6-2の結果表の2行目と、今回の出力結果が一致しているのです。

　loc属性は、表データの**特定行に行インデックス経由でアクセス**します。コード3-6-4に示したdf3はソートをかけた影響で、行インデックス値1の行が後ろの方に行ってしまっています。行インデックスを経由するので、遠くにあっても「行インデックス値=1」の行にアクセスし、コード3-6-8の結果になったのです。

　loc属性には2通りの使い方があります。1つは、コード3-6-8の4行目のように「df3.loc[1]」という、行インデックスのみ指定をする方法で、結果は、データフレームの特定の行全体がSeries変数の形で返されます。

　もう1つの使い方は、コード3-6-8の8行目のように「df3.loc[1, '貸出日時']」と「行インデックス」「列インデックス（項目名）」の両方をカンマ区切りで渡す方法です。この場合、戻ってくるのは表データの特定の要素の値（貸出日時）となります。

iloc属性

今度はiloc属性を試してみます。実装はコード3-6-9です。

コード3-6-9　iloc属性を用いた特定行へのアクセス

```
1  # iloc による参照
2
3  # 1 行全体の参照
4  print(df3.iloc[1])
5  print()
6
7  # NumPy 的なアクセス
8  print(df3.iloc[1, 8])
```

```
貸出 ID                               2
 DVD_ID                            1525
顧客 ID                             459
映画 ID                             333
貸出日時             2005-05-24 22:54:33.000
タイトル                       FREAKY POCUS
概要           A Fast-Paced Documentary of a Pastry Chef And ...
公開年                              2006
レンタル代                           2.9900
カテゴリ名                           Music
Name: 5271, dtype: object

2.99
```

　まず、青枠で囲んだ「Name: 5271」に注目してください。これは、「df3.iloc[1]」が名称「5271」のSeries変数であることを示しています。コード3-6-4の結果と見比べると、表データdf3の2行目であることがわかります。

　iloc属性は表形式のデータフレームに対して**物理的に何行目であるかを基準**にアクセスをします。「iloc[1]」は**物理的な2行目へのアクセス**であるため、このような結果になります。

　データフレームの行インデックスが、自動的に生成された自然なインデックスの場合、「(0起点の) 物理的な行数」と「インデックスの値」が同じであるため区別が付けにくいのですが、コード3-6-4に示されるdf3のように、行インデックスが

バラバラな状態だとこの違いがはっきりします。

8行目には、先ほどと同様に「df3.iloc[1, 8]」と行要素と列要素の両方に対して順番による数値を指定した例を示しました。この場合も表内にある特定の要素の値を返す形になります。

実は、データフレームへの**iloc属性を用いたアクセス方法は、表形式のNumPy変数へのアクセス方法とまったく同じ**です。つまり、便利なスライス記法がそのまま利用できます[3]。実習コードには含めていませんが、ぜひスライス記法の復習を兼ねていろいろなアクセスパターンを試してみてください。

loc属性とiloc属性によるデータフレームへのアクセスは大変便利な方法である反面、2つの違いを理解するのは難しく、混乱を起こしやすい箇所でもあります。次の図3-6-2に2つのアクセス方法の違いを整理しましたので、わからなくなったときは、この図を見直してください。

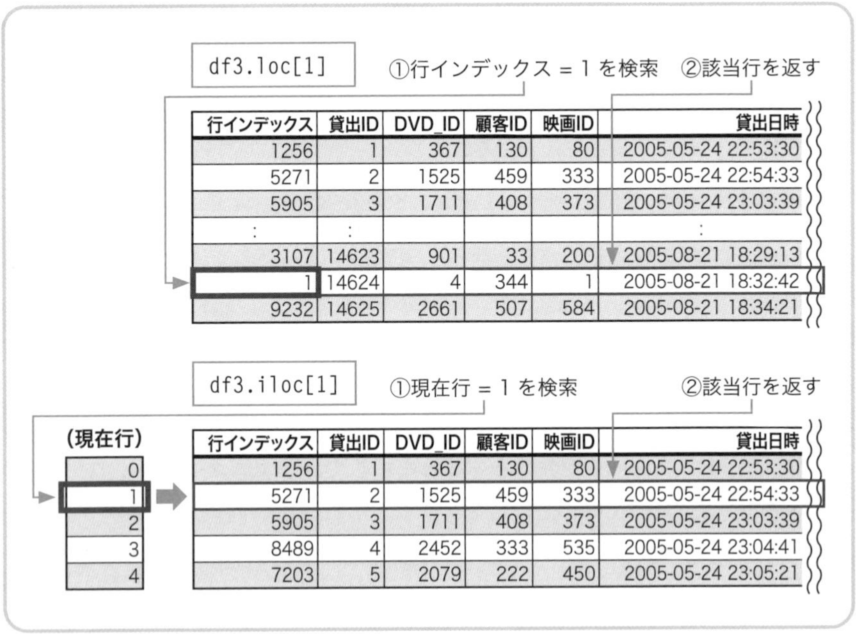

図 3-6-2　loc / iloc のアクセス方法の違い

---

[3] 例えば「df3.iloc[2:4,-3:]」のようなアクセスが可能です。

iloc属性を活用したループ処理

本項の最後に、iloc属性を活用した便利な処理パターンを紹介します。データフレーム上のデータ処理は、今までいくつかのケースで説明してきたように、項目単位の計算にまとめてしまうのが、実装もシンプルですし処理速度上も有利です。しかし、どうしても行単位でループを回すことが必要な場合もあります。次のコード3-6-10はiloc属性を使って、行単位のループ処理を実装したサンプルです。

コード 3-6-10　iloc によるループ処理

```
1    # iloc によるループ処理
2    for i in range(5):
3        # このアクセス方法で 1 行全体が x に入る
4        x = df3.iloc[i]
5
6        # x に対して辞書と同じ方法で個別要素にアクセス
7        rental = x['貸出 ID']
8        customer = x['顧客 ID']
9        title = x['タイトル']
10       amount = x['レンタル代']
11       rental_date = x['貸出日時']
12
13       # 結果確認
14       print(i, rental, customer, title, amount, rental_date)
```

```
0 1 130 BLANKET BEVERLY 2.99 2005-05-24 22:53:30.000
1 2 459 FREAKY POCUS 2.99 2005-05-24 22:54:33.000
2 3 408 GRADUATE LORD 2.99 2005-05-24 23:03:39.000
3 4 333 LOVE SUICIDES 0.99 2005-05-24 23:04:41.000
4 5 222 IDOLS SNATCHERS 2.99 2005-05-24 23:05:21.000
```

コード3-6-10では、df3の先頭5行に対してループを回しています。

ループ処理内の4行目で行全体をxとして抽出しています。このxはSeries変数です。

7〜11行目で「貸出ID」「タイトル」「レンタル代」などの項目値を辞書にアクセスするのと同等の方法で抽出し、14行目のprint関数でまとめて表示しています。

コード3-6-4の表データと見比べて、この処理内容を理解してください。

このコードではループ回数を5回にしていますが、「range(5)」の代わりに「range(len(df3))」とすると、対象データフレームのすべての行に対して共通の処理をするプログラムになります。

> ☞データ分析のためのポイント
>
> データフレームの特定行を iloc 属性でアクセスする方法はループ処理と組み合わせると便利。

3.6.6 検索（query メソッド）

SQLと言えば検索です。データフレームでは検索用に**query メソッド**が用意されていて、SQLで可能な検索はほぼすべて実行できます。本項では、その機能を紹介していきます。ここからの実習では、対象データフレームはインデックスがきれいで見やすいdf4（コード3-6-5で作った変数）を利用します。

単純な条件検索

それでは、最初に単純な条件検索をしてみます。実装と結果は次のコード3-6-11です。

コード 3-6-11　単純な条件検索

```
1  # 単純な検索
2  x1 = df4.query('顧客ID == 459')
3
4  # 件数確認
5  print(len(x1))
6
7  # 内容の一部確認
8  display(x1.head())
```

38

	貸出ID	DVD_ID	顧客ID	映画ID	貸出日時	タイトル
1	2	1525	459	333	2005-05-24 22:54:33	FREAKY POCUS
1874	1876	384	459	85	2005-06-17 02:50:51	BONNIE HOLOCAUST
1975	1977	2468	459	540	2005-06-17 09:38:22	LUCKY FLYING
2073	2075	2415	459	527	2005-06-17 16:40:33	LOLA AGENT
2896	2899	1919	459	417	2005-06-20 02:39:21	HILLS NEIGHBORS

ここではコード3-6-9に出てきていた「顧客ID」が459の顧客が、他にどんなDVDをレンタルしているのか調べています。

2行目のqueryメソッドが実際の検索をしているところです。重要なのは引数として渡している文字列「'顧客ID == 459'」の部分で、これが検索条件を示しています。この検索条件の意味は

項目「顧客ID」の値が459に等しい行を抽出する

ということです。この条件式の文法を次の図3-6-3に示します。

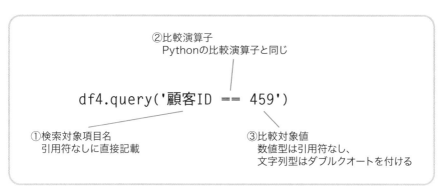

図3-6-3　queryメソッド引数の文法

SQLの文法に慣れた読者は合同演算子が「=」でなく「==」であることに多少戸惑うかもしれませんが、この規則は1.5節で説明したPythonの比較演算子と同じものだと考えると自然な文法になります。

8行目のdisplay関数の結果を見ると、確かに「顧客ID」が459の値の行だけが抽出されています。

また、5行目のlen関数の結果から、条件を満たすレンタルが全部で38件あったこともわかりました。

複合条件検索

それでは複数の項目の条件を組み合わせる場合はどうでしょうか。次のコード3-6-12がその実装例です。

コード 3-6-12　複合条件検索

```
1  # 複合検索
2  x2 = df4.query('顧客ID == 459 and レンタル代 >= 4.0')
3
4  # 件数確認
5  print(len(x2))
6
7  # 内容の一部確認
8  display(x2.head())
```

17

	貸出ID	DVD_ID	顧客ID	映画ID	貸出日時	タイトル
2073	2075	2415	459	527	2005-06-17 16:40:33	LOLA AGENT
3038	3041	2676	459	587	2005-06-20 12:35:44	MOD SECRETARY
3231	3234	3252	459	715	2005-06-21 02:39:44	RANGE MOONWALKER
7619	7623	1146	459	253	2005-07-28 00:37:41	DRIFTER COMMANDMENTS
7635	7639	767	459	167	2005-07-28 01:14:36	COMA HEAD

コード3-6-12の2行目に具体的な検索条件式があります。今回は、**1つ前で調べたのと同じ顧客を対象に、レンタル額が4.0以上のものを抽出**することにしました。中の文字列を見ればわかる通り、今回も1.5節で説明した論理演算の文法がそのまま適用されています。

紙面では省略していますが、実際のNotebookの画面では、意図した通り「レンタル代」が4.0以上の行だけが抽出されていることが確認できます。また、5行目のlen関数の結果から、条件を満たすレンタルは全部で17件でした。

このようにqueryメソッドの検索機能は、SQLと比較しても遜色ない、便利な機能です。Notebook上で実行すると結果がそのまま残る点も便利なので、著者も業務で好んで普段使いしている機能になります。

データ分析ライブラリ中級編

Python変数の値をquery検索の条件値として用いる

queryメソッドを用いた検索に使い慣れてくると、「**Python変数の値をquery検索の条件値として用いる**」ことをやりたくなります。次のコード3-6-13がその実装例です。

コード 3-6-13　Python 変数の値を query 検索の条件値として用いる

```
1   # df4 の 2 行目の顧客 ID を変数 cust_id に抽出し、
2   # その値を条件に df4 のデータを絞り込む
3
4   # cust_id の抽出
5   cust_id = df4.iloc[1]['顧客 ID']
6   print(cust_id)
7
8   # Python 変数値を query メソッドの絞り込み条件で利用する場合は
9   #「項目名 == @ 変数名」という表現にする
10  x3 = df4.query('顧客 ID == @cust_id')
11
12  # 結果確認
13  display(x3.head())
```

459

	貸出ID	DVD_ID	顧客ID	映画ID	貸出日時	タイトル
1	2	1525	459	333	2005-05-24 22:54:33	FREAKY POCUS
1874	1876	384	459	85	2005-06-17 02:50:51	BONNIE HOLOCAUST
1975	1977	2468	459	540	2005-06-17 09:38:22	LUCKY FLYING
2073	2075	2415	459	527	2005-06-17 16:40:33	LOLA AGENT
2896	2899	1919	459	417	2005-06-20 02:39:21	HILLS NEIGHBORS

5行目では、顧客IDの値を変数cust_idに代入しています。

10行目がポイントで、queryの条件式の中で「**@変数名**」という表記をすると、変数の値を利用可能です。

Pythonリスト変数の値を検索対象項目とマッチさせる

次に紹介するのは、より複雑なパターンとして、検索条件の値の候補がPythonのリスト変数に設定されていて、「リストの中のどれか1要素が検索対象項目とマッチする」という条件を指定する方法です。次のコード3-6-14で実装方法を示し

ました。

コード 3-6-14　Python リスト変数の値を query 検索の in 句と組み合わせる

```
1    # df4 の 1 行目から 3 行目の顧客 ID をリスト変数 cust_ids に抽出し、
2    # その値を条件に df4 のデータを絞り込む
3
4    # cust_ids の抽出
5    cust_ids = list(df4.iloc[:3]['顧客 ID'])
6    print(cust_ids)
7
8    # リスト変数値を query メソッドの絞り込み条件で利用する場合は
9    #「項目名 in@ リスト変数名」という表現にする
10   x4 = df4.query('顧客 ID in @cust_ids')
11
12   # 結果確認
13   display(x4.head())
```

```
[130, 459, 408]
```

	貸出ID	DVD_ID	顧客ID	映画ID	貸出日時	タイトル
0	1	367	130	80	2005-05-24 22:53:30	BLANKET BEVERLY
1	2	1525	459	333	2005-05-24 22:54:33	FREAKY POCUS
2	3	1711	408	373	2005-05-24 23:03:39	GRADUATE LORD
58	59	2884	408	633	2005-05-25 08:56:42	OCTOBER SUBMARINE
524	526	1387	408	304	2005-05-28 04:27:37	FARGO GANDHI

　5行目では、リスト変数cust_idsに顧客IDの値のリスト「[130, 459, 408]」を作っています。

　10行目がポイントでqueryメソッドの引数に「**項目名 in @リスト変数名**」という記述をすることで、「**リストの中のどれか1要素が検索対象項目とマッチする**」という条件を実現できます。

　本項の最後に、ちょっとした小技を紹介します。今まで紹介したqueryメソッドは大変便利なのですが、表記法の制約上、項目名にブランクを含んでいると検索できないように思えます。しかし、この問題も対応可能です。例えば「DVD ID」のように項目名にブランクを含んだ場合は、「df.query('`DVD ID` == 367')」のように項目名をバッククオート「`」で挟めば大丈夫です。

3.6.7 　結合（merge 関数）

　merge関数による結合機能を簡単にいうと、SQLでいうところのJOINをデータフレーム上で実現する機能ということになります。「SQLによるJOIN」とはなんなのか、次の図3-6-4で簡単に示します。

図 3-6-4　結合機能の仕組み

　今回の実習で行う結合処理でやっていることを模式的に示しています。結合処理では「**左表**」「**右表**」と呼ばれる結合対象の2つの表と、2つの表を結びつける「**結合キー**」が存在します。

　今回の実習の例で当てはめると、「左表」が貸出情報、「右表」が顧客情報、そして「結合キー」が顧客IDに該当します。

　左表では、顧客に関する情報は「顧客ID」しかありません。図3-6-4に示した方法で「顧客情報」から値を取ってくれば、「顧客ID」を手がかりに「名」「姓」という2つの情報がわかり（図の①）、その値を埋めることで、下にある結果表を完成させられます（図の②）。これが結合処理でやっていることの本質的な内容です。Excelを使い込んでいる読者は、「なんだ、vlookupのことか」と考えたと思

います。その通りで、**結合機能のExcel上の実装はvlookup関数**になります。

　細かいところで結合の処理方式は2つあります。それは、①の検索のところで右表に該当する行がなかった場合の対応です。その場合、下の結果表から該当行そのものを消してしまう方法を「**INNER JOIN**」、逆に値が見つからない場合、結果表で行自体は残し、「名」「姓」の欄をヌル値にする方法を「**LEFT OUTER JOIN**」といいます[4]。これから紹介するmerge関数の場合、2つの方法の選択は関数のオプションで指定します[5]。

　ここで、3.6.1項で触れた「**正規化**」と「**ER図**」についても簡単に説明します。データ分析をはじめとする業務で通常使うのは、図3-6-4でいうと、下の「結果表」です。一見すると、最初から「結果表」のみデータとして扱っていればいいように思えます。しかし、この方式を採った場合、顧客が新規にDVDをレンタルするたびに「名」「姓」の欄を埋めないといけません。さらに、ある顧客が結婚して姓が変わった場合、過去分の「姓」の欄を一括置換する必要が出ます。管理という観点でいうと、同じ情報をコピーして複数箇所に持つのは効率が悪いのです。そこで「名」「姓」のデータは1カ所でのみ持ち、データを使うときは「結合」という操作で最新のデータを利用する考えが生まれました。この考えに基づいてできたデータベース設計の方針が「**正規化**」であり、正規化の状況を可視化したものが**ER図**（Entity Relation Diagram）ということになります。

　前置きはこれくらいにして、本項の実習コードの説明に入ります。本項のテーマは「結合」処理で、データフレームの関数でいうと**merge関数**なのですが、その前に結合対象の表を加工します。結果を見やすくするため、結合前の表の項目数を減らす加工です[6]。

　次のコード3-6-15は、貸出情報のテーブルに対する加工になります。

---

[4] 他にもRIGHT OUTER JOINという方法もありますが、めったに出てこないので説明は省略します。

[5] how='inner'とするとINNER JOIN、how='left'とするとLEFT OUTER JOINで、デフォルト値は'inner'です。

[6] SQLと対応付けるなら、この加工は「SELECT A, B, ..」と項目を選択する処理に該当します。

コード 3-6-15 　貸出情報から項目抽出

```
1  # 貸出情報から必要な項目のみ抽出
2  df9 = df4[['貸出ID','顧客ID','貸出日時','タイトル']]
3
4  # 結果確認
5  display(df9.head())
```

	貸出ID	顧客ID	貸出日時	タイトル
0	1	130	2005-05-24 22:53:30.000	BLANKET BEVERLY
1	2	459	2005-05-24 22:54:33.000	FREAKY POCUS
2	3	408	2005-05-24 23:03:39.000	GRADUATE LORD
3	4	333	2005-05-24 23:04:41.000	LOVE SUICIDES
4	5	222	2005-05-24 23:05:21.000	IDOLS SNATCHERS

　コード3-6-15では貸出情報の項目を「貸出ID」「顧客ID」「貸出日時」「タイトル」の4つだけに絞り込んでいます。

　次のコード3-6-16では、顧客情報の項目を絞り込んでいます。

コード 3-6-16 　顧客情報から項目抽出

```
1  # 顧客情報から必要な項目のみ抽出
2  df10 = df2[['顧客ID','名','姓']]
3
4  # 結果確認
5  display(df10.head())
```

	顧客ID	名	姓
0	1	MARY	SMITH
1	2	PATRICIA	JOHNSON
2	3	LINDA	WILLIAMS
3	4	BARBARA	JONES
4	5	ELIZABETH	BROWN

　具体的には「顧客ID」「名」「姓」の3つに絞り込みました。これで準備は完了です。次のコード3-6-17で目的の結合処理を行います。

コード 3-6-17　貸出情報と顧客情報の結合

```
1    # merge 関数で支払情報と結合
2    df11 = pd.merge(df9, df10, on='顧客ID')
3
4    # 結果を貸出日時でソート
5    df11.sort_values('貸出日時', inplace=True)
6
7    # 結果確認
8    display(df11.head())
```

	貸出ID	顧客ID	貸出日時	タイトル	名	姓
0	1	130	2005-05-24 22:53:30.000	BLANKET BEVERLY	CHARLOTTE	HUNTER
24	2	459	2005-05-24 22:54:33.000	FREAKY POCUS	TOMMY	COLLAZO
62	3	408	2005-05-24 23:03:39.000	GRADUATE LORD	MANUEL	MURRELL
92	4	333	2005-05-24 23:04:41.000	LOVE SUICIDES	ANDREW	PURDY
119	5	222	2005-05-24 23:05:21.000	IDOLS SNATCHERS	DELORES	HANSEN

　コード3-6-17の2行目が結合処理を実際に行っているmerge関数の呼び出しです。図3-6-4との関係でいうと、最初の引数のdf9が「左表」、次の引数のdf10が「右表」、そして**onパラメータ**で指定する「顧客ID」が結合キーです。

　merge関数を実行した直後は、データの並びがバラバラになっています。3.6.3項で説明したソート処理で、順番をきれいに直しているのが5行目です。今回は「inplace=True」オプションを付けて、df11を直接書き換えています。

　最終的な結果をdisplay関数で表示しています。その結果から、コード3-6-15にある左表に、「名」「姓」の項目がきれいに追加されていることが確認できました。

　図3-6-4と見比べて、結合処理がどのような処理なのか、改めて理解するようにしてください。

演習問題

問 題

　今回のビデオ店では、販売促進施策として、過去のレンタル金額の合計が一番大きな顧客をプラチナユーザーとし、そのユーザーが今まで一番大きなレンタル金額を支払っているカテゴリのレンタル料を半額にすることとしました。

　この方針に基づき、次の 2 つの問いに答えてください。

(1) 過去の合計レンタル金額が最も高いユーザーを調べてください。
(2) (1) で調べたユーザーに対して、過去のレンタル金額が最も大きいカテゴリ名を調べてください。

　今回の演習問題は実業務で出てきそうな要件であり、その分、今までの演習問題と比較すると難易度が高いです。そこで、実装をステップ単位に細分化し、それぞれに対してヒントをコメント文の形で記載しました。今まで実習でやってきたことをきっちり理解していれば、ヒントに沿った実装で解答を導けるはずですので、頑張ってチャレンジしてください。

コードひな型
(1) 過去の合計レンタル金額が最も高いユーザーを調べる

コード 3-6-18　演習問題（1）の解答ひな型

```
1   # 貸出情報から項目「顧客 ID」と「レンタル代」を抽出し、結果を x1 に代入する
2   x1 =
3   display(x1.head(2))
```

```
1   # x1 に対する groupby メソッドで、レンタル代の合計金額を顧客 ID ごとに算出
2   x2 =
3   display(x2.head(2))
```

```
1   # x2 に対して reset_index メソッドを用いて、顧客 ID を項目名に戻す
2   x3 =
3   display(x3.head(2))
```

```
1   # x3 の結果を「レンタル代」で降順にソートして、
2   # レンタル代の合計が一番大きな顧客を算出
3   x4 =
4   display(x4.head(2))
```

(2)（1）で調べたユーザーに対して、過去のレンタル金額が最も大きいカテゴリ名を調べる

コード 3-6-19　演習問題（2）の解答ひな型

```
1   # 貸出情報から項目「顧客 ID」と「レンタル代」「カテゴリ名」のみを抽出し、
2   # 結果を x5 に代入する
3   x5 =
4   display(x5.head(2))
```

```
1   # x5 から、顧客 ID が（1）で調べた値であるものを抽出
2   x6 =
3   display(x6.head(2))
```

```
1   # groupby メソッドを用いて x6 の結果から
2   # カテゴリ別の合計レンタル代を算出
3   x7 =
4
5   # reset_index メソッドを用いて、カテゴリ名を列に戻す
6   x8 =
7   display(x8.head(2))
```

```
1   # sort_index メソッドで、合計レンタル代の最も大きな
2   # カテゴリ名を調べる
3   x9 =
4   display(x9.head(2))
```

かなり量が多いので、個別の解説は省略します。各コードに記載した、参照先の項とコード番号を見てください。

(1) 過去の合計レンタル金額が最も高いユーザーを調べる

コード 3-6-20　貸出情報から項目「顧客 ID」と「レンタル代」を抽出

```
1  # 貸出情報から項目「顧客ID」と「レンタル代」を抽出し、結果をx1に代入する
2  # 参照 2.4.4項　コード 2-4-15
3  x1 = df1[['顧客ID', 'レンタル代']]
4  display(x1.head(2))
```

	顧客ID	レンタル代
0	587	0.9900
1	344	0.9900

コード 3-6-21　レンタル代の合計金額を顧客 ID ごとに算出

```
1  # x1に対するgroupbyメソッドで、レンタル代の合計金額を顧客IDごとに算出
2  # 参照 3.4.5項　コード 3-4-11
3  x2 = x1.groupby('顧客ID').sum()
4  display(x2.head(2))
```

	レンタル代
顧客ID	
1	93.6800
2	82.7300

コード 3-6-22　顧客 ID を項目名に戻す

```
1  # x2に対してreset_indexメソッドを用いて、顧客IDを項目名に戻す
2  # 参照 3.6.4項 . コード 3-6-7
3  x3 = x2.reset_index()
4  display(x3.head(2))
```

	顧客ID	レンタル代
0	1	93.6800
1	2	82.7300

コード 3-6-23　レンタル代の合計が一番大きな顧客を算出

```
1  # x3 の結果を「レンタル代」で降順にソートして、
2  # レンタル代の合計が一番大きな顧客を算出
3  # 参照 3.6.3 項　コード 3-6-4
4  x4 = x3.sort_values('レンタル代', ascending=False)
5  display(x4.head(2))
```

	顧客ID	レンタル代
147	148	147.5400
525	526	138.5500

　この結果、一番レンタル代の合計が大きな顧客は顧客 ID が 148 で合計レンタル代が 147.54 であることがわかりました。

(2)（1）で調べたユーザーに対して、過去のレンタル金額が最も大きいカテゴリ名を調べる

コード 3-6-24　貸出情報から項目「顧客 ID」と「レンタル代」
「カテゴリ名」のみを抽出

```
1  # 貸出情報から項目「顧客 ID」と「レンタル代」「カテゴリ名」のみを抽出し、
2  # 結果を x5 に代入する
3  # 参照 2.4.4 項　コード 2-4-15
4  x5 = df1[['顧客ID', 'レンタル代', 'カテゴリ名']]
5  display(x5.head(2))
```

	顧客ID	レンタル代	カテゴリ名
0	587	0.9900	Documentary
1	344	0.9900	Documentary

コード 3-6-25　x5 から、顧客 ID が（1）で調べた値であるものを抽出

```
1  # x5 から、顧客 ID が（1）で調べた値であるものを抽出
2  # 参照 3.6.6 項　コード 3-6-11
3  x6 = x5.query('顧客ID == 148')
4  display(x6.head(2))
```

	顧客ID	レンタル代	カテゴリ名
64	148	2.9900	Horror
343	148	4.9900	Action

コード 3-6-26　カテゴリ別の合計レンタル代を算出

```
1  # groupby メソッドを用いて x6 の結果から
2  # カテゴリ別の合計レンタル代を算出
3  # 参照 3.4.5 項　コード 3-4-11
4  x7 = x6.groupby('カテゴリ名').sum()['レンタル代']
5
6  # reset_index メソッドを用いて、カテゴリ名を列に戻す
7  # 参照 3.6.4 項　コード 3-6-7
8  x8 = x7.reset_index()
9  display(x8.head(2))
```

	カテゴリ名	レンタル代
0	Action	12.9700
1	Classics	13.9600

コード 3-6-27　合計レンタル代の最も大きなカテゴリ名を調べる

```
1  # sort_index メソッドで、合計レンタル代の最も大きな
2  # カテゴリ名を調べる
3  # 参照 3.6.3 項　コード 3-6-4
4  x9 = x8.sort_values('レンタル代', ascending=False)
5  display(x9.head(2))
```

	カテゴリ名	レンタル代
13	Travel	22.9500
6	Foreign	15.9600

顧客 ID148 が最も好んでいるカテゴリは「Travel」であることがわかりました。

　今回の演習問題のシナリオは、かなり長い実装でしたが、汎用的なものなので実業務で活用可能なパターンになるはずです。その要点をまとめると、

● 「集計処理」「順位付け」「注目すべき対象の特定」
● 「注目した対象でデータ絞り込み」「絞り込んだ対象を集計処理」「順位付け」

ということをやっています。より汎化した表現にすると「集計」「順位付け」「絞り込み」のサイクルを繰り返すということです。そしてこの分析プロセス全体の中で、3.6.6 項で説明した「検索」や 3.6.3 項で説明した「ソート」が重要な役割を果たします。

典型的なデータ分析パターンの1つは「集計」「順位付け」「絞り込み」を繰り
返すこと。このプロセスにおいて本節で説明した「検索機能」「ソート機能」
が重要な役割を果たす。

コラム　データサイエンティストにSQLは必須スキルか

　「これからデータ分析・データサイエンスを勉強したいが、SQL を勉強する
必要はあるか」という質問を時々受けます。

　この質問に対する答えは、分析対象データの件数によって大きく異なります。
業務によっては、何百万件、何千万件、場合によっては何億件ものデータが分
析対象テーブルに存在する場合があります。このような場合 SQL は必須です。

　分析に必要なデータ項目は、単一のテーブルにすべて入っていることはなく、
「正規化」の方法を使って、複数のテーブルに分散して入っているのが通常で
す [7]。件数が少なければ本節で説明する「結合」の方法を使い、Python 側で分
析対象のデータを組み立てることも可能です。しかし、上に書いたようなデー
タの規模だと無理であり、SQL を使えないと、分析の出発点となるデータを作
れないことになってしまいます。

　SQL に関してどこまで理解していればいいかという問いに対しては、基礎概
念にあたる「WHERE 句」「JOIN（結合）」だけでは不十分で「GROUP BY 句」「副
参照」程度は最低マスターしていないと、実業務のデータは扱えないと思いま
す。

　「JOIN を含めた SQL を作れる」 ということは、**「ER 図を読みこなせる」** と
いうこととほとんど同義です。必然的に ER 図も理解できるようになる必要が
あります。

　実際の分析ではさらに、テーブル定義書を読みこなすスキルも必要です。そ
の主目的は、「どのテーブルのどの項目がどんな目的で使われているか」を理
解することですが、実は「特定の項目で個別のコード値の持つ意味」といった

---

[7] データ分析用にデータウェアハウスという専用のテーブルがあれば必要ないこともあり
ますが、そこまでの環境整備ができている企業はまだ少ないと思います。

細かい情報こそ、最も重要だったりします。事前調査で完璧に見えたテーブル定義書に実は重要な項目のコード値の説明が一切なく、結局業務担当者にインタビューしないといけなかったというのが、実分析プロジェクトのあるある事例です。

データベースの世界で最も難しい概念は排他制御です。あるデータを更新している最中に他の人から更新をされるとデータの整合性がなくなるため、それを防ぐ目的で「ロック」という機能を利用するのですが、変なロックをかけると大量の更新処理を同時にさばけなくなります（例えば有名アーティストのチケット予約のようなケースを想定してください）。しかし、データ分析者・データサイエンティストは、データベースに関しては読み取りアクセスをするだけなので、このあたりのスキルは通常一切不要です。

逆にパフォーマンス関係のスキルは重要です。1億件あるテーブルに対して、インデックスを作らない状態で変な結合処理をしたSQLを発行すると、1日たっても結果が返ってこないことがあり得ます。クラウド上にデータベースがあり従量制課金という昨今ありがちなケースだと、そのSQL一発で何十万円もかかってしまったというのもまた、初心者あるあるの失敗事例です。件数が大量にあるデータベースにアクセスする際は、常にパフォーマンスに留意する必要があります。初心者には難しい話なので、最初のうちは必ず経験者のアドバイスを受けるようにしてください。

以上の話は対象データ件数が非常に多い場合でした。業務によっては分析対象のデータ件数が少ない場合もあり得ます[8]。この場合は、「結合」をデータフレームでやってしまって実用上問題ないです。SQLの知識もそれほど深くなくてもいいですし、パフォーマンスチューニングの知識も不要となります。この場合、最低限必要なのは、ER図とテーブル定義書を読む力ということになります。

とはいえ、データ分析・データサイエンスを学ぼうとするのであればSQLは普通に使えるようになっていてほしいというのが、著者としての希望です。また、元々ITエンジニアだった人の場合は、SQLをわかっていることは間違いなく有利点となります。

---

[8] ここで「少ない」とは数万件からせいぜい数十万件のオーダーを想定しています。

3.7 日付データの処理

本節で学ぶこと

前節で紹介したDVDレンタルデータセットのような、売上データには必ず日付データが含まれています。データフレームでも日付データは扱えますが、今まで扱っていた数値データや文字列型データと比較すると、扱いが難しくなります。本節では、効率良く扱って、効果的に洞察を得るためのコツを紹介していきます。

本節も前節同様、「DVDレンタルデータセット」を対象にします。

前節でも、「貸出日時」という項目を処理していましたが、実は単なる文字列として扱っていました。文字列の形でも、大小関係は判断できるので、「貸出日時」を対象にしたソートができたのですが、日付データは本来もっと多くの情報（曜日など）を持っていて、それを活用することが本節の目標になります。

3.7.1 read_csv 関数の parse_dates オプション

3.2節でいろいろなオプションを紹介したread_csv関数には、日付データ用のオプションがあります。そのオプションを使った実装をコード3-7-1で紹介します。

コード 3-7-1　parse_dates オプションを利用した read_csv 関数

```
1   # 貸出情報の URL
2   url1 = 'https://github.com/makaishi2/samples/raw/main/data ⤵
    /rental3-jp.csv'
3
4   # 貸出情報の読み込み
5   df1 = pd.read_csv(url1, parse_dates=[4])
6
7   # 貸出日時順にソート
8   df2 = df1.sort_values('貸出日時')
9   df2 = df2.reset_index(drop=True)
10
```

```
11   # データ型確認
12   print(df2.dtypes)
13
14   # 結果確認
15   display(df2.head(2))
```

```
貸出ID              int64
DVD_ID             int64
顧客ID              int64
映画ID              int64
貸出日時      datetime64[ns]
タイトル            object
概要                object
公開年              int64
レンタル代          float64
カテゴリ名           object
dtype: object
```

	貸出ID	DVD_ID	顧客ID	映画ID	貸出日時	タイトル
0	1	367	130	80	2005-05-24 22:53:30	BLANKET BEVERLY
1	2	1525	459	333	2005-05-24 22:54:33	FREAKY POCUS

　5行目のread_csv関数の呼び出しで、「parse_dates=[4]」というオプションを指定しています。これにより4番目（1から始めた場合は5番目）の項目は日付データなので、日付型で読み取るように指示しています。

　この指定が正しく動作したことは、青枠で囲んだ、dtypes属性出力の「貸出日時」の部分を見るとわかります。そのデータ属性は「datetime64[ns]」[1]となっていて日付型を意味しています。8、9行目では、データを貸出日時順にソートし、行インデックスの初期化もしました。

3.7.2　日付集計用の項目追加

　日付情報の便利な点の1つは、そこから週や日の情報を抽出して、例えば売上情報を週単位や日単位で集計できる点です。本項では、その準備として、集計のキーとなる週情報や日情報を新しい項目として定義する方法を説明します。次のコード3-7-2は、日付集計用の項目を作る関数を本書向けに定義したものです。

---

[1] [ns]はnano second、つまりナノ秒の意味で、10^{-9}の単位まで保持します。

コード 3-7-2　集計単位計算用関数

```python
1   # 集計単位計算用関数
2   from datetime import datetime
3
4   # 週単位の日付作成
5   def conv_week_day(ts):
6
7       # 日付を年、何週目か、週の何日目かに分解
8       year, week, day = ts.isocalendar()
9
10      # その週の 1 日目を表現する文字列
11      str = f'{year} {week} 1'
12
13      # 文字列を datetime 型に変換
14      return datetime.strptime(str, "%Y %W %w")
15
16  # 日単位の日付作成
17  def conv_date(ts):
18
19      # Timestamp から文字列生成
20      # str: YYYY-MM-DDThh:mm:ss
21      str = ts.isoformat()
22
23      # 先頭 10 文字を datetime 型に変換
24      return datetime.strptime(str[:10], '%Y-%m-%d')
```

　関数conv_week_dayは日付型のデータを引数として受け取り、**その週の始まりの日**を返します。始まりの日は月曜日（インデックスは1）としていて、戻り値はその日の0時0分0秒のタイムスタンプ（pandasのTimestamp型）になります。この戻り値を新しい項目としてデータフレームに追加すれば、その項目をキーに分類して週単位で集計できます。

　関数conv_dateの方は同様に**日単位のタイムスタンプ**を返します。

　この2つの関数はやや複雑なコードなので、1行1行の細かい解説は省略します。タイムスタンプを含んだデータから週単位、日単位の集計をする必要がある場合、このコードをコピペして使うようにしてください。

次のコード3-7-3では、今準備した2つの関数を用いて、データフレームに「貸出日」「貸出週」という新しい2項目を追加しています。

コード 3-7-3　集計単位用の項目計算

```
1   df3 = df2.copy()
2
3   # 集計単位用の項目計算
4   df3.insert(4, '貸出日', df3['貸出日時'].map(conv_date))
5   df3.insert(5, '貸出週', df3['貸出日時'].map(conv_week_day))
6
7   # 結果確認
8   display(df3.head(2))
```

	貸出ID	DVD_ID	顧客ID	映画ID	貸出日	貸出週	貸出日時
0	1	367	130	80	2005-05-24	2005-05-23	2005-05-24 22:53:30
1	2	1525	459	333	2005-05-24	2005-05-23	2005-05-24 22:54:33

mapメソッドを使って、新しい項目の値を計算し、insertメソッド（2.4.5項参照）を用いて、計算結果を新しい項目として追加しています。こちらのコードはそれほど難しいところはないです。面倒な処理は、コード3-7-2で定義した関数の実装で隠蔽されています。

今回の実習では出てきませんが、業務では月単位や年単位の集計というのもあると思います。その場合に必要になる、関数の定義例を、次のコード3-7-4に示しておきました。

コード 3-7-4　（参考）月単位、年単位で集計したい場合の関数

```
1   # 参考
2
3   # 月単位の日付作成
4   def conv_month(ts):
5       str = ts.isoformat()
6       # str: YYYY-MM-DDThh:mm:ss
7       return datetime.strptime(str[:7], '%Y-%m')
8
9   # 年単位の日付作成
10  def conv_year(ts):
```

```
11       str = ts.isoformat()
12       # str: YYYY-MM-DDThh:mm:ss
13       return datetime.strptime(str[:4], "%Y")
14
```

3.7.3　週単位の集計

　前項で準備した「貸出週」の項目を活用して、レンタルビデオの週単位の売上
を集計してみましょう。実装は、次のコード3-7-5になります。

コード 3-7-5　レンタルビデオ売上の週単位集計

```
1    # 週単位の集計
2    df4 = df3.groupby('貸出週').sum()['レンタル代']
3
4    # 結果確認
5    display(df4)
```

```
貸出週
2005-05-23    2428.6500
2005-05-30     959.7900
2005-06-13    5023.9500
2005-06-20    1751.9400
2005-07-04    7300.0300
2005-07-11    2830.4400
2005-07-25    9645.4400
2005-08-01    3842.8600
2005-08-15    9294.5200
2005-08-22    3619.7600
Name: レンタル代 , dtype: float64
```

　コード3-7-5の結果を確認します。期間は2005-05-23週から2005-08-22週まで
の比較的短い期間のようです。ただ、結果の日付をじっくり見ると、例えば2005-
05-30と2005-06-13の間に、本来あるべき2005-06-06週分の売上データがあり
ません。どうも、このサンプルデータは実際のデータではないため、売上データに
ところどころ歯抜けがあるようです。今回は、最終的に可視化機能を使って、売

上グラフを作りたいのですが、歯抜けの行があると正しいグラフが作れません。

　そこで、このデータを加工して、2005-06-06のように売上のない週は、「2005-06-06 売上 0」のように新しい行を補うことを考えます。具体的には、まず1週間刻みのインデックスを持つ、値がすべてゼロのSeries変数rent_fareを作ります。次にこのrent_fareに対して、インデックスを活用してdf4の各行を足すことで、目的を達成できます。

　それでは、1ステップずつ実装していきます。最初は「1週間刻みのインデックス」を作ります。実装は、次のコード3-7-6です。

コード3-7-6　1週間刻みのインデックス作成

```
1   # 1週間刻みのインデックス作成
2   date_index = pd.date_range(
3       "2005-05-23", periods=14, freq="W-MON")
4   print(date_index)
```

```
DatetimeIndex(['2005-05-23', '2005-05-30', '2005-06-06', '2005-
06-13',
               '2005-06-20', '2005-06-27', '2005-07-04', '2005-
07-11',
               '2005-07-18', '2005-07-25', '2005-08-01', '2005-
08-08',
               '2005-08-15', '2005-08-22'],
              dtype='datetime64[ns]', freq='W-MON')
```

　2〜3行目がその実装で、pandasの**date_range関数**を用いています。最初の引数は開始日付、periodsは繰り返し回数（該当期間の週の数）、freqは頻度を示しています。最後のfreqパラメータには注意が必要です。毎週（Weekly）を意味する"W"というパラメータもあるのですが、このパラメータだと「日曜日始まり」になってしまいます。2005-05-23が何曜日かを調べた上で"W-MON"（月曜日始まりの毎週)のように指定する必要があるのです。曜日指定が間違っているとprint関数が出力する最初の日が、意図と違うものになるので、いろいろ曜日を変えて試行錯誤して正しい曜日を決めればいいかと思います。繰り返し回数も同様にして決めます。

　インデックスが完成したら、このインデックスを持つ空の集計表を作ります。実

装はコード3-7-7です。

コード3-7-7　空の集計表

```
1   # 空の集計表作成
2   rent_fare = pd.Series(0, index=date_index)
3   print(rent_fare)
```

```
2005-05-23    0
2005-05-30    0
2005-06-06    0
2005-06-13    0
2005-06-20    0
2005-06-27    0
2005-07-04    0
2005-07-11    0
2005-07-18    0
2005-07-25    0
2005-08-01    0
2005-08-08    0
2005-08-15    0
2005-08-22    0
Freq: W-MON, dtype: int64
```

コード3-7-7の2行目が空の集計表を作っているところです。pd.Seriesのコンストラクタ[2]呼び出しで引数0に加えて、indexパラメータに先ほど準備したdate_indexを指定します。すると、print関数の結果にある通り、意図した空の集計表ができあがります。

ここまでの準備ができれば、集計処理はコード3-7-8のようにとても簡単です。

コード3-7-8　売上集計

```
1   # 売上集計
2   for ts in df4.index:
3       rent_fare[ts] += df4[ts]
4
5   # 結果確認
```

---

[2] クラス名と同じ名前の特殊な関数呼び出しをこう呼びます。

```
6  print(rent_fare)
```

```
2005-05-23    2428
2005-05-30     959
2005-06-06       0
2005-06-13    5023
2005-06-20    1751
2005-06-27       0
2005-07-04    7300
2005-07-11    2830
2005-07-18       0
2005-07-25    9645
2005-08-01    3842
2005-08-08       0
2005-08-15    9294
2005-08-22    3619
Freq: W-MON, dtype: int64
```

コード3-7-8では、データフレーム側のインデックスでループを回しています。ループ内部で1行「rent_fare[ts] += df4[ts]」(「rent_fare[ts] = df4[ts]」でも同じです)という処理をすれば、売上の集計は完了します。6行目のprint関数で結果を確認しています。

3.7.4　売上集計結果の可視化

これで可視化の準備が完了したので、いよいよ売上集計結果を可視化します。実装は次のコード3-7-9です。

コード 3-7-9　売上集計結果の可視化

```python
1  # サイズ設定
2  plt.rcParams['figure.figsize'] = (6, 4)
3
4  # 棒グラフ描画
5  rent_fare.plot(kind='bar')
6
7  # タイトル表示
8  plt.title('週単位の売上合計')
9  plt.show()
```

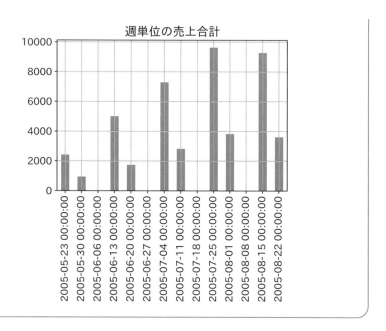

週単位の売上合計

シンプルなプログラムで週単位の売上の棒グラフが描画できました。今回は集計したデータに歯抜けの行があったため、そこを補うデータ加工が大変でしたが、データ準備までできれば、一瞬で可視化できました。

3.7.5 日付範囲の指定

日付項目を含んだデータ分析でよく行われるのが、「特定の日付範囲」でデータを絞り込むケースです。ちょっとしたコツを押さえると、こうした絞り込みも一瞬でできます。

今回の絞り込み条件は次のように設定します。

「uid（顧客ID）＝459の顧客が2005年6月11日から2005年6月18日までの期間にレンタルしたDVD」

上の要件を実現する実装は、次のコード3-7-10になります。

コード 3-7-10　日付範囲指定

```
1   # 日付範囲指定
2
3   # 開始日 datetime 型で定義
4   sday = pd.to_datetime('2005-06-11')
5
6   # 終了日 datetime 型で定義
7   eday = pd.to_datetime('2005-06-18')
8
9   # 顧客 ID
10  uid = 459
11
12  # query メソッドで絞り込み検索条件はすべて変数による指定
13  x2 = df3.query(
14      '顧客ID == @uid and 貸出日 >=@sday and 貸出日 <= @eday')
15
16  # 結果確認
17  display(x2)
```

	貸出ID	DVD_ID	顧客ID	映画ID	貸出日	貸出週	貸出日時	タイトル
1874	1876	384	459	85	2005-06-17	2005-06-13	2005-06-17 02:50:51	BONNIE HOLOCAUST
1975	1977	2468	459	540	2005-06-17	2005-06-13	2005-06-17 09:38:22	LUCKY FLYING
2073	2075	2415	459	527	2005-06-17	2005-06-13	2005-06-17 16:40:33	LOLA AGENT

　ポイントは、日付を指定している4行目と7行目です。pandasの**to_datetime 関数**を利用して、**Timestamp型変数**として定義しています。いったんこの準備ができれば、3.6.6項で説明した、「queryメソッドの検索条件に変数名を指定する方法」を用いて、日付による絞り込みができます。

　17行目のdisplay関数で、絞り込んだ3件の貸出日を確認しています。

3.7.6　日付の加減算 (relativedelta 関数)

　日付を扱ったデータ分析をしている場合によく遭遇するのが、「データフレームから取得した日付のx日後を知りたい」という話です。Timestamp型の日付データを対象にx日後を計算する場合、relativedelta関数を利用します。次のコード3-7-11にその利用例を示します。

```
 1   # ライブラリインポート
 2   from dateutil.relativedelta import relativedelta
 3
 4   # 基準日付
 5   t1 = x2['貸出日'].iloc[0]
 6
 7   # 4日後
 8   ts = t1 + relativedelta(days=4)
 9
10   # 14日後
11   te = t1 + relativedelta(days=14)
12
13   # 結果確認
14   print(t1, type(t1), sep='\n')
15   print(ts, type(ts), sep='\n')
16   print(te, type(te), sep='\n')
```

```
2005-06-17 00:00:00
<class 'pandas._libs.tslibs.timestamps.Timestamp'>
2005-06-21 00:00:00
<class 'pandas._libs.tslibs.timestamps.Timestamp'>
2005-07-01 00:00:00
<class 'pandas._libs.tslibs.timestamps.Timestamp'>
```

5行目では、先ほど3件に絞り込んだデータフレーム変数x2の項目「貸出日」の最初の要素を取り出しています。この変数t1は、Timestamp型になっています。例えば、この日に対して4日後を計算したい場合、8行目のように「relativedelta(days=4)」という値をt1に加算します。11行目の14日後の計算も同様です。

14〜16行目では、それぞれの変数の値と型を確認しています。3つすべての変数に関して、型はTimestamp型になっています。

3つめのteに関しては、日付が2005-07-01になっていて、月をまたいだ日付になっています。このような計算を自動的にやってくれることが、Timestamp型を使う場合のうれしい点です。

最後にこうやって作った日付を使って、元のデータフレームのデータに対して絞り込みをしてみます。実装は、コード3-7-12です。

コード 3-7-12　計算結果の日付を絞り込みに利用

```
1   # 計算結果を絞り込み条件に使う
2   x3 = df3.query('顧客ID == @uid and 貸出日 >=@ts and 貸出日 <=↗
    @te')
3
4   # 結果確認
5   display(x3)
```

	貸出ID	DVD_ID	顧客ID	映画ID	貸出日	貸出週	貸出日時	タイトル
3231	3234	3252	459	715	2005-06-21	2005-06-20	2005-06-21 02:39:44	RANGE MOONWALKER

　絞り込みのための変数 ts と te の作り方が異なるだけで、query メソッドを用いた絞り込み方は、前項のコード 3-7-10 とまったく同じです。今回の絞り込み結果は、1 行だけでした。

演習問題

問　題

　レンタルビデオ店では顧客離反防止施策の一環として、最近レンタルをしていない顧客をリストアップし、期間限定の半額セールの DM を打つこととしました。
　顧客絞り込みの基準は「最終貸出日が 2005-08-19 以前」ということがすでに決まっているものとします。
　このとき、貸出情報から該当顧客を洗い出し、顧客情報を用いて DM の宛先をリスト変数形式で作成してください。
　リスト作成時は、実習で利用した貸出情報 (df3) と下記の顧客情報 (df5) を利用してください。

　今回の演習問題も前節同様、実業務で出てきそうなシナリオにしてみました。一見難しそうですが、ガイドの通りに実装をしていくと、答えまでたどり着けるはずです。
　ぜひ、自力でチャレンジしてみてください。

　コードのひな型は以下の通りです。

コード 3-7-13　df3 から「顧客 ID」と「貸出日」の列のみを抽出

```
1   # df3 から「顧客 ID」と「貸出日」の列のみを抽出
2   df6 =
3
4   # 結果確認
5   display(df6.head(2))
```

コード 3-7-14　顧客 ID ごとの最終貸出日を求める

```
1   # 顧客 ID ごとの最終貸出日を求める
2   #（ヒント）顧客ごとグループ化して「貸出日」の最大値を求めればいい
3   df7 =
4
5   # 顧客 ID をデータフレームの列に戻す
6   df8 =
7
8   # 結果確認
9   display(df8.head(2))
```

コード 3-7-15　最終貸出日が 2005-08-19 以前の顧客を絞り込む

```
1    # 最終貸出日が 2005-08-19 以前の顧客を絞り込む
2
3    # 基準日の定義
4    ldate =
5
6    # query メソッドで検索
7    df9 =
8
9    # 結果確認
10   display(df9)
```

コード 3-7-16　メールアドレス一覧の作成

```
1   # メールアドレス一覧の作成
2
3   # df5 から顧客 ID、メールアドレスを抽出
4   df10 =
5
6   # df9 と結合
```

```
 7   df11 =
 8
 9   # 結果確認
10   display(df11.head(2))
```

コード 3-7-17　メールアドレスをリスト形式で抽出

```
1   # メールアドレスをリスト形式で抽出
2   mlist =
3
4   # 結果確認
5   print(mlist)
```

解答例を以下に示します。ほとんどの実装は前節と本節の実習から取ってきています。

コード 3-7-18　df3 から「顧客 ID」と「貸出日」の列のみを抽出

```
1   # df3 から「顧客 ID」と「貸出日」の列のみを抽出
2   # 3.6.7 項　コード 3-6-15
3   df6 = df3[['顧客 ID', '貸出日']]
4
5   # 結果確認
6   display(df6.head(2))
```

	顧客ID	貸出日
0	130	2005-05-24
1	459	2005-05-24

コード 3-7-19　顧客 ID ごとの最終貸出日を求める

```
1    # 顧客 ID ごとの最終貸出日を求める
2    #（ヒント）顧客ごとグループ化して「貸出日」の最大値を求めればいい
3    # 3.7.3 項　コード 3-7-5
4    df7 = df6.groupby('顧客 ID').max()
5
6    # 顧客 ID をデータフレームの列に戻す
7    # 3.6 節演習問題　コード 3-6-22
8    df8 = df7.reset_index()
9
10   # 結果確認
11   display(df8.head(2))
```

	顧客ID	貸出日
0	1	2005-08-22
1	2	2005-08-23

コード 3-7-20　最終貸出日が 2005-08-19 以前の顧客を絞り込む

```
1   # 最終貸出日が 2005-08-19 以前の顧客を絞り込む
2
3   # 基準日の定義
4   # 3.7.5 項　コード 3-7-10
```

```
5   ldate = pd.to_datetime('2005-08-19')
6
7   # query メソッドで検索
8   # 3.7.5 項  コード 3-7-10
9   df9 = df8.query('貸出日 <= @ldate')
10
11  # 結果確認
12  display(df9)
```

	顧客ID	貸出日
98	99	2005-08-19
207	208	2005-08-17
325	326	2005-08-19
329	330	2005-08-19
427	428	2005-08-17
482	483	2005-08-19
484	485	2005-08-19
497	498	2005-08-19
572	573	2005-08-19

コード 3-7-21　メールアドレス一覧の作成

```
1   # メールアドレス一覧の作成
2
3   # df5 から顧客 ID、メールアドレスを抽出
4   # 3.6.7 項  コード 3-6-15
5   df10 = df5[['顧客ID', 'メール']]
6
7   # df9 と結合
8   # 3.6.7 項  コード 3-6-17
9   df11 = pd.merge(df9, df10, on='顧客ID')
10
11  # 結果確認
12  display(df11.head(2))
```

	顧客ID	貸出日	メール
0	99	2005-08-19	EMILY.DIAZ@sakilacustomer.org
1	208	2005-08-17	LUCY.WHEELER@sakilacustomer.org

コード 3-7-22　メールアドレスをリスト形式で抽出

```
1  # メールアドレスをリスト形式で抽出
2  # 2.4.3 項　コード 2-4-5
3  mlist = list(df11[' メール '])
4
5  # 結果確認
6  print(mlist)
```

```
['EMILY.DIAZ@sakilacustomer.org', 'LUCY.WHEELER@sakilacustomer.or
g', 'JOSE.ANDREW@sakilacustomer.org', 'SCOTT.SHELLEY@sakilacustom
er.org', 'HERBERT.KRUGER@sakilacustomer.org', 'VERNON.CHAPA@sakil
acustomer.org', 'CLYDE.TOBIAS@sakilacustomer.org', 'GENE.SANBORN@
sakilacustomer.org', 'BYRON.BOX@sakilacustomer.org']
```

データ分析ライブラリ中級編

4章

データ分析実践編

4章 データ分析実践編

　前章までお疲れ様でした。ここまで学んだ読者は、もうデータ分析者の卵として、最低限必要なスキル・知識が身に付いているはずです。今まで学んだことの総復習を兼ねて、本章では有名な公開データセットである「タイタニック・データセット」を対象に、いろいろな側面でデータ分析を試みます。本章の具体的な分析手順は、3.1節の最初の図（図3-1-1）に示しています。現在どの分析プロセスをやっているのかを、この図で確認しながら読み進めてください。

　一見、何の変哲もないデータも、観点を工夫し分析手段を駆使すると、様々なことが見えてきます。本章の結果が面白いと感じた読者はぜひ、自分の身近なデータで同じ分析を試してみてください。そこで意味のある洞察を導き出せた読者は、もうデータ分析者の第一歩を踏み出していることになるはずです。

4.1　タイタニック・データセット

　イギリスの豪華客船タイタニック号は、映画「タイタニック」の題材にもなったので読者もご存じと思います。1912年の処女航海の最中に氷山に衝突して沈没してしまった船です。当時の写真を図4-1に示しますが、窓の大きさからいかに全体が大きな船であるか想像が付くと思います。

図4-1　タイタニック号

出典：https://commons.wikimedia.org/wiki/File:RMS_Titanic_3.jpg より

　公開データセットである「タイタニック・データセット」は、この航海のとき
の乗客名簿のデータです。単なる乗客名簿ではなく、それぞれの乗客が救助され
たかどうかを示す項目が含まれています。この項目を使って、乗客が救助されたか
どうかを予測するモデルを作る題材として、よく利用されています。今回は、この
データセットを用いて、前章までで学んだ様々な手段により、データ分析を進めて
いきます。

　実習では、次の図4-2に示すOpenMLのサイトにアップされているデータを一
部加工して用います。

図4-2　OpenML のタイタニック・データセットのサイト

出典：https://www.openml.org/search?type=data&sort=runs&id=40945&status
=active。The original Titanic dataset, describing the survival status of individual
passengers on the Titanic. The titanic data does not contain information from the
crew, but it does contain actual ages of half of the passengers. The principal source
for data about Titanic passengers is the Encyclopedia Titanica. The datasets used
here were begun by a variety of researchers. One of the original sources is Eaton &
Haas (1994) Titanic: Triumph and Tragedy, Patrick Stephens Ltd, which includes a
passenger list created by many researchers and edited by Michael A. Findlay.
Thomas Cason of UVa has greatly updated and improved the titanic data frame
using the Encyclopedia Titanica and created the dataset here. Some duplicate
passengers have been dropped, many errors corrected, many missing ages filled in,
and new variables created.
For more information about how this dataset was constructed: http://biostat.
mc.vanderbilt.edu/wiki/pub/Main/DataSets/titanic3info.txt

　実習で用いるデータの項目一覧を次の表4-1 に示します[1]。

---

[1] このリストを見て、実際の氏名や年齢といった個人情報をそのまま出していいのだろうかと思った
読者もいると思います。このデータセットは100年以上前だからこそ許されていますが、今、こんな
情報を公開したら、個人情報保護違反で一発でアウトです。

表4-1　タイタニック・データセットの項目一覧

項目名(英語)	項目名(日本語)	データ型	項目値	補足
pclass	客室クラス	整数型	1〜3	
survived	生存状況	整数型	0〜1	0: 死亡 1: 生存
name	氏名	文字列型		
sex	性別	文字列型	male、female	
age	年齢	浮動小数点数型	0.1667〜80	
sibsp	兄弟_配偶者数	整数型	0〜8	
parch	親_子供数	整数型	0〜9	
ticket	乗船券番号	文字列型		
fare	運賃	文字列型	0〜512.3292	
cabin	客室番号	文字列型		
embarked	乗船港	文字列型	C、S、Q	C=Cherbourg：シェルブール Q=Queenstown：クイーンズタウン S=Southampton：サウサンプトン
boat	救命ボート番号	文字列型	0〜4918	
body	遺体識別番号	浮動小数点数型	1〜328	
home.dest	自宅または目的地	文字列型		

　表4-1の項目のうち最も重要なのが2つめの「生存状況」です。本章のデータ分析のほぼすべては、「乗客の生存可否を分けたのはどんな条件だったか」を調べることが目的になります。

　表4-1の項目のうち、embarked（乗船港）に関して補足しておきます。次の図4-3は、3つの寄港地を地図で示したものです。

図4-3　3カ所の寄港地
元画像の一部を切り取って掲載（Licensed under a CC BY-SA 3.0)
https://commons.wikimedia.org/w/index.php?curid=143903

船はイギリスのサウサンプトン（Southampton）から出航し、フランス　シェルブール（Cherbourg）、アイルランド　クイーンズタウン（Queenstown）に寄港した後、目的地アメリカに向けて大西洋を航行していました。

4.2　データ読み込み

ファイルのダウンロード

　ファイルをまずダウンロードをします。実装は次のコード4-1です。

コード4-1　データのダウンロード

```
1  url = 'https://raw.githubusercontent.com/makaishi2/samples↗
   /main/data/titanic-v2.csv'
2  !wget $url
```

```
--2022-09-17 05:10:56--  https://raw.githubusercontent.com/maka↗
ishi2/samples/main/data/titanic-v2.csv
Resolving raw.githubusercontent.com (raw.githubusercontent.com)↗
... 185.199.109.133, 185.199.111.133, 185.199.108.133, ...
Connecting to raw.githubusercontent.com (raw.githubusercontent.↗
com)|185.199.109.133|:443... connected.
HTTP request sent, awaiting response... 200 OK
Length: 109153 (107K) [text/plain]
Saving to: 'titanic-v2.csv'

titanic-v2.csv        100%[====================>] 106.59K   --.-KB↗
/s    in 0.002s

2022-09-17 05:10:56 (42.5 MB/s) - 'titanic-v2.csv' saved [10915↗
3/109153]
```

ファイルの内容確認

　いつものように!headコマンドを使って、ファイルの内容を確認してみましょう。実装と結果は次のコード4-2です。

コード4-2　ファイルの内容確認

```
1  # ファイル名の定義
2  csv_fn = 'titanic-v2.csv'
3
4  # 先頭を確認
5  !head -3 $csv_fn
```

```
pclass,survived,name,sex,age,sibsp,parch,ticket,fare,cabin,embar
ked,boat,body,home.dest
1,1,'Allen, Miss. Elisabeth Walton',female,29,0,0,24160,211.337
5,B5,S,2,?,'St Louis, MO'
1,1,'Allison, Master. Hudson Trevor',male,0.9167,1,2,113781,151.
55,'C22 C26',S,11,?,'Montreal, PQ / Chesterville, ON'
```

この確認結果から次のことがわかりました。

● ヘッダー行はある
● 文字列の項目はシングルクオートで囲まれている
● ヌル値は「?」で表現されている

この結果は次のデータ読み込みのときに活用します。

データ読み込み（その1）

コード4-3　データ読み込み（その1）

```
1  # データ読み込み　その1
2  df = pd.read_csv(
3      csv_fn,
4      na_values='?',
5      quotechar="'")
```

```
-----------------------------------------------------------7
------------
ParserError                              Traceback (most recen7
t call last)
```

```
<ipython-input-7-a72a716a496d> in <module>
      1 df = pd.read_csv(csv_fn,
      2     na_values = '?',
----> 3     quotechar = "'")

8 frames
/usr/local/lib/python3.7/dist-packages/pandas/_libs/parsers.py ⬈
x in pandas._libs.parsers.raise_parser_error()

ParserError: Error tokenizing data. C error: Expected 14 fields ⬈
in line 130, saw 15
```

　コード4-3では事前の調査結果に基づき「na_values = '?'」と「quotechar =
"'"」のオプションを指定したのですが、エラーになってしまいました。エラーメ
ッセージは「本来14項目のはずが、130行目が15項目になっている」という意味
です。そこで元データの130行目を調べることにします。

問題の判別

　テキストファイルの130行目を見たい場合、headコマンドとtailコマンドを組
み合わせて「!head -130 $csv_fn | tail -1」という書き方をすればいいです。
　実装と結果は次のコード4-4です。

コード 4-4　読み込みエラーの問題判別

```
   1   # 問題の起きた行を確認
   2   !head -130 $csv_fn | tail -1

1,0,'Gee, Mr. Arthur H',male,47,0,0,111320,38.5,E63,S,?,275,'St
Anne\'s-on-Sea, Lancashire'
```

　この結果のうち、青枠で囲んだ部分を見てください。文字列型変数をシングル
クオートで囲んで表現しているのですが、文字列の中でシングルクオートが出てき
ていて、この場所を文字列の終了箇所と解釈したため、項目数が15になってしま
いました。その前のバックスラッシュをエスケープ文字（直後のシングルクオート
が文字列の終わりでないことを指示する文字）として使っているので、read_csv

関数にその点がわかるようにすればよさそうです。具体的には、pandas の read_csv 関数にエスケープ文字を指定するオプション escapechar があるので、このオプションを指定するとうまく読み込めることになります。

データ読み込み（その2）

escapechar オプションの具体的な指定方法は「escapechar = '\\'」です[2]。
具体的な実装と結果は次のコード4-5です。

コード 4-5　データ読み込み（その2）

```
1  # データ読み込み　その２
2  df = pd.read_csv(
3      csv_fn,
4      na_values = '?',
5      quotechar = "'",
6      escapechar = '\\')
7
8  # 結果確認
9  display(df.head(1))
```

	pclass	survived	name	sex	age	sibsp	parch
0	1	1	Allen, Miss. Elisabeth Walton	female	29.0000	0	0

	ticket	fare	cabin	embarked	boat	body	home.dest
0	24160	211.3375	B5	S	2	NaN	St Louis, MO

今度はエラーなく読み込めました。その後の display 関数で正しく読み込めた1行目を確認しています。

---

[2] なぜバックスラッシュが2つ必要かというと、Python の文字列では、バックスラッシュ文字自体が特別な意味を持っているからです。バックスラッシュを文字として表現したい場合はいつも「\\」を使う、と覚えておいてください。

データ確認・加工（前処理）

　ここから先は、前章の各節で説明したことをそのままなぞる形で、分析を進めていきます。最初は3.3節で説明した「データ確認・加工」です。

データ型の確認

　3.3節と順番を入れ替えて、最初にデータ型を確認します。実装と結果は次のコード4-6です。

コード 4-6　データ型確認

```
1  # データ型確認（3.3.4 項）
2  df.dtypes
```

```
pclass        int64
survived      int64
name          object
sex           object
age           float64
sibsp         int64
parch         int64
ticket        object
fare          float64
cabin         object
embarked      object
boat          object
body          float64
home.dest     object
dtype: object
```

　コード4-5の結果も見比べながら、個々の項目の型認識の結果が妥当かチェックします。1カ所、怪しいところがあり、具体的には青枠で囲んだ「body」の項目です。この項目は「遺体識別番号」であり、ちょうどコード4-4の結果で「body」の項目（青枠の1つ左）があるので値を確認すると、「275」となっていて、小数を含んでいません。元々は整数だったものが、ヌル値と混ざったために浮動小数点数型に変えられたようです。次のコード4-7で、項目「body」の先頭5行を表示

してみます。

コード 4-7　項目「body」の先頭表示

```
1   # 項目「body」の一部を表示
2   df[['body']].head()
```

	body
0	NaN
1	NaN
2	NaN
3	135.0000
4	NaN

確かに予想は合っていそうです。

3度目のデータ読み込み

　今までの結果を受けてもう1回データを読み込み直します。今度は項目「body」
に関しては、文字列として読み込むことにします[3]。実装は次のコード4-8です。

コード 4-8　3度目のデータ読み込み

```
1   # 3度目のデータ読み込み
2   df = pd.read_csv(
3       csv_fn,
4       na_values = '?',
5       quotechar = "'",
6       escapechar = '\\',
7       # 項目「body」を文字列型として読み込むよう指定
8       dtype = {'body': object})
9
10  # 結果確認（データ型）
11  print(df.dtypes)

pclass          int64
survived        int64
```

---

[3]「遺体識別番号」とは数字だけで構成されたラベルであり、この数を使って何か計算するわけではな
いので、文字列として読み込んでも後の処理に影響はないという判断に基づいています。

```
name            object
sex             object
age            float64
sibsp            int64
parch            int64
ticket          object
fare           float64
cabin           object
embarked        object
boat            object
body            object
home.dest       object
dtype: object
```

8行目の「dtype={'body': object}」が今回新たに追加したオプションです。dtypeのオプションは3.2節の演習問題で利用しましたが、データ読み込み時にread_csv関数のデータ型自動判別機能を止めて、明示的にデータ型を指定するオプションです。「dtype=object」のような指定の仕方も可能で、その場合はすべての項目で自動型認識を止めます。この場合、すべての項目は文字列型になります。

今回のように「dtype={'body': object}」と辞書形式の引数を渡すこともでき、その場合は、辞書で指定された特定の項目のみ自動型変換をしない形になります。

コードの最後に改めてdtypes属性の結果を表示させています。その結果、青枠で囲んだように、「body」のデータ型がobjectと意図した結果になっています。

念のため、次のコード4-9で項目「body」の先頭5行を改めて表示してみます。

コード4-9　項目「body」の先頭表示

```
1   # 項目「body」の先頭表示
2   display(df[['body']].head())
```

	body
0	NaN
1	NaN
2	NaN
3	135
4	NaN
```
```

　確かに青枠で囲んだ「body」が「135」と表示されるようになりました。だいぶ手間がかかりましたが、これで今回の分析対象のデータを正確な形で読み込めました。

　今までの話をデータ分析の一般的なポイントとしてまとめると、「**本来文字列型であるデータが誤って整数型や浮動小数点数型として認識された場合、read_csv 関数のオプションを指定してそのことを示すとよい**」ということになります。

　読み込んだ後で加工する方法もあるのですが、今、対象としている「body」でその対応をしようとすると、「浮動小数点数型→文字列型への変換」「文字列型データで小数点以下の切り取り」と2手間必要です。目的のデータ型が文字列型なら、読み込む時点で正しく認識させた方が実装が簡単なのです。

> ☞ データ分析のためのポイント
>
> 目的のデータ型が文字列型で、read_csv 関数の自動判別機能で誤って浮動小数点数型や整数型に変換された場合は、read_csv 関数のオプション指定で、正しい変換方法を示すとよい。

項目名の変更

　正しい状態でデータを読み込めたら、次のステップとして分析がやりやすいよう、項目名を日本語に置き換えます。どのように置き換えたかは、表4-1を参考にしてください。具体的な実装と結果は次のコード4-10になります。

コード 4-10　項目の日本語化

```
1  # 項目名変更（3.3.2 項）
2
3  columns = [
4      '客室クラス', '生存状況', '氏名', '性別',
5      '年齢', '兄弟_配偶者数', '親_子供数',
6      '乗船券番号', '運賃', '客室番号', '乗船港',
7      '救命ボート番号', '遺体識別番号', '自宅または目的地'
8  ]
9  df.columns = columns
10
11 # 結果確認
12 display(df.head(1))
```

	客室クラス	生存状況	氏名	性別	年齢	兄弟_配偶者数
0	1	1	Allen, Miss. Elisabeth Walton	female	29.0000	0
1	1	1	Allison, Master. Hudson Trevor	male	0.9167	1

　コード 4-5 の結果と見比べると、各項目のデータの意味がだいぶわかりやすくなりました。今後は、この置き換え後の項目名を使って分析を進めていきます。

欠損値の確認

　次に欠損値を確認します。実装と結果は次のコード 4-11 です。

コード 4-11　欠損値の確認

```
1  # 欠損値の確認（3.3.3 項）
2  print(df.isnull().sum())
```

```
客室クラス            0
生存状況             0
氏名               0
性別               0
年齢             263
兄弟 _ 配偶者数        0
親 _ 子供数          0
乗船券番号            0
運賃               1
客室番号          1014
乗船港              2
救命ボート番号        823
遺体識別番号        1188
自宅または目的地       564
dtype: int64
```

　項目によっては、かなり多くの欠損値があることがわかりました。しかし、今回やろうとしているのはせいぜい平均値を計算する程度の簡単な集計処理であり、欠損値があっても問題なく分析ができるので[4]、欠損値に対して特別な対応は取ら

---

[4] 目的が機械学習モデル構築の場合は、欠損値をきれいに処理しないと先に進めないことが多いです。

ないことにします。

　もう1点、「客室クラス」や「生存状況」「性別」は、欠損値がまったくないこともわかりました。これらの項目に関する分析は、欠損値の影響を受けず精緻にできそうです。

統計値の確認

　次にdescribeメソッドで調査できる統計値を調べてみます。次のコード4-12は、引数なしでdescribeメソッドを呼び出した場合の、数値項目に対して計算された統計値です。

コード4-12　数値項目への統計値

```
1  # 数値データの統計量計算（3.3.5 項）
2  df.describe()
```

	客室クラス	生存状況	年齢	兄弟_配偶者数	親_子供数	運賃
count	1309.0000	1309.0000	1046.0000	1309.0000	1309.0000	1308.0000
mean	2.2949	0.3820	29.8811	0.4989	0.3850	33.2955
std	0.8378	0.4861	14.4135	1.0417	0.8656	51.7587
min	1.0000	0.0000	0.1667	0.0000	0.0000	0.0000
25%	2.0000	0.0000	21.0000	0.0000	0.0000	7.8958
50%	3.0000	0.0000	28.0000	0.0000	0.0000	14.4542
75%	3.0000	1.0000	39.0000	1.0000	0.0000	31.2750
max	3.0000	1.0000	80.0000	8.0000	9.0000	512.3292

　各項目から読み取れる内容の一部を説明します。ここで、「客室クラス」（1から3の整数値）と「生存状況」（1または0）の2つについては、意味的には文字列で扱うべきところをあえて整数値のままにしている点に注意してください。理由は、整数値のままにしておく方が、より詳細な分析が容易にできるためです。

客室クラス：平均値（mean）が2より大きいか小さいかを見ることで、1等客室の乗客（1）と3等客室の乗客（3）のどちらが多いかを判断できます。実際には2.29だったので、3等客室の乗客の方が多いことがわかりました。

生存状況：平均値（mean）が0.5より大きいか小さいかで、救出された人（1）と、

死亡した人（0）のどちらが多かったかがわかります。0.38なので、死亡者の方が多かったことになります。

年齢: 今度は最小値（min）と最大値（max）に注目してみます。最小値は1/6で、生後2カ月の乳児でした。最大値は80なので、最高齢の乗客は80歳だったことになります。

親_子供数: 今度は75パーセンタイル値に注目してみましょう。この値が0であるということは「乗客の少なくとも3/4は、親も子供も同乗していない」ということを意味しています。

　次のコード4-13では、同じdescribeメソッドに「include='O'」のオプションを追加し、文字列型項目の統計値を取得しました。

コード4-13　文字列型項目への統計値

```
1  # 文字列型データの統計量確認（3.3.5 項）
2  df.describe(include=['O'])
```

	氏名	性別	乗船券番号	客室番号	乗船港	救命ボート番号
count	1309	1309	1309	295	1307	486
unique	1307	2	929	186	3	27
top	Connolly, Miss. Kate	male	CA. 2343	C23 C25 C27	S	13
freq	2	843	11	6	914	39

　この結果からは、「救命ボート番号」を読み解いてみましょう。

　count=486、unique=27は、救命ボートが全部で27隻あり、ボートに搭乗できた人が全部で486名いたことを意味しています。top=13、freq=39は、最も多くの乗客が搭乗した救命ボートの番号が13で、そのボートには39名の乗客が搭乗したという意味です。486/27=18なので、ボート1隻あたりの平均的な乗客数はちょうど18名になります。ネットの記事などを調べるとタイタニックに配備されていた標準的な救命ボートの定員は65名だったが、船を吊り下げるロープの強度に自信がなかったため、少ない人数しか乗船させなかったとあります。その事実の

一端が読み解ける結果になっているかと思います。

　この他、「性別」では男性（male）の方が女性（female）より多いこと、「乗船港」ではS（サウサンプトン）が一番多いことも、この結果から読み取れます。

値の出現回数の確認

　本節の最後にvalue_countsメソッドを使って、値の出現回数を確認してみましょう。実装は、次のコード4-14です。

コード4-14　値の出現回数確認

```
1   # 出現回数をカウントしたい項目を抽出
2   df2 = df[['客室クラス', '生存状況', '性別', '乗船港']]
3
4   # 値の出現回数（3.3.6項）
5   for c in list(df2.columns):
6       print(c)
7       print(df[c].value_counts())
8       print()
```

客室クラス
3   709
1   323
2   277
Name: 客室クラス, dtype: int64

生存状況
0   809
1   500
Name: 生存状況, dtype: int64

性別
male   843
female   466
Name: 性別, dtype: int64

乗船港
S   914
C   270
Q   123
Name: 乗船港, dtype: int64

このコードではまず、2行目で、value_countsメソッドの対象として意味がある項目のみを抽出しています。具体的には数値型項目の「客室クラス」と「生存状況」、文字列型項目の「性別」と「乗船港」です。その前の統計値の確認から、「客室クラス」に関しては3等客室の乗客が1等客室の乗客より多いこと、「生存状況」に関しては0（死亡者）の方が1（生存者）より人数が多いことまでわかっていましたが、より詳細な内訳の件数が確認できました。「性別」「乗船港」に関しても、詳細な内訳情報がわかりました。

4.4 データ集計

ここまでは、基礎的な情報の確認でしたが、本節から、いよいよ洞察を導出する基となる様々な観点でのデータ集計が始まります。

グループごとの集計

最初にgroupbyメソッドを用いた、グループごとの集計をしてみます。軸になる項目には「客室クラス」を選びました。実装と結果は、次のコード4-15になります。

コード4-15 「客室クラス」を軸にしたグループごとの集計

```
1   # 客室クラスごとの集計（3.4.5項）
2   df.groupby('客室クラス').mean()
```

客室クラス	生存状況	年齢	兄弟_配偶者数	親_子供数	運賃
1	0.6192	39.1599	0.4365	0.3653	87.5090
2	0.4296	29.5067	0.3935	0.3682	21.1792
3	0.2553	24.8164	0.5684	0.4006	13.3029

「客室クラス」と「生存状況」の関係については、4.6節で詳しく説明するので、いったんスキップします。

「客室クラス」と「年齢」の関係については、クラスが上に行くほど、平均年齢が高くなっています。この事実は、上のクラスの客室ほど料金が高いはずで、その

料金を支払うにはある程度年齢が高い必要があるという話で説明可能です。

　「客室クラス」と料金の関係は、コード4-15の結果で「運賃」の欄を見ることでより端的にわかります。クラスが上であるほど平均運賃が高いという妥当な結果が示されています。

出現頻度のクロス集計

　次にcrosstab関数を用いた出現頻度のクロス集計をしてみます。対象となる軸には「客室クラス」と「乗船港」を選定しました。実装と結果は、次のコード4-16になります。

コード4-16　「客室クラス」「乗船港」を軸にした出現頻度分析

```
1  #「客室クラス」「乗船港」を軸とした出現頻度分析
2  df_crosstab = pd.crosstab(
3      index=df['客室クラス'],
4      columns=df['乗船港'],
5      margins=True)
6
7  # 結果確認
8  display(df_crosstab)
```

乗船港 客室クラス	C	Q	S	All
1	141	3	177	321
2	28	7	242	277
3	101	113	495	709
All	270	123	914	1307

　人数の比率でいうと、出発地であるS（サウサンプトン）が圧倒的に多いのですが、他の2つの港は、それぞれ内訳としての客室クラスの人数比が特徴的です。

　このうちC（シェルブール）に関しては、4.6節で詳しく触れるのでスキップして、ここではもう1つのQ（クイーンズタウン）について考察します。この港から乗船した乗客の客室クラスは、他の2つの港と比較して3等客室の割合が圧倒的に多くなっています。クイーンズタウンとはアイルランドの港であり、当時、アイルランドからアメリカへの移民がとても多かったと様々な資料に記載があります。他の2つの港で乗船した人は観光目的の人が多かったのに対して、クイーンズタウン

からの乗客は移民目的の人が多かったと考えると、比較的安価に乗船可能な3等客室の比率が多いことも説明できるかと考えました。

　以上の話は、2軸で集計した件数を分析することによって出てくる典型的な洞察といえるでしょう。

項目値のクロス集計

　次にpandasのもう1つのクロス集計機能である、pivot_tableメソッドを用いた、項目値のクロス集計をしてみます。今回は、対象となる軸として「性別」と「客室クラス」を、また分析対象項目としては「生存状況」を、集約関数としては「平均」を選びました。

　実装コードと結果は次のコード4-17になります。

コード4-17 「性別」「客室クラス」を軸とした、「生存状況」のクロス集計

```
1  #「性別」と「客室クラス」を軸とした、「生存状況」のクロス集計
2  df_pivot = df.pivot_table(
3      #「性別」「客室クラス」の2軸で分析
4      index='性別', columns='客室クラス',
5      # 分析対象項目は「生存状況」 集約関数は「平均」
6      values='生存状況', aggfunc='mean')
7
8  # 結果確認
9  display(df_pivot)
```

客室クラス 性別	1	2	3
female	0.9653	0.8868	0.4907
male	0.3408	0.1462	0.1521

　コード4-17の表は、「性別」と「客室クラス」という2軸で都合6つのグループに分けたとき、それぞれの生存率を示しています。青枠で囲んだ左上と右下のグループでは生存率が相当異なるのがわかります。映画「タイタニック」のヒロインとヒーローはまさにこの2つの条件の組み合わせになっている訳で、この辺りが映画をドラマチックにしている一因なのかもと思いました。

4.5 データ可視化

前節のデータ集計による分析で、様々な洞察が得られましたが、可視化により、その洞察をより深めていこうと思います。

数値項目のヒストグラムの表示

最初にする可視化は数値項目のヒストグラムの表示です。実装と結果は次のコード4-18になります。

コード4-18 数値項目のヒストグラム表示

```
1  plt.rcParams['figure.figsize'] = (10, 6)
2
3  # データフレームの数値項目でヒストグラム表示（3.5.2項）
4  df.hist(bins=20, layout=(2, 3))
5  plt.tight_layout()
6  plt.show()
```

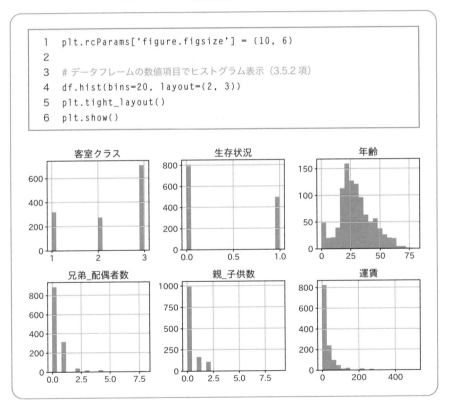

対象となる数値項目は全部で6個あります。2行3列が一番見た目がきれいかと考え、「layout=(2, 3)」でそのように指定しました。また1行目で指定しているグラフ描画領域の大きさは、このグラフレイアウトから逆算して決めています。

描画結果に簡単な解釈を加えてみます。「客室クラス」と「生存状況」に関しては、すでに4.3節で値の出現回数を確認しているので新たな洞察はなさそうです。

次の「年齢」に関しては、グラフ上の1区間の年齢幅を概算してみます。25歳までにおよそ6つの区間があるので、1区間が約4歳という計算になります。その概算に基づくと、次のことが読み取れます。

- 一番左の4歳以下の区間に最初のピークがある
- 全体のピーク（統計学的には「**最頻値**」と呼びます）は20〜24歳程度の区間でその後は年齢が高くなるにつれて徐々に減ってくる

100年も前の船の長旅（当時大西洋を横断するには2週間程度かかったとのことです）に、小さな子供が多く乗船していることがまず意外でした。豪華客船というとすでに仕事を引退した裕福な人が多く乗船するというイメージがあったので、全体の年齢分布も意外な感じです。

次の2つの「兄弟_配偶者数」「親_子供数」は値0の件数が圧倒的に多いです。つまり、家族との同乗なしの乗客が多数を占めていたということで、これも意外な感じでした。

「運賃」に関しては、400を超える非常に大きな値が少数ですが存在し、その値に引っ張られて全体がわかりにくくなっています。こうした場合は範囲を大多数の値が存在する領域に絞り込んで分析する手法がよく用いられます。今回は値を150以下に絞り込み、同時にbinsオプション（区切りの数）の値も大きくして[5]、より詳細なヒストグラムを作ってみました。実装と結果は次のコード4-19です。

コード4-19　運賃を150以下に限定して分析

```
1   plt.rcParams['figure.figsize'] = (4, 4)
2
3   # 運賃の詳細分布
4   df['運賃'].hist(bins=60)
5   plt.xlim(0, 150)
6   plt.title('運賃詳細分布')
7   plt.show()
```

---

[5] 具体的には最大値512までを60個の区間に区切ります。

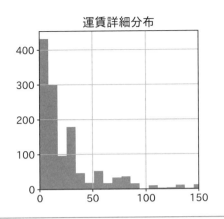

新しいヒストグラムでは、50までに6つの区間があります。つまり1区間分の幅は、運賃でいうと8程度です。700人以上が16以下の料金であるということで、これは3等客室の乗客数とほぼ一致します。3等客室の料金がこの程度であったという仮説が立てられそうです。

非数値項目の度数分布

今回のデータにおいて、非数値項目（文字列型変数）で度数分布のグラフが意味を持つのは「性別」と「乗船港」の2つです。この2つの項目を抽出しグラフを表示してみます。実装は以下のコード4-20です。

コード4-20　非数値項目の度数分布

```
 1  plt.rcParams['figure.figsize'] = (8, 4)
 2
 3  # 非数値項目の度数分布（3.5.3項）
 4  df2 = df[['性別', '乗船港']]
 5
 6  for i, c in enumerate(df2.columns):
 7      ax = plt.subplot(1, 2, i+1)
 8      df2[c].value_counts().plot(
 9          kind='bar', title=c, ax=ax)
10
11  # レイアウトの調整
12  plt.tight_layout()
13  plt.show()
```

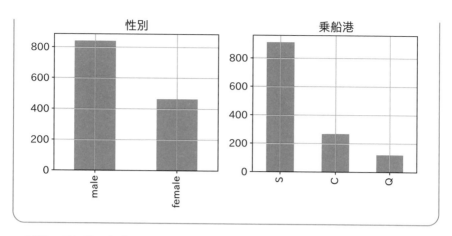

個別の項目値の値自体は4.3節で確認済みですが、可視化することで全体の分量感が持てます。例えば、乗船港に関しては、出発地であったS（サウサンプトン）からの乗客が圧倒的に多かったことが改めてわかります。

箱ひげ図

次に箱ひげ図による分析をします。今回のデータで一番箱ひげ図に向いている分析対象は「客室クラス」と「運賃」の関係です。実装コードと結果は次のコード4-21になります。

コード 4-21 「客室クラス」と「運賃」の関係

```
1   plt.rcParams['figure.figsize'] = (6, 6)
2
3   # 箱ひげ図の描画 (3.5.4 項)
4   sns.boxplot(
5       x='客室クラス', y='運賃', data=df,
6       palette=['blue', 'cyan', 'grey'])
7   plt.title('客室クラスと運賃の関係')
8   plt.show()
```

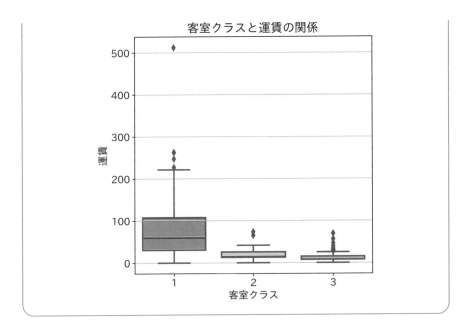

今回も500近辺に値の大きなデータがあり、その影響で、詳しく調べたい100以下の領域がわかりにくい状態です。そこで、「yの範囲を120以下」に絞り込んで、改めて描画してみます。実装と結果は次のコード4-22です。

コード4-22 「客室クラス」と「運賃」の関係（y軸スケール見直し後）

```
 1  plt.rcParams['figure.figsize'] = (6, 6)
 2
 3  # 箱ひげ図の描画（3.5.4項）
 4  sns.boxplot(
 5      x='客室クラス', y='運賃', data=df,
 6          palette=['blue', 'cyan', 'grey'])
 7  plt.title('客室クラスと運賃の関係')
 8
 9  # y軸の上限を120に変更する
10  plt.ylim(0, 120)
11  plt.show()
```

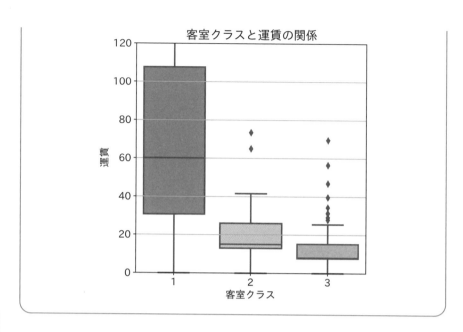

客室クラスと運賃の関係

　75パーセンタイル値から25パーセンタイル値を意味する長方形領域の幅の広さ
は、1等客室が最も大きいです。これは高級ホテルのスイートルームの宿泊料金と
同じようなものと考えると妥当な結果になります。

　3つの客室クラスの長方形領域はほぼ、重なりがない状態になっている一方で、
一部の運賃については重複があることがわかります。これはなぜでしょうか?

　調べてみると、複数の乗客が共通の「乗船券番号」を持っている場合があり、そ
の場合、「運賃」は複数の人数で合算したものになっています[6]。このことが、異
なる客室クラスで同じ運賃のケースが発生する理由の1つであるようです。紙幅の
関係で料金に関してこれ以上の深掘りはしませんが、関心ある読者は自分でこの点
をより詳しく調べてみてください。

ヒートマップ

　次にヒートマップによる可視化を試みます。ヒートマップの可視化が有効なの
は、ある項目の2軸によるクロス集計結果が算出されているとき、その値の分布状
況を色の濃淡により確かめたいケースです。

---

[6] こういう集計方法はいかがなものかと思いますが、事実としてこのような形のデータが公開されて
います。

　本章全体の分析テーマは、「**乗客の生存可否はどの項目と関係があるのか**」を探ることです。その答えの一部となっているのが、コード4-17で得られた、「性別」と「客室クラス」の2軸で「生存状況」を集約した表になります。そこで、この表を対象にヒートマップを表示してみます。実装はコード4-23です。

コード4-23　「性別」「客室クラス」を軸とした「生存状況」クロス集計の可視化

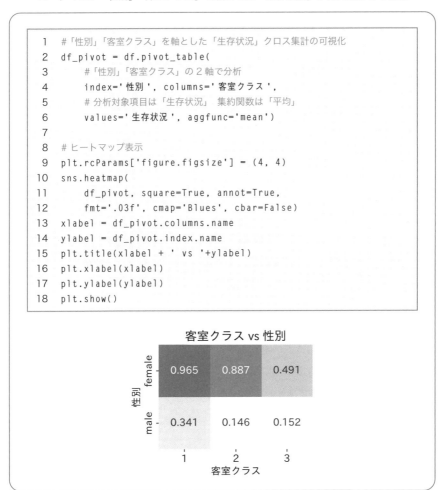

```python
1  #「性別」「客室クラス」を軸とした「生存状況」クロス集計の可視化
2  df_pivot = df.pivot_table(
3      #「性別」「客室クラス」の2軸で分析
4      index='性別', columns='客室クラス',
5      # 分析対象項目は「生存状況」 集約関数は「平均」
6      values='生存状況', aggfunc='mean')
7
8  # ヒートマップ表示
9  plt.rcParams['figure.figsize'] = (4, 4)
10 sns.heatmap(
11     df_pivot, square=True, annot=True,
12     fmt='.03f', cmap='Blues', cbar=False)
13 xlabel = df_pivot.columns.name
14 ylabel = df_pivot.index.name
15 plt.title(xlabel + ' vs '+ylabel)
16 plt.xlabel(xlabel)
17 plt.ylabel(ylabel)
18 plt.show()
```

客室クラス vs 性別

	1	2	3
female	0.965	0.887	0.491
male	0.341	0.146	0.152

　上のコードで6行目までは4.4節コード4-17の実装をそのまま持ってきています。新しい部分は9行目以降で、3.5.7項でヒートマップを紹介したときと異なる

のは「fmt='.03f'」の部分です。対象が今回は浮動小数点数値なので、それに適した表示方法に変更しました。小数点以下3桁まで表示する設定にしています。

　数値情報自体は、すでにわかっていたことなのですが、それぞれの値の大きさを濃淡で可視化すると、値の違いの程度がより実感できます。この結果を頭に入れた状態で、次節に進んでいきましょう。

4.6　仮説立案・検証

　ここで前章の冒頭の3.1節で示した「データ分析の主要タスク」の話に立ち戻ります。

　そこで説明したように、データ分析の最終的な目標は「洞察の導出」であり、その一歩手前のタスクが「仮説立案・検証」です。

　この2つのタスクは抽象度が高く、前節までで実習したように「個別タスク」として体系的に整理することが難しいのですが、今回のタイタニック・データセットを用いた場合、どんなことが想定されるか、簡単なパターンについて紹介していきます。

　今回の題材の主要なテーマは「**乗客の生存状況と個別の項目の関係性**」です。関係性自体は、対象データを特定の軸で分解し、集計するだけで数値的に導くことが可能です。気付いていた読者も多いと思いますが、前節までですでに導出されている話もいくつかあります。

　しかし、この関係性を「洞察」のレベルまで持っていくためには、最後のステップとして「**解釈**」というタスクが必要です。要は「**なぜこの関係性が生まれたのか納得のできる説明**」をすることです。解釈は、完全な正解というものが存在しない種類の話ではありますが、本節では、できる限りそこまで踏み込んだ形で説明したいと思います。

「生存状況」と「性別」の関係

　最初に「**生存状況は性別と関係があるのではないか**」という仮説に取り組んでみましょう。すでにこの結果を示唆する集計結果は出ていますが、この目的だけをシンプルに分析する実装として、例えば次のコード4-24が考えられます。

コード 4-24 「生存状況」と「性別」の関係

```
1   plt.rcParams['figure.figsize'] = (4, 4)
2
3   #「生存状況」と「性別」の関係
4   df.groupby('性別')['生存状況'].mean().plot(kind='bar')
5   plt.show()
```

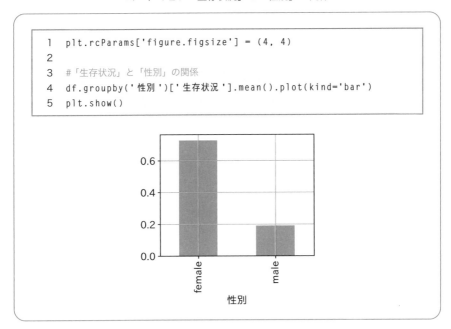

女性（female）の生存率が80%近いのに対して男性（male）の生存率は20%を切っています。元々設定した仮説に対して**「女性の方が生存の比率が高い」**という結果が得られそうです。

「なぜこの結果になったのか」という解釈に関しては、次の「年齢」との関係を分析した後でまとめて行うことにします。

「生存状況」と「年齢」の関係

次に取り組むのは**「生存状況は年齢と関係があるのではないか」**という仮説です。「性別」のように値を2値しか取らない項目との関係の場合、単純に「性別」でgroupbyメソッドを呼び出せば結果が得られます。一方、「年齢」は連続的な値を取る項目値なので、分析手段もやや複雑です。

このような場合の分析に適切なのがseabornのhistplot関数です。今回の場合「hue='生存状況'」（hueは色分けの基準になる項目）のオプションを付ければいいことになります。実装と結果は次のコード4-25です。

コード 4-25 「生存状況」と「年齢」の関係

```
1  plt.rcParams['figure.figsize'] = (8, 4)
2
3  #「生存状況」と「年齢」の関係
4  sns.histplot(
5      data=df, x='年齢', hue='生存状況',
6      palette=['blue', 'cyan'], multiple='dodge',
7      shrink=0.7)
8  plt.show()
```

今回は、グラフ領域が横長の方が見やすいので、1行目のグラフ領域指定の数値をいつもと変えている点に注意してください。

今回のヒストグラムは10歳までで3つの区間があります。一番左の区間は0歳から3歳程度、2番目の区間は4歳から7歳程度の年齢を意味しています。この2つの区間で特徴的なのは、生存者を意味する水色の棒グラフの長さが死亡者を意味する青色の棒グラフより長い点です。つまり、この2つの年齢層では生存者の比率の方が高かったことになります。この点は他の年齢層のほとんどにおいて、青の棒の方が高い（死亡者の比率の方が高い）ことと比較して特徴的な事実です。

結論をまとめると「**年齢7歳以下の幼い乗客は生存の比率が高い**」ということになります。1つ前の「女性の生存率が高い」ことと合わせて、なぜこの結果になったかを考えてみます。

海難事故発生時に女性と子供を優先するポリシーが、「ウィメン・アンド・チル

ドレン・ファースト」（英語: Women and children first）という名前で存在していて、タイタニックの事故の際にもある程度適用されたようです[7]。

　今までの2つの分析結果は、救命ボートに搭乗する乗客を選定する際に、このポリシーが適用されたと考えると、うまく説明できます。つまり、今まで調べた2つの検証結果に対する「説明」は「**ウィメン・アンド・チルドレン・ファーストポリシーに沿った形で救命ボートへの搭乗メンバーが選定されたから**」ということになります。

「生存状況」と「客室クラス」の関係

　次に「生存状況」と「客室クラス」の関係を調べてみましょう。今度は、分析対象項目が「性別」と同じタイプ（カテゴリ型）なので実装も簡単です。実装と結果は次のコード4-26になります。

コード4-26　「生存状況」と「客室クラス」の関係

```
1  plt.rcParams['figure.figsize'] = (4, 4)
2
3  #「生存状況」と「客室クラス」の関係
4  df.groupby('客室クラス')['生存状況'].mean().plot(kind='bar')
5  plt.show()
```

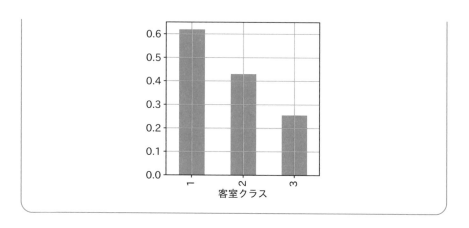

数字の上では、「**1等客室の乗客は他と比べて生存率が高い**」という結論になりました。

では、この事実に対する「解釈」はどうなるでしょうか?

1つのありうる仮説は、「乗組員にとって1等客室の乗客は高い運賃を支払っている上客なので優先して救命ボートに乗せた」というものです。しかし、「ウィメン・アンド・チルドレン・ファースト」のような原則があったという記載はネット上では見つかりませんでしたし、そもそも船が沈もうとしている緊急事態のときに、どの乗客がどの客室クラスかいちいち判断できたかという点も疑問です。

筆者としては、「豪華客船での旅行が趣味」という人から聞いたもう1つの仮説を有力な説として推したいと思います。この方は、自分の経験から「料金の高い客室ほどデッキに近い」という原則があるといいます。タイタニックの客室についても同じ原則があるのなら、料金の高い1等客室はデッキに近く、つまりすぐにデッキまで避難できたということになります。逆に船底に近い客室にいた乗客は、デッキにたどり着くのに時間がかかり、それで救命ボートにも乗れなかったのではないかという説です。タイタニックの客室内の図面を調べましたが、確かに3等客室は船底に近いところにありました。よって、説得力のある仮説ではないかと考えた次第です。

ちなみに今の例でいうところの「料金の高い客室ほどデッキに近い」のような種類の知識のことを「**業務ドメイン知識**」と呼びます。よく、「本当に意味のあるデータ分析の洞察は深い業務ドメイン知識があって初めて可能になる」ということが言われています。この仮説は、「業務ドメイン知識」を活用した有力な仮説に該当

するのではないかと思います。

「生存状況」と「乗船港」の関係

　本節の最後に「生存状況」と「乗船港」の関係について調べてみます。「乗船港」も「S」「C」「Q」の3つの値しか取らない項目なので、分析の実装は簡単です。実装と結果について、次のコード4-27で示します。

コード4-27 「生存状況」と「乗船港」の関係

```
1   plt.rcParams['figure.figsize'] = (4, 4)
2
3   #「生存状況」と「乗船港」の関係
4   df.groupby('乗船港')['生存状況'].mean().plot(kind='bar')
5   plt.show()
```

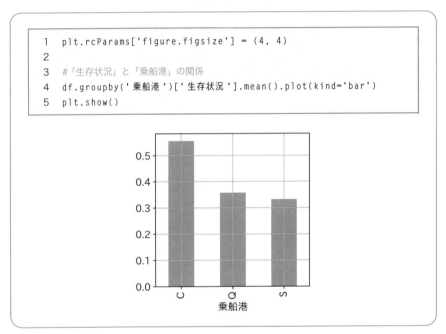

　グラフで読み取る限りC（シェルブール）から乗船した乗客は生存率55%程度なのに対して、Q（クイーンズタウン）とS（サウサンプトン）から乗船した乗客の生存率は35%程度で、「性別」や「客室クラス」のときほど顕著ではないにせよ、一定の生存率の違いはありそうです。

　つまり、数字を見る限り**「シェルブールから乗船した乗客は他と比べて生存率が高い」**と言えます。しかし、ここで問題なのは「説明性」です。果たして、この事象について納得できる説明はできるものなのでしょうか。普通に考えると「乗船港」と「生存状況」が関係するということは説明できないように思えます。

「乗船港」で「生存状況」が異なる理由

　ここで4.4節のコード4-16を思い出してみます。次のコード4-28は、コード4-16の実装に一部手を加え、さらにその結果をヒートマップで可視化したものになります。

コード 4-28　「客室クラス」「乗船港」を軸とした出現頻度分析

```
1   # 「客室クラス」「乗船港」を軸とした出現頻度分析
2   # 列を軸に正規化する
3   df_crosstab = pd.crosstab(
4       index=df['客室クラス'],
5       columns=df['乗船港'],
6       normalize='columns')
7
8   # ヒートマップ表示
9   plt.rcParams['figure.figsize'] = (4, 4)
10  sns.heatmap(
11      df_crosstab, square=True, annot=True,
12      fmt='.03f', cmap='Blues', cbar=False)
13  plt.show()
```

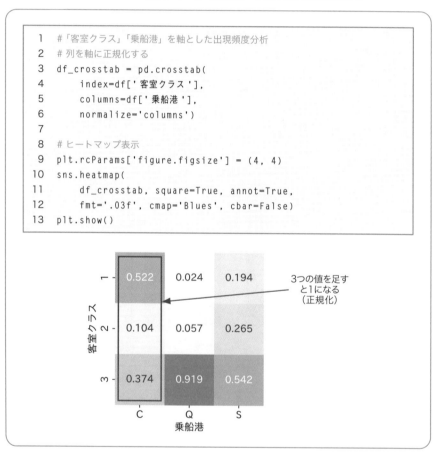

　前半部分は出現頻度のクロス集計ですが、コード4-16との違いは、6行目の「**normalize='columns'**」のオプションを追加した点になります。このオプションを追加することで、結果表のタテのマス目の値を全部足すと1になるような**正規化**がされます。それぞれの港で搭乗した乗客のうち、何%の人が特定の客室クラスだっ

たかがわかる形になっているのです。

　このことを頭においてそれぞれの港で搭乗した乗客のうち「1等客室」の乗客の比率をチェックします。1等客室の比率はC（シェルブール）が際立って高くなっています。

　すでに1等客室と生存率の関係性は見つかっています。これに今、見つかったシェルブールと1等客室の関係性を組み合わせると、**2つの関係性の組み合わせでシェルブールと生存率に関係があるように見える**のではないかという仮説が成り立ちそうです。

相関関係と因果関係

　データ分析で登場する概念として「**相関関係**」と「**因果関係**」があります。この2つは一見似たものに見えますが、実はまったく異なるもので、データ分析の世界では、この2つを明確に区別することがとても重要です。

　今まで分析してきた「生存状況」と「性別」「年齢」「客室クラス」「乗船港」それぞれの関係性は、この2つの言葉が持つ意味の違いを説明するのにちょうどいいのです。次の図4-4を見てください。

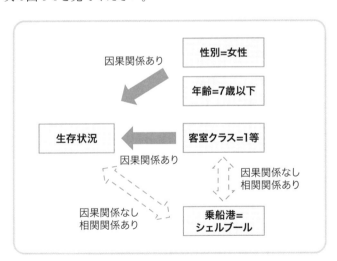

図4-4　項目間の関係性

　分析の結果、項目「性別」「年齢」「客室クラス」「乗船港」と「生存状況」は関係があることがわかりました。このような数値的な関係性のことを「**相関がある**」

といいます。「4つの項目はすべて生存状況と相関がある」と言えます。

　これに対して「**因果関係**」とは、**2つの相関関係のある項目間で、一方が「原因」、もう一方が「結果」という形で関係性を説明できる**ときに用います。4つの項目のうち「乗船港」を除いた3つは、「生存状況」との関係性の理由が説明できたので「**因果関係がある**」と言えます。これに対して「乗船港」に関しては説明が不可能でした。このような関係性のことを「**相関関係はあるが因果関係はない**」といいます。

　なぜ、この2つの区別が重要かですが、「相関関係はあるが因果関係はない」ケースを「因果関係がある」ものと見誤った場合、効果のない、間違った施策を出してしまうリスクが高くなるからです。今回の例に則していうと、「船の遭難時の生存率を高めたいならシェルブールから乗船するとよい」というのが間違った施策です。ここまでの分析結果を理解した読者は、この施策が誤ったものであり、本当に生存率を高めたいなら、施策としては「1等客室を予約するとよい」であることがわかると思います。

　なお今回の「乗船港」と「生存状況」の間でも、より深掘りすると因果関係が説明可能な場合もあります。

　例えば、「事象A→事象B」の因果関係と「事象B→事象C」の因果関係がわかった場合、（間接的ですが）「事象A→事象C」の因果関係は説明可能になります。今回の事例に当てはめると、事象A＝乗船港、事象C＝生存状況となります。中間に事象B＝客室クラスという要素を介在させることで、関係性の説明に一歩近づいたが完全には解明できなかったということになります。実際の分析事例ではこのようなことも起こりえます。データ分析で業務的に有効な洞察を得るタスクは、言ってみればこのような地道な分析の積み重ねということになるのです。

4.7　深掘り分析

　本章の分析もいよいよ大詰めになりました。今までの分析手法を一言でまとめると、「ある分析軸を定めて軸に沿った形でグループ分けをし、それぞれのグループで平均計算といった集計処理をする。その結果をグループ間で比較することで洞察を引き出す」ということになります。数学的には「平均計算」程度の極めて単純な処理ですが、うまく活用すると有効な洞察を数多く出せる強力な武器であるこ

とも実感できたと思います。

　本書の最後にあたる本節では、前節の「仮説立案・検証」をさらに細分化して、もう一段踏み込んだ分析をしてみます。分析の踏み込み方にもいろいろなパターンがありますが、ここでは図4-5のように進めます。本書ではこれを「深掘り分析」と呼ぶことにします。

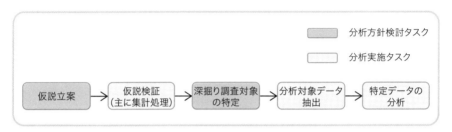

図 4-5　本節における深掘り分析パターン

　図4-5では、机上で考えるタスク（灰色）とPython実装コードで結果を出すタスク（水色）を色で分けています。実業務の分析では、「**分析対象データ抽出**」と「**特定データの分析**」の間にもう一段「仮説立案」が入るケースも多いです。本節の場合は、対象データを抽出したところ、仮説を立てるまでもない一目瞭然の洞察が得られたので（「発見型の洞察」と言えます）そのステップを抜いたパターンになっています。

　図4-5では「分析対象データ抽出」以降に特に注目してください。そこでは3.6.6項で説明した **query メソッド**を主に使って、個別のデータを抜き出して分析していきます。データ分析の実務では、このように「仮説」に基づいて「集計処理」「データ抽出」「特定データの分析」を繰り返し、試行錯誤により洞察を引き出していきます。本節の実習を通じて、この分析パターンを体験してください。

仮説立案（「生存状況」と「救命ボート」の関係）

　実は、前節で行った分析に際して1つ前提としていた話があります。それは、最終的に確認したい点が「生存状況」なのに、説明性を検討するに際して「生存状況の可否」は「救命ボートに搭乗できたか」と等価であると考えていた点です。紹介した「ウィメン・アンド・チルドレン・ファースト」のポリシーが直接関係するのは、乗客が救命ボートに搭乗できたかどうかであって「生存状況」と完全に

同じものであるかどうかは、まだ検証できていないのです。

そこで、この2つが等価ではない、つまり**「救命ボートに乗れなかったが助かった、または逆に救命ボートに乗れたが助からなかった乗客が存在するのではないか」**という仮説を立ててみることにします。

分析対象のデータセットには、「生存状況」の項目と、「救命ボート番号」の項目が両方存在します。この2つをうまく使えば、2つが等価かどうかを検証できます。早速、このことを試してみましょう。

項目「救命ボート」の追加

上記の仮説の検証で必要なタスクは「救命ボート」と「生存状況」を軸とした出現頻度の分析です。その準備として「救命ボートに乗れたかどうか」を意味する新しい項目「救命ボート」をデータフレームに追加します。

「救命ボート」は既存の項目「救命ボート番号」がなんらかの値を持っているときにTrue、NaNのときにFalseの値を持つようにしたいです。この目的では、3.3節でメソッド名だけ紹介したnotnullメソッドがぴったりです。具体的な実装と結果は、次のコード4-29に示します。

コード 4-29　新項目「救命ボート」の追加

```
1   # 項目「救命ボート」を追加
2   df['救命ボート'] = df['救命ボート番号'].notnull()
3
4   # 結果確認
5   display(df[['救命ボート番号', '救命ボート']].head(3))
```

	救命ボート番号	救命ボート
0	2	True
1	11	True
2	NaN	False

5行目の結果確認のコードでは、データフレームから「救命ボート番号」と「救命ボート」の項目のみを抽出し、その先頭3行を表示しました。結果は、「救命ボート番号」が2と11のとき、「救命ボート」はTrueで、「救命ボート番号」がNaNのときはFalseでした。意図した通りになっています。

仮説検証（出現頻度分析）

　それではいよいよ「救命ボート」と「生存状況」を軸とした出現頻度分析により仮説を検証します。実装と結果は次のコード4-30です。

コード4-30　「救命ボート」「生存状況」を軸とした出現頻度分析

```
1  #「救命ボート」「生存状況」を軸とした出現頻度分析
2  df_crosstab = pd.crosstab(
3      index=df['生存状況'],
4      columns=df['救命ボート'])
5
6  # 結果確認
7  display(df_crosstab)
```

救命ボート 生存状況	False	True
0	800	9
1	23	477

　コード4-30の結果を見ると、救命ボート：Falseで生存状況：0の乗客が800名、救命ボート：Trueで生存状況：1の乗客が477名います。つまり「**救命ボートに搭乗できたことと生存できたことはほぼ等価である**」ことがまず確認できたことになります。

　一方で、数は少ないのですが青枠で囲んだ例外的なケースもありました。救命ボート：Falseで生存状況：1の乗客が23名、救命ボート：Trueで生存状況：0の乗客が9名です。冒頭で立てた仮説が正しいことが実証されました。

☞データ分析のためのポイント

一見当たり前に見えることも「本当にそうなのか」と問いを深めると例外ケースが見つかる場合がある。このような例外を見つけ出すことが、新しい洞察の入り口になる。

深掘り分析1（救命ボートなしで助かった人）

　見つかった2つの例外グループのそれぞれに対して深掘り分析をします。最初の対象は「救命ボートなしで助かった人」23名です。

　このグループのデータをqueryメソッドを使って抽出する実装が次のコード4-31

になります。

コード4-31　救命ボートなしで助かった人の抽出

```
1   # 救命ボートなしで助かった人（23名）
2   # query メソッドを用いた深掘り分析（3.6.6 項）
3   x1 = df.query(
4       ' 生存状況 == 1 and 救命ボート == False ')
5
6   # 結果の一部確認
7   display(x1[[
8       '客室クラス', '生存状況', '氏名', '性別', '年齢',
9       '救命ボート番号']].head(3))
```

	客室クラス	生存状況	氏名	性別	年齢	救命ボート番号
192	1	1	Lurette, Miss. Elise	female	58.0000	NaN
358	2	1	Bystrom, Mrs. (Karolina)	female	42.0000	NaN
395	2	1	Doling, Miss. Elsie	female	18.0000	NaN

　コード4-31ではデータ抽出後に、先頭3行の主要項目を表示してみました。確かに3名とも、生存状況:1、救命ボート番号: NaNとなっています。

　もう1つ気付くのは、3名とも「性別」が女性（female）という点です。これは全体的な傾向なのでしょうか。これを確認するため、23名全体で「性別」のデータ件数がどうなっているか、そしてボートに乗れなかった人全体に対する「生存状況」が各性別でどうなっているか調べます。実装と結果はコード4-32です。

コード4-32　救命ボートなしで助かった人の性別傾向確認

```
1   # 救命ボートなしで助かった人の性別分布
2   print(x1['性別'].value_counts())
3   print()
4
5   # 救命ボートなしで助かった人の割合を性別に集計
6   x11 = df.query(' 救命ボート == False')
7   print(x11.groupby('性別')['生存状況'].mean())
```

```
female    21
male       2
```

```
    Name: 性別, dtype: int64

    性別
    female   0.1429
    male     0.0030
    Name: 生存状況, dtype: float64
```

　元々の人数比ですでに女性は男性の10倍と多いです。さらに比率で考える場合、元々乗客の女性比率は少ないこと、女性が優先してボートに乗ったので残された女性数はますます減っていることもあり、約50倍と圧倒的な差になりました。

深掘り分析2（救命ボートに乗れたのに助からなかった人）

　次に「救命ボートに乗れたのに最終的に助からなかった人」9名を調べます。この9名を抽出するための実装と結果は次のコード4-33です。

コード 4-33　救命ボートに乗れたのに助からなかった人

```
1   # 救命ボートに乗れたのに助からなかった人（9名）
2   # query メソッドを用いた深掘り分析（3.6.6 項）
3   x2 = df.query(
4       ' 生存状況 == 0 and 救命ボート == True ')
5
6   # 結果の一部確認
7   display(x2[[
8       '客室クラス', '生存状況', '氏名', '性別', '年齢',
9       '救命ボート番号']].head(3))
```

	客室クラス	生存状況	氏名	性別	年齢	救命ボート番号
19	1	0	Beattie, Mr. Thomson	male	36.0000	A
166	1	0	Hoyt, Mr. William Fisher	male	NaN	14
544	2	0	Renouf, Mr. Peter Henry	male	34.0000	12

　今回もデータ抽出後に、先頭3行の主要項目を表示してみました。確かに3名とも、生存状況:0、救命ボート番号：Aや14などボート番号値が存在しています。
　そして3名とも性別が男性（male）でした。これが全体的な傾向なのか確認するため、今回も各性別でのデータ件数と、救命ボートに乗れた人の「死亡率」を

確認します（すぐに計算可能な生存率は1に近いことが予想され違いがわかりにくいので、1から生存率を引いて死亡率を比較することにします）。実装と結果はコード4-34です。

コード4-34　救命ボートに乗れたのに助からなかった人の性別傾向確認

```
1    # 救命ボートに乗れたのに助からなかった人の性別分布
2    print(x2['性別'].value_counts())
3    print()
4
5    # 救命ボートに乗れたのに助からなかった人の割合を性別に集計
6    x22 = df.query('救命ボート == True')
7    print(1 - x22.groupby('性別')['生存状況'].mean())
```

```
male       8
female     1
Name: 性別, dtype: int64

性別
female   0.0031
male     0.0479
Name: 生存状況, dtype: float64
```

　今回は先ほどと逆の傾向になりました。人数比で8対1と男性が多かったのですが、全体数を加味すると、女性の方が多くボートに乗っているのでその差がもっと広がり、死亡率で比較すると違いは約15倍と、やはり圧倒的な差になりました。

深掘り分析で得られた示唆

　本節ではここまで「救命ボートに乗れなかったが助かった」「救命ボートに乗れたが助からなかった」という例外的な事象を、そのようなケースが実際にあることをクロス集計で確認した後、対象グループを絞り込んだ形で深掘り分析をしてきました。その結果、発見的なアプローチで**「例外的な事象の発生と性別には強い相関があった」**ことがわかりました。

　見つかった事象をより具体的にいうと、「女性は救命ボートなしという厳しい条件でも生存できた人の比率が男性と比べて高い」「男性は救命ボートに乗れたという有利な条件でも最終的に亡くなってしまった人の比率が女性と比べて高い」とい

うことです。この結果を発見したとき、筆者は1985年に起きた日航機墜落事故のことを連想しました[8]。乗客乗員524人のうち、520人が亡くなるという悲惨な事故だったのですが、奇跡的に生き残った方は全員女性だったのです。

最後に、前節と本節でわかったことを「性別」「救命ボート」「生存状況」の3項目の関係性だけに絞り込んで、件数別にまとめたものを図にしてみました。

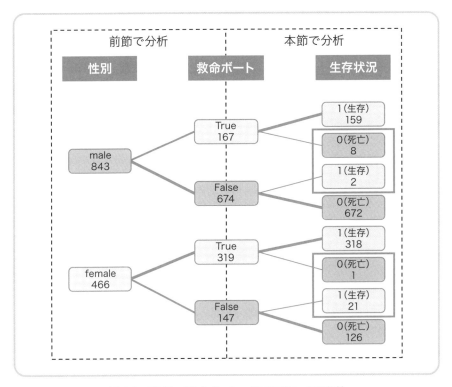

図 4-6　「性別」「救命ボート」「生存可否」の関係性

実習の節との関係も含めて、今までわかったことをまとめると、

● 生存できたかどうかは、基本的には救命ボートに乗れたかどうかでほとんどすべて決まった。性別と救命ボートの関係性については前節で調べた

● しかし、一部「救命ボートに乗れなかったが助かった」「救命ボートに乗れた

---

[8] この例を引き合いに出すと筆者の年齢がわかってしまいますが、今でも鮮明におぼえているくらい大きな事故でした。

が助からなかった」例外的な乗客がいた（図4-6の太枠内）

- 例外的事象の起きやすさは性別と強い相関があることが、本節の深掘り分析の結果からわかった

ということになります。

　前節と本節の分析はかなり生々しい話まで踏み込むことになりました。100年以上前のこととは言え、本当に大変な事故だったと改めて感じます。亡くなられた方々のご冥福を祈って、本書の終わりとさせていただきたいと思います。

索　引

本書で利用する実習用 Notebook ファイルの入手方法

本書のサポートサイト「https://github.com/makaishi2/data_analysis_book_info」（短縮 URL：http://bit.ly/3US4x7s）において、Apache License 2.0 で公開しています。

訂正・補足情報について

本書のサポートサイト「https://github.com/makaishi2/data_analysis_book_info」（短縮 URL：http://bit.ly/3US4x7s）に掲載しています。

本書の
サポートサイト

最短コースでわかる
Pythonプログラミングとデータ分析

2022年12月19日　第1版第1刷発行

著　　　者	赤石 雅典	
発 行 者	中野 淳	
編　　　集	安東 一真	
発　　　行	株式会社日経BP	
発　　　売	株式会社日経BPマーケティング	
	〒105-8308　東京都港区虎ノ門4-3-12	
装　　　丁	小口翔平＋阿部早紀子（tobufune）	
制　　　作	JMCインターナショナル	
印刷・製本	図書印刷	

ISBN　978-4-296-20112-9
©Masanori Akaishi 2022　Printed in Japan

Pythonで
儲かるAIをつくる

季節の売上予測から顧客層ごとの販売戦略まで、"儲かるAI"をPython実習で習得！ 営業、マーケティングの仕事が劇的に変わる、本当に役立つ "儲かるAI" を作れます。

赤石雅典（著） A5判／392ページ 定価:**3190**円(10%税込)
ISBN：978-4-296-10696-7

最 短 コ ー ス で わ か る
ディープラーニングの
数学

ディープラーニングの本質の理解に欠かせない数学を、高校1年生レベルから復習しながら解説。Pythonで実装したコードを使って、ディープラーニングの動作原理が最短で学べます。

赤石雅典（著） A5判／344ページ 定価:**3190**円(10%税込)
ISBN：978-4-296-10250-1

最 短 コ ー ス で わ か る
PyTorch＆
深層学習プログラミング

「PyTorch」でディープラーニングプログラミングができるようになる本。ビギナーにもわかりやすいようにアルゴリズムを原理から解説。AI開発者の羅針盤となる独習ガイドです。

赤石雅典（著） A5判／584ページ 定価:**4070**円(10%税込)
ISBN：978-4-296-11032-2

|||||||||||||||||||||||||||||||||||||||||||||||||||||||||||||